女正装结构设计（原型法）

侯东昱 主编

東華大學出版社

全国服装工程专业（技术类）精品图书

纺织服装高等教育「十二五」部委级规划教材

内 容 提 要

本书为服装专业的系列教材之一，以女性人体的生理特征、服装的款式设计为基础，系统阐述了女正装结构设计，包括女正装西服套装、正装衬衫、正装马甲、正装裙、正装女裤、正装女大衣、正装女风衣的结构设计原理、变化规律、设计技巧，有很强的理论性、系统性和实用性。本书重视基本原理的讲解，分析透彻、简明易懂、理论联系实际、规范标准，符合现代工业生产的要求。

本书图文并茂、通俗易懂，制图采用CorelDraw软件，绘图清晰，标注准确，既可作为高等院校服装专业的教材，也可供服装企业女装制板人员及服装制作爱好者进行学习和参考。

图书在版编目（CIP）数据

女正装结构设计（原型法）/侯东昱主编. —上海：东华大学出版社，2014.6

ISBN 978-7-5669-0501-7

Ⅰ.①女… Ⅱ.①侯… Ⅲ.①女服—服装设计 Ⅳ.①TS941.717

中国版本图书馆CIP数据核字（2014）第077329号

责任编辑：库东方

封面设计：潘志远

女正装结构设计（原型法）

侯东昱 主编

出 版：东华大学出版社（上海市延安西路1882号）

邮政编码：200051 电话：（021）62193056

出版社网址：http://www.dhupress.net

天猫旗舰店：http://dhdx.tmall.com

发 行：新华书店上海发行所发行

印 刷：句容市排印厂

开 本：787mm×1092mm 1/16 印张：15.25

字 数：382千字

版 次：2014年6月第1版

印 次：2014年6月第1次印刷

书 号：ISBN 978-7-5669-0501-7/TS·486

定 价：36.00元

郑小飞　杭州职业技术学院达利女装学院
侯东昱　河北科技大学纺织服装学院
高亦文　河南工程学院服装学院
吴　俊　华南农业大学艺术学院
闵　悦　江西服装学院服装设计分院
陈东升　闽江学院服装与艺术工程学院
杨佑国　南通大学纺织服装学院
史　慧　内蒙古工业大学轻工与纺织学院
孙　奕　山东工艺美术学院服装学院
王　婧　山东理工大学鲁泰纺织服装学院
朱琴娟　绍兴文理学院纺织服装学院
康　强　陕西工业职业技术学院服装艺术学院
苗　育　沈阳航空航天大学设计艺术学院
李晓蓉　四川大学轻纺与食品学院
傅菊芬　苏州大学应用技术学院
周　琴　苏州工艺美术职业技术学院服装工程系
王海燕　苏州经贸职业技术学院艺术系
王　允　泰山学院服装系
吴改红　太原理工大学轻纺工程与美术学院
陈明艳　温州大学美术与设计学院
吴国智　温州职业技术学院轻工系
吴秋英　五邑大学纺织服装学院
穆　红　无锡工艺职业技术学院服装工程系
肖爱民　新疆大学艺术设计学院
蒋红英　厦门理工学院设计艺术系
张福良　浙江纺织服装职业技术学院服装学院
鲍卫君　浙江理工大学服装学院
金蔚荭　浙江科技学院艺术分院
黄玉冰　浙江农林大学艺术设计学院
陈　洁　中国美术学院上海设计学院
刘冠斌　湖南工程学院纺织服装学院
李月丽　盐城工业职业技术学院艺术设计系
徐　仂　江西师范大学科技学院
金　丽　中国服装设计师协会技术委员会

前　言

近年来，服装结构设计不断发展和深化，服装结构理论正在逐步完善，向着科学化、系统化的方向迈进。服装结构设计作为服装设计的重要组成部分和中心环节，既是款式造型设计的延伸和发展，又是工艺设计的准备和基础，在服装设计过程中起着承上启下的作用，是实现设计思想的根本，是服装设计人员必备的业务素质之一。本书选取女装结构设计的角度，对服装结构设计的构成原理、构成细节、款式变化等方面进行了系统而较全面的解剖和分析。

我国服装产业发展迅速，服装加工技术日新月异，现代服装的造型千变万化、层出不穷；而优美的服装造型、赏心悦目的时装源自完美而精确的板型，所以服装制板技术是服装造型的关键。在我国，服装结构设计的方法很多，包括传统的比例法、日本原型法，立体裁剪法、数字法等。服装结构设计的发展主要体现在以下几个方面：①对人体尺寸的计算和测量、统计和分析；将结构设计提高到理论的高度；注重服装穿着后的舒适性。服装结构设计的依据，不是具体款式的数据和公式，而是具有普遍代表性的标准人体。在服装产品设计中决不能忽视人的因素，要把人和服装视为一个不可分割的统一体，这样才能使服装发挥最佳实用功能，带来更大的经济效益。②依据人体运动的特征，研究人们在不同场合下的活动特点和心理特点，通过试验将更合理的结构运用到服装中，使服装更加舒适、美观。③将理论和实践相结合，综合比较比例法、原型法和传统立体裁剪法三种制图方法，灵活运用，扬长避短。④在结构设计时考虑款式设计和工艺设计两方面的要求，准确体现款式设计师的构思，在结构上合理可行，在工艺上操作简便。

本书通过讲述女正装的发展，讲解文化原型以及胸凸量的解决方案，使读者全面地理解和掌握女正装结构设计的方法。本书详细阐述了各类女正装结构变化规律和设计技巧，具有较强的理论性、系统性和实践性。本书共九章，包括女西装、女衬衫、女马甲、女正装裙、女正装裤、女大衣、女风衣的结构设计原理、变化规律、设计技巧。本书内容从服装结构设计的基本概念着手，由浅入深，循序渐进，内容通俗易懂，以中国女性人体特征为主；每个章节既有理论分析，又有实际应用，以经典款式作为结构设计范例，详细分析讲解，使其更加符合现代工业生产的要求，为我国服装产业的提升与技术进步及增强服装国际竞争力有着积极的意义。本书适宜服装专业人员和业余爱好者系统提高女装结构设计的理论和实践能力，更适宜作为服装大中专院校的专业教材。本书的另一特点是用 CorelDRAW 软件按比例进行绘图，以图文并茂的形式详细分析典型款式的结构设计原理和方法。

本教材由侯东昱教授主编，负责整体的组织、编写和校对。副主编包括：河北科技大学东谦，负责第三章、第四章、第六章、第七章资料的整理；新疆大学艺术设计学院肖爱民、邢台职业技术学院李鹏负责第八章资料的整理；陕西工业职业技术学院服装艺术学院张雅娜、河北科技大学东谦负责第四章资料的整理；邢台职业技术学院李鹏负责第九章资料的整理。以上各位老师为本书的出版做了大量工作，在此表示感谢。

在编著本书的过程中编者参阅了较多的国内外文献资料，在此向文献编著者表示由衷的谢意！

书中难免存在疏漏和不足，恳请专家和读者指正。

编　者

目　录

第一章

女正装概述

学习要点：

1. 了解女正装的基本知识。
2. 掌握正装的面、辅料知识。

能力要求：

1. 能够熟练掌握女正装特点和分类。
2. 能根据不同款式提供面、辅料的解决方案。

第一节　女正装的定义

女正装一般是指“职业女性上班工作及从事商务活动时的着装”。它与职业制服如一些办公室文员的统一着装、运动服、警服、军服等是不同的，职业制服是“根据行业或单位的整体形象需要实施的强制性的统一服装”。而女正装只是受工作环境约束，是非强制性的衣着装扮。因此，两者不能混为一谈。也就是说，女正装专指由职业女性自行决定、在上班及从事商务活动时穿着的服装，无统一制式要求。

第二节　女正装的产生与发展

19 世纪末，女性要求参与各种社会活动的呼声越来越高，而束缚人体的紧身衣具却妨碍了她们的参与，由此引发的对女装设计进行变革的要求越来越强烈。把妇女从紧身胸衣中解放出来，是这个时期服装设计师具有革命性的响亮口号，为女性正装开拓了发展道路。1914 年第一次世界大战爆发以后，优雅繁琐的服饰很快被适应战时环境的着装所取代，裙子长度变短，露出双脚和踝关节。在 1915 年，女裙长度缩短至小腿部位。战争期间妇女参加工作穿起了工作服，常见的工作着装造型为宽松、有口袋、长及小腿肚的大衣，有的还穿长裤，与衣服配套的是长筒靴。继而随着 20 世纪 20 年代人们生活环境的巨大变化和生活节奏的加快，社会更加民主化，道德标准也逐渐放宽。与此同时以美国为首又一次掀起了世界范围的女权运动，女性在政治上获得了与男性同等的参政权，在经济上则因有了自己的工作而能独立，女性生活状态出现巨大变化，许多妇女涌入就业市场。这种男女平等的思想，在 20 世纪 20 年代被强化和发展。女性角色和地位的改变，造成了西方女性服饰的变革，强调功能性成为女装款式发展的重点。由此不难看出，价值观的颠覆以及社会环境的巨大改变促使女性服装的面貌发生了重大的变化，而女性穿着男性化以及消瘦苗条的审美观的流行给女性工作着装的发展种下了一颗有待萌发的潜在种子。

女正装的发展与妇女社会地位的提高以及受各种设计思潮和流行趋势的影响有一定的联系，女正装的发展史表达了妇女自信、自立、自尊、自重的期望和心态。过去的女性正装通常以套装或套裙为主，样式较为正统或保守，严格戒除社交礼服的鲜艳暴露、浪漫迷人，尽量避免休闲装的无拘无束、自由随意，而主要追求功能上的便于活动和审美上的端庄严谨。随着时代的进步，现代女性正装一般都具有较高的文化层次和独立的素质思想，她们对于自己在工作乃至社会环境中所处的地位以及要取得生存和发展必须具备的内外条件都有着清醒的认识。因此，她们越来越重视自己在工作社交场合的外表形象，在穿着打扮上也颇有独到见地和风格品味。

第三节　女正装的特点及分类

一、女正装的特点

女正装也是服饰文化的一部分，具有服装的基本特点，即精神性和物质性。精神性指职业身份的针对性、时尚形象的艺术性等，物质性指活动便利的实用性、材质适用的科学性、安全性等。

1. 职业身份的针对性

职业身份的针对性，即女正装因其穿着者的职业和阶层不同而不同，重在得体和适度，与其它类别服装相比，具有一定的限制性。如从事行政、文教等职业的女性在工作时所穿着的女装，一般要求端庄、成熟、干练、有内涵，以此显示自己的能力与素质，赢得人们更多的信任；而从事传媒、演艺等职业的女性所穿着的职业女装，一般在设计上受到的限制比前者要小，款式和色彩更为新颖而富有个性，以此起到突出自己的目的，从而获得更多的关注和机会。

2. 时尚形象的艺术性

时尚形象的艺术性，是指注重以服装体现自己的身份、地位以及文化水准，也就更讲究品位、追求艺术美感，很多在其它职业装中不能出现的艺术装饰手法在一定程度内都可以在女正装中呈现，女正装因此获得了丰富多彩的艺术内涵和绚丽多姿的艺术形象。

3. 活动便利的实用性

女正装虽然没有严格的规制，也不强制统一穿着，但它在追求时尚、追求品位之前必须满足服装基本的实用功能。女正装作为服装的一个门类，仍然起着遮蔽人体、保护人体的作用。虽然女正装的穿着对象多为白领女性，工作环境较为优越，体力劳动强度较小，但仍必须满足她们在工作过程中基本的坐立行走、书写、取物等活动的需要，而不至于发生腿迈不开、手伸不上或蹲、坐时绽线、走光的情况。在对女正装进行时尚化设计时，不能为了追求款式的新颖美观而忽视结构的合理性和人体的舒适性。

二、女正装的分类

按照女正装的搭门、件数等进行大体分类。

1. 按女正装的搭门分类

常见的女正装上衣的搭门分为：单排扣正装套装、双排扣正装套装、不对称式正装套装三类，使用形式受流行趋势的影响很大，如图 1–1 所示。

（1）单排扣女正装套装

单排扣女正装套装是左右前衣身叠合，前身搭门较窄，有一排纽扣的上装组合的正装套装总称，是最常见的一种形式，单排扣常采用的是单排二粒扣或单排三粒扣的形式。

（2）双排扣女正装套装

双排扣女正装套装是左右前衣身叠合较多，有两排纽扣的上装组合的正装套装总称，在秋冬季套装中使用的较多。

（3）不对称式女正装套装

不对称式女正装套装是前身的搭门左右不对称的正装套装的总称，在女正装中采用的较少。

图1–1　女正装按搭门的三种分类

2. 按女正装的件数分类

女正装按件数来划分，分单件正装、两件套正装、三件套正装。通常正装套装指的是上衣与裤子成套，其面料、色彩、款式一致，风格相互呼应。按照人们的传统看法，三件套正装比两件套正装更显得正规一些。在季节变化不明显的地域，短裤在很多时候也代替了长裤的位置。女正装按件数分类如图 1–2 所示。

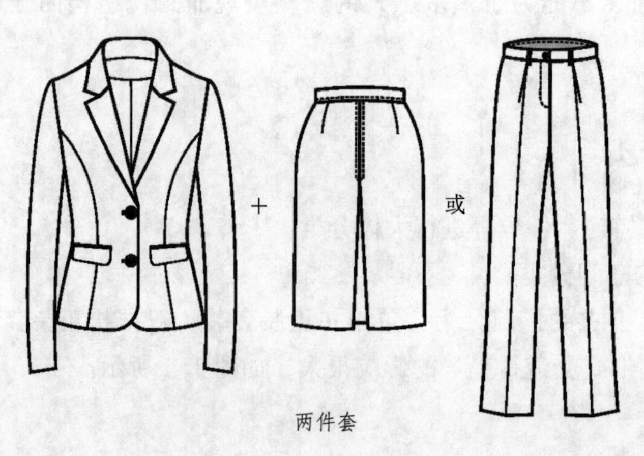

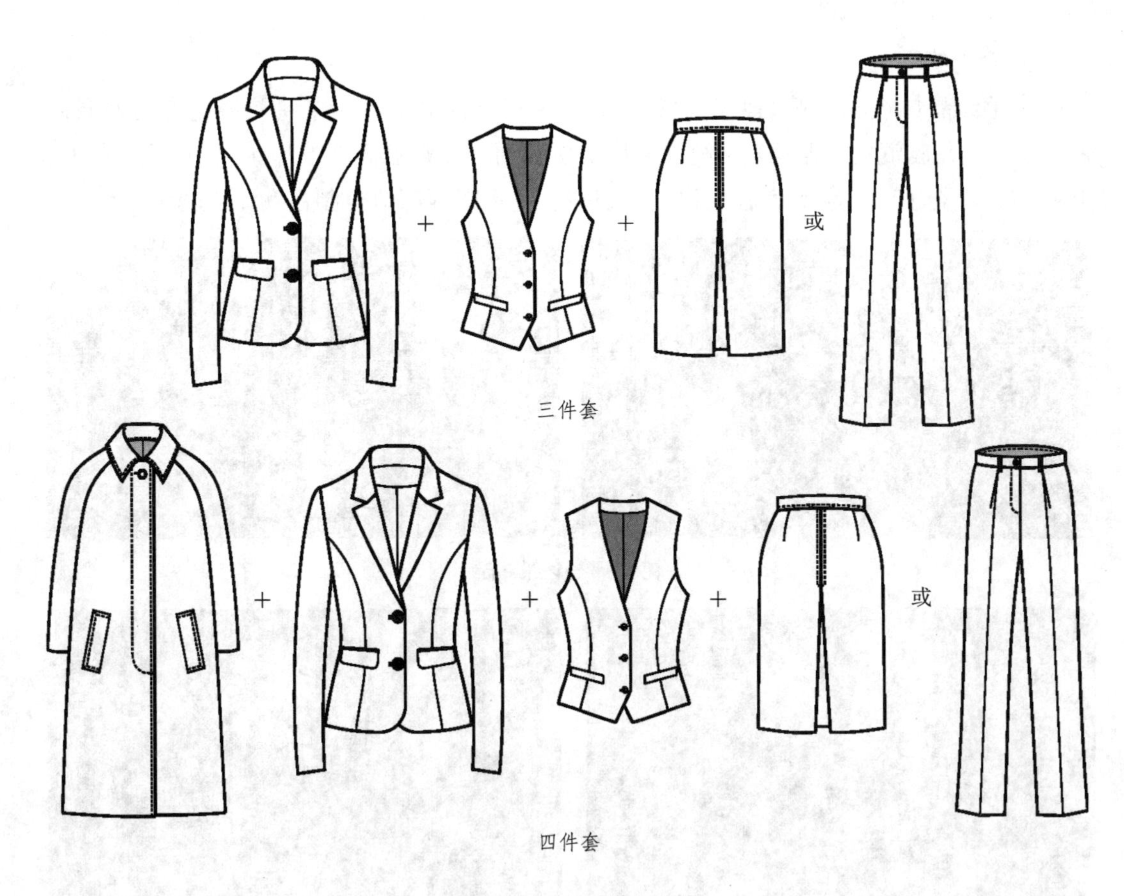

图1-2　女正装按件数分类

第四节　女正装面、辅料简介

一、女正装面料简介

在女正装中，面料起着重要的作用。不管是外套还是裤子、裙子，均可采用薄织物及厚织物，包括各种纤维的机织物，一般来说面料在强调穿着舒适之外，应选择织造细密坚实、具有一定的抗皱性、坚牢性、耐磨性和耐洗性的面料。

女正装套装所用面料分为如下几种：

1. 纯化纤织品

用作女正装套装的纯化纤织品如纯涤纶花呢、涤粘花呢（快巴）、针织纯涤纶、粗纺呢、大衣呢、麦尔登、海军呢、制服呢、法兰绒、粗花呢等，如图 1-3 所示。

2. 混纺织品

适合女正装套装的混纺织品有涤毛花呢、凉爽呢、涤毛粘花呢、粗纺呢、大衣呢、麦尔登、海军呢、制服呢、法兰绒、粗花呢等，如图 1-4 所示。

3. 全毛织品

全毛织品如纯羊毛精纺西服面料、纯羊毛粗纺西服面料、羊毛与涤纶混纺西服面料、羊毛与黏胶混纺西服面料、纯羊毛精纺西服面料和常见面料如华达呢、哔叽、花呢、啥味呢、凡立丁、人字呢、派立司、女衣呢、直贡呢等都适合制作女正装套装。

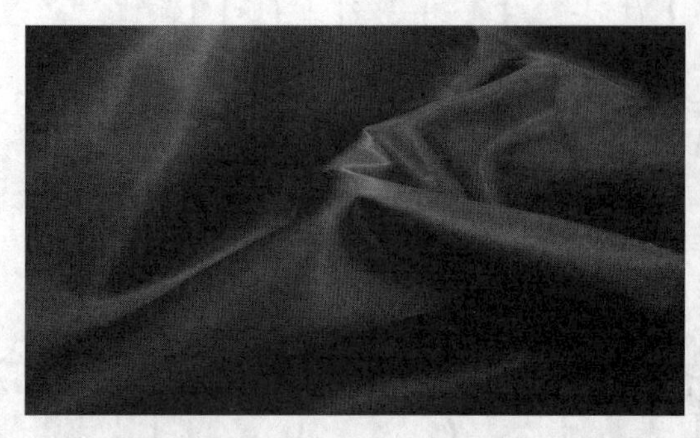

图1-3 纯化纤织品

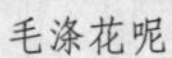

毛涤花呢

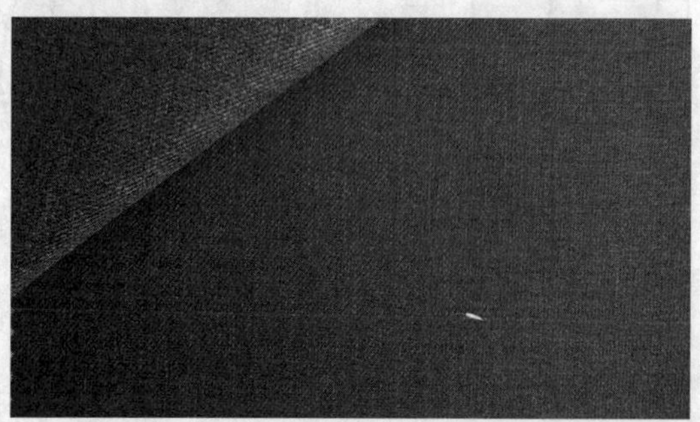

凉爽呢

麦尔登呢

海军呢

粗格呢

粗纺呢

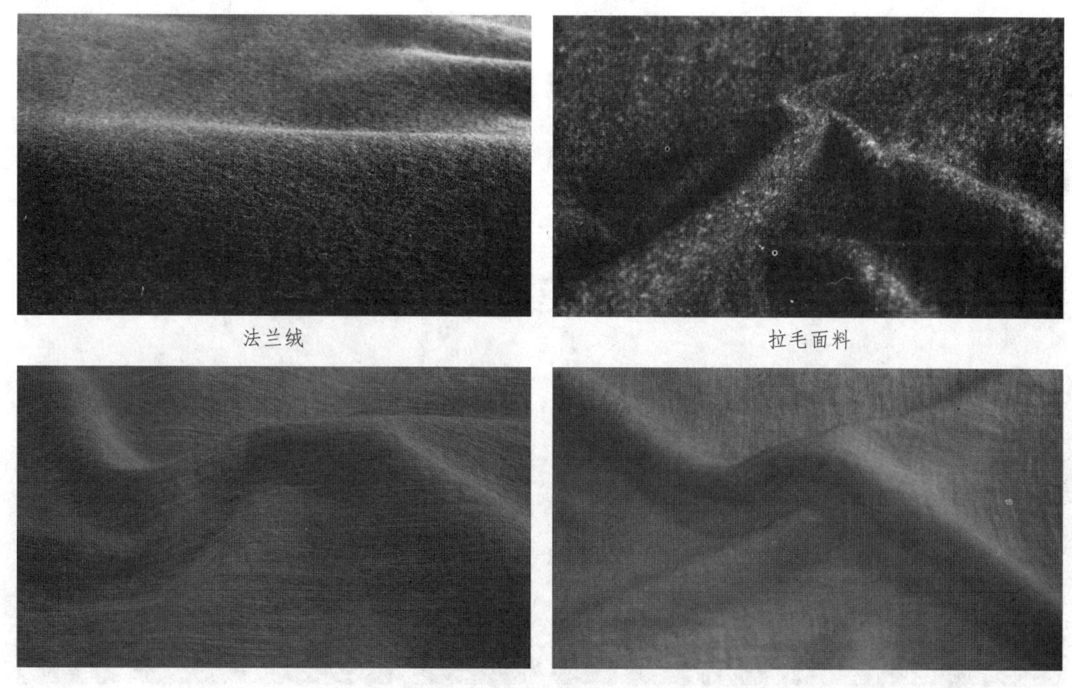

法兰绒　　拉毛面料

特殊面料

图1-4 混纺织品

高支纱精纺面料

条格精纺面料

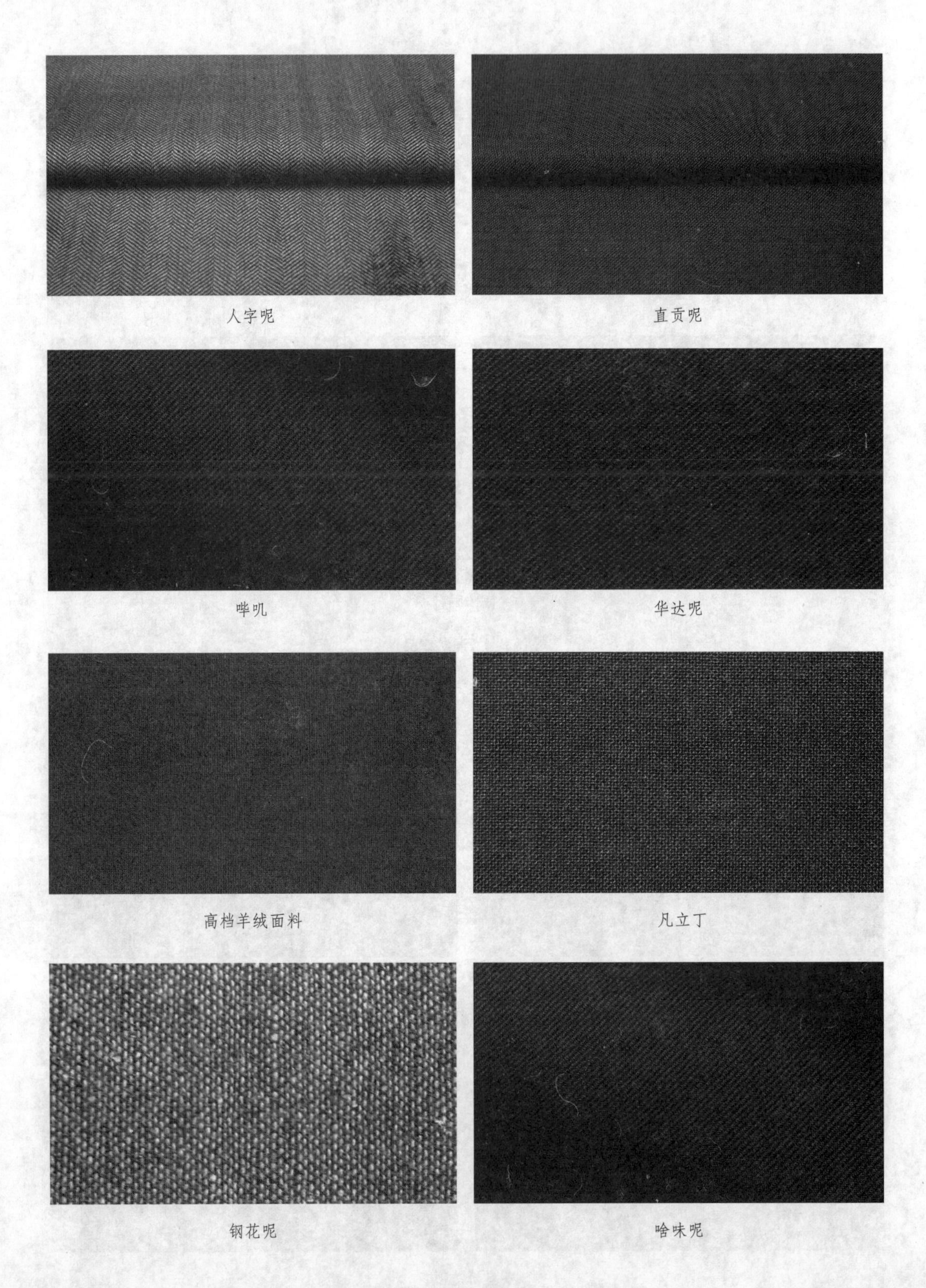

图1-5 全毛织品

二、女正装辅料简介

女正装套装所用辅料包括里料、衬料、纽扣、拉链、挂钩、垫肩、袖棉条、领底呢等。

1. 里料

里料的颜色、性能、质量、价格等都要与面料协调一致，即里料的缩水率、耐热性、耐洗性及强度、厚度、重量等特性与面料相匹配，颜色相协调，色牢度好，且光滑、轻软、耐用。蓬松、易起球、生静电和弹性织物不宜作里料。

里料可按其组成、组织、幅宽的不同进行分类。

里料按组成可将其分为纺绸、真丝、涤纶、锦纶、黏胶丝、铜氨丝、醋酯纤维、醋酸纤维、绸缎、化纤织物以及棉混纺织物等，如图 1-6 所示。

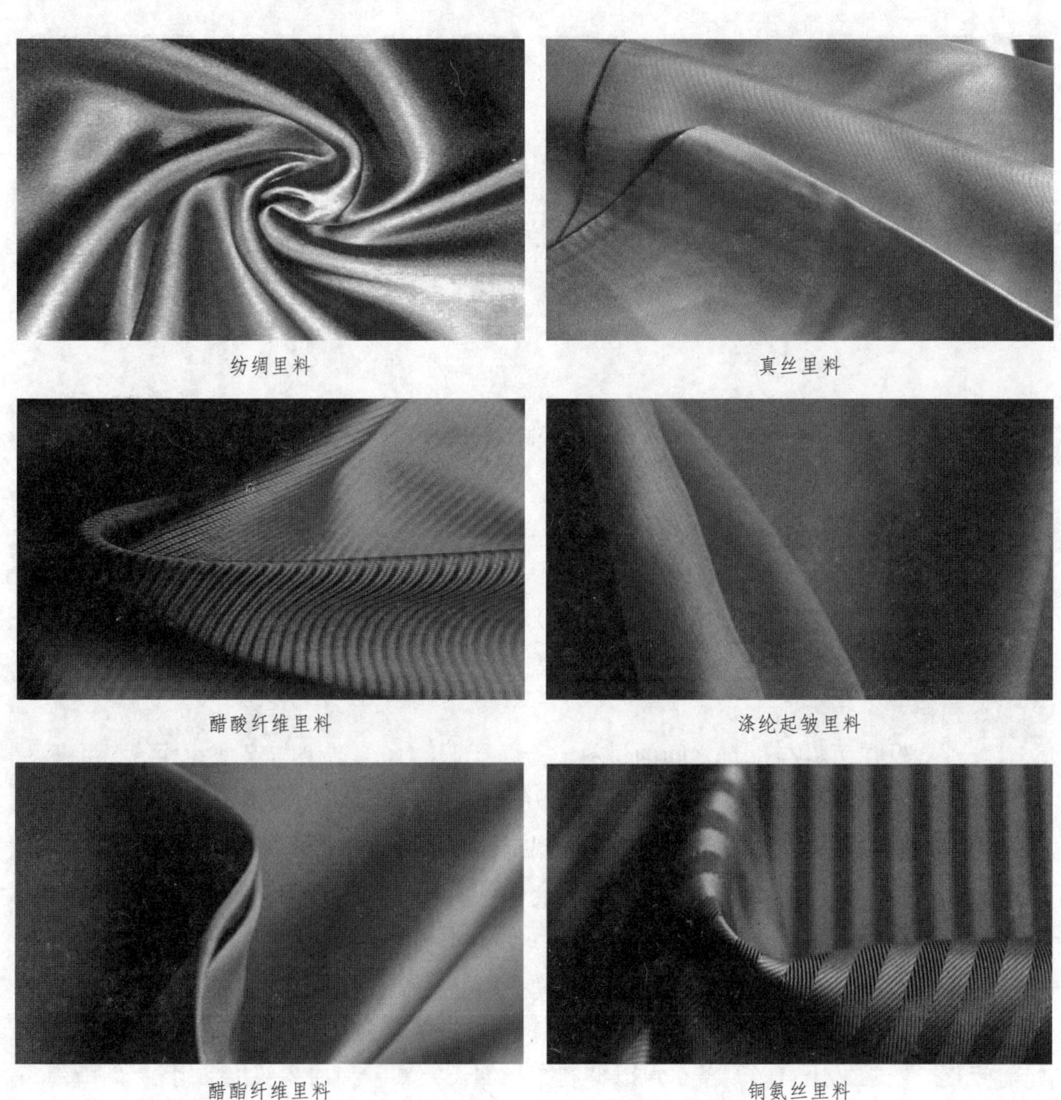

纺绸里料　真丝里料

醋酸纤维里料　涤纶起皱里料

醋酯纤维里料　铜氨丝里料

图1-6　不同组成里料

里料按其组织不同分为平纹、斜纹、缎纹、针织等，如图 1–7 所示。

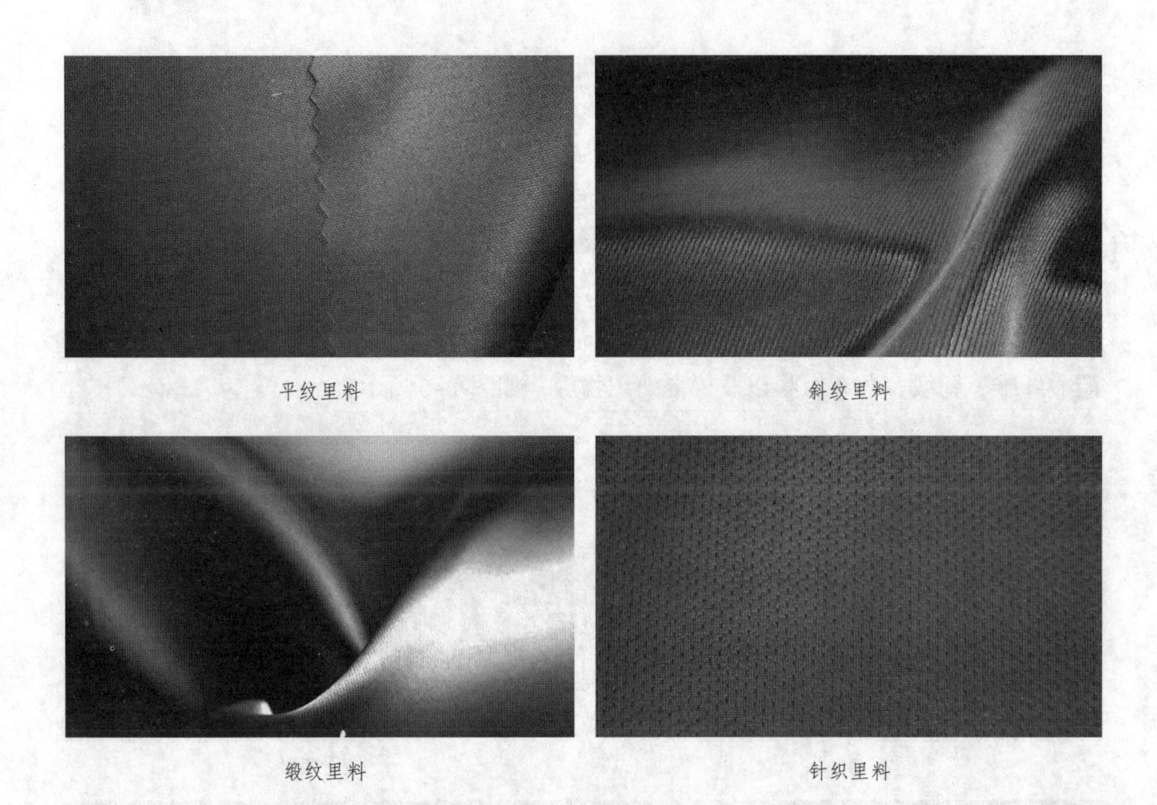

平纹里料　　斜纹里料

缎纹里料　　针织里料

图1–7　不同组织里料

里料的幅宽一般分为 92cm、112cm 和 122cm 三种。

里料的选定与面料有着直接的关系，根据女正装套装的款式，面料的材质、厚度、花型以及季节等因素，会选用不同的里料来与套装相匹配。套装一般使用与面料同色系的里料。

2. 衬料

衬料是附在面料与里料之间的材料，能赋予服装局部造型与保型的性能，并不影响面料的手感和风格。衬料的选用可以更好地烘托出服装的形，根据不同的款式可以通过增加衬料的硬挺度，防止服装衣片出现拉长、下垂等变形现象。

黏合衬的种类有无纺黏合衬、布质黏合衬、双面黏合衬，如图 1–8 所示。

女正装套装款式及面料的不同，决定了黏接部位和不同衬里的使用。前身用的黏合衬应选用保型性好、厚度适当、挺括而又不破坏手感的黏合衬。

黏合牵条是把黏合衬做成条状（宽度 1 ~ 1.5cm），按正装制作目的分别使用。比如前门止口处常采用直丝牵条，可以抑制布料伸长；领子和袖窿部位采用 6° 斜丝牵条和半斜丝牵条，使衣片的形态更加稳定，如图 1–8 所示。

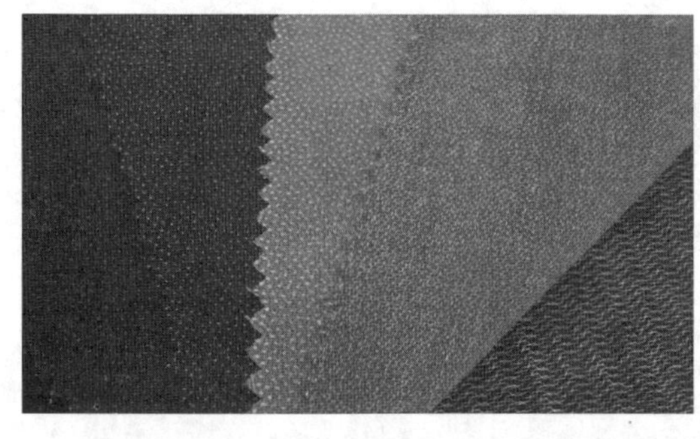

无纺黏合衬

双面无纺衬

布质黏合衬

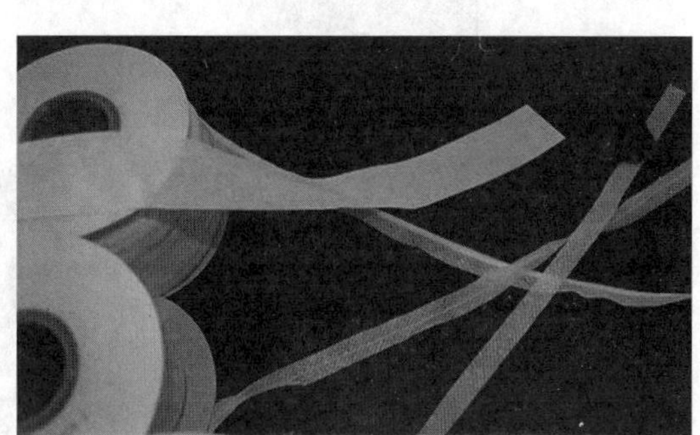

黏合牵条

图1-8　常见西装粘合衬

3. 纽扣、拉链、挂钩

（1）纽扣：

西服前门襟扣常见单排扣、双排扣，扣子常见大小为 30L=1.9cm=3/4″、32L=2.0cm=13/16″、34L=2.1cm=27/32″。在大多数的正装衣袖口处，均钉 2 ~ 4 枚小纽扣作装饰，扣子常见大小为 24L=1.5cm=5/8″。现在更多纽扣的作用已经由以前的实用功能，转变为装饰的作用，这对窄而短的正装袖来说有调节、放松的作用。在裤子上使用较多的有用压扣机固定的非缝合的金属掀扣、电压扣和树脂扣。一般金属扣多用在牛仔裤上，电压扣和树脂扣多用在西裤、休闲裤上，如图 1-9 所示。

① 按材料分类。天然类：真贝扣、椰扣、木头扣；化工类：有机扣、树脂扣、塑料扣、组合扣、尿素扣、喷漆扣、电镀扣等。

② 从孔眼分类。暗眼扣：一般在纽扣的背面，经纽扣径向穿孔；明眼扣：直接通纽扣正反面，一般有四眼扣和两眼扣，通常两眼扣在女装中使用得较多。

（2）拉链：

裤子及裙子上使用的拉链有闭尾的常规拉链和隐形拉链两种，如图 1-10 所示。

① 按材料分类。尼龙拉链、树脂拉链、金属拉链。

② 按品种分类。闭尾拉链、开尾拉链、双闭尾拉链、双开尾拉链、单边开尾。

树脂扣

牛角扣、贝壳扣

图1-9 常见西装扣子

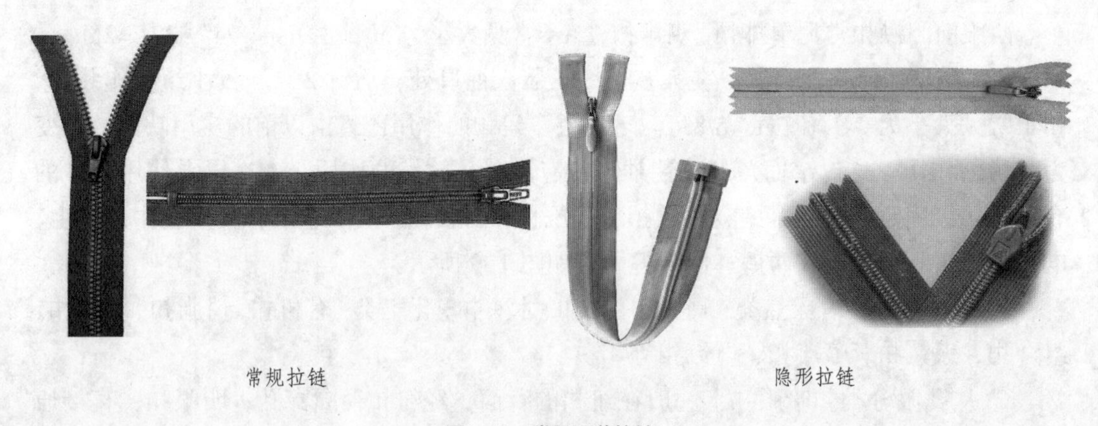

常规拉链　　隐形拉链

图1-10 常见西装拉链

（3）挂钩：

挂钩形状、规格多样，裤、裙腰常用片状金属挂钩。钩状的上环装订在绱门襟的腰头里侧，片状的底环钉在绱里襟的腰头正面；配套隐形拉链裙腰头常使用隐形裙钩，如图 1-11 所示。

裤钩、裙钩

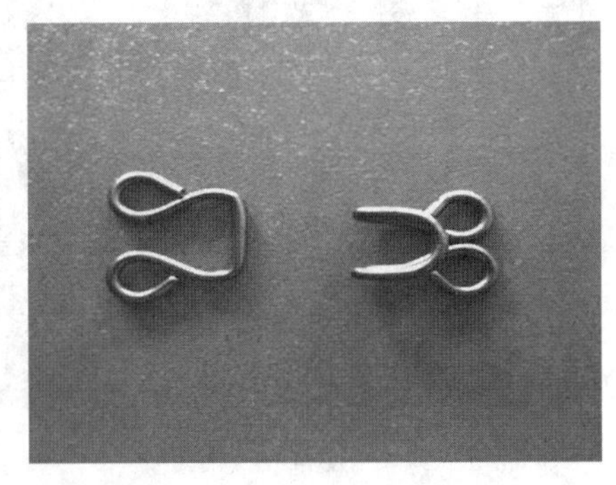
隐形裙钩

图1-11　常见西装挂钩

4. 垫肩

（1）垫肩的形态：

垫肩是西装造型的重要辅料，对于塑造衣身造型有着重要的作用。垫肩可按其形态、肩端厚度不同进行分类，如图 1-12 所示。

① 平头垫肩是绱袖子用的一般性垫肩，可形成棱角分明的肩。

② 圆头垫肩是使肩端角度浑圆的垫肩，可形成自然的圆形肩。

平头垫肩的缝份倒向袖子。圆头垫肩的缝份从肩点向下沿前后袖窿各取 10cm 左右，经过肩点的两点间缝份距离作劈缝处理，这两点之下的缝份作倒缝处理，倒向袖子方向。根据款式造型的不同会出现两种不同的工艺处理，立体肩造型采用的是平头垫肩，袖窿吃量较大，为 4 ~ 6cm；圆顺肩造型采用的是圆头垫肩，圆头垫肩的成衣在袖窿部分有一段做了劈缝处理，其袖窿吃量较小，为 2.5 ~ 4cm。

图1-12　垫肩

（2）垫肩的肩端厚度：

垫肩肩端厚度有 0.5cm、0.8cm、1.0cm、1.5cm、2.0cm、2.5cm 等几种。

5. 袖棉条

为了很好地保持绱袖的袖山头形状，在里面支撑袖子吃缝量的零部件叫袖棉条。面料有适度的弹性，如果是中等厚度的面料，可把同一面料的斜条布作为袖山条使用。

图1-13 袖棉条

市场上出售的袖棉条由麻衬和聚酯棉以及毛衬组合而成，丰实而具有弹性，如图1-13所示。

6. 领底呢

一般的西服制作，使用西服面料做领底，中间再夹进领衬。专用西服领底呢，使西服的领面更平整、柔软、挺拔、造型好，在缝纫加工中，不需要多次绱线缝制，缩短了工艺流程，提高了加工质量，如图1-14所示。

7. 锁眼线

常用锦纶线或涤纶包芯线，耐磨性好、强力高、光泽亮、弹性好，锦纶和尼龙单丝的适应范围则是针对一些弹力面料即张力比较大的面料，多用于服装手工操作中的缲边、裤口、袖头和纽扣，另外可用于装饰绳如女性服装中的腰带扣襻、服装的袖口止口和下摆的明线装饰，如图1-15所示。

图1-14 领底呢

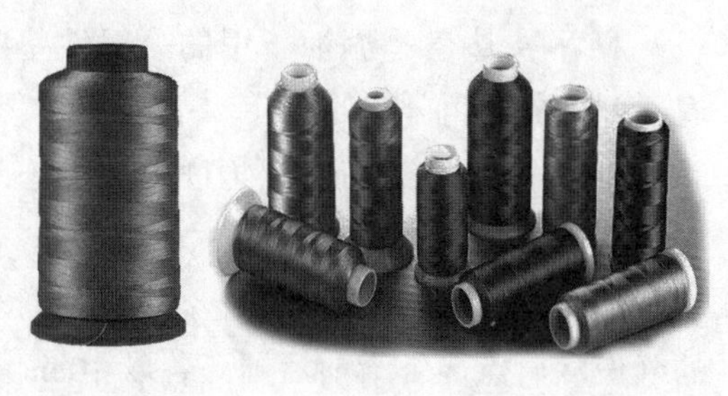

图1-15 锁眼线

三、女正装工艺简介

高档的西装对剪裁、面料、辅料等都有着严格的要求。一套西装生产下来，大约需要四大工序、300余道小工序，工艺的不同决定着西装的品质。目前比较流行的工艺可以总结为四种：黏合衬工艺；半麻衬西服工艺；全麻衬西服工艺；全手工工艺。

思考题：

1. 课后进行市场调研，认识了解女装面料、辅料，并根据分类收集整理，制作图卡。
2. 了解黏合衬工艺、半麻衬西服工艺、全麻衬西服工艺、全手工工艺的基本知识。

作业要求：

作业要求整洁，图卡制作认真精细。

第二章

女正装结构设计基础理论

学习要点：

1. 掌握女装号型基本知识。
2. 掌握女装实际衣身纸样设计制图方法。
3. 掌握女装胸凸量在不同服装造型中的应用方法。
4. 掌握女装胸腰差在不同服装造型中的应用方法。

能力要求：

1. 能对女装标准工业原型和女装实际衣身原型进行正确绘制。
2. 能根据不同款式设计提出胸凸量的解决方案。
3. 掌握女装胸腰差在不同服装造型中的应用方法。

第一节　女装服装规格及参考尺寸

一、简述女子服装规格

我国服装号型标准是在人体测量的基础上根据服装生产需要制定的一套人体尺寸系统，是服装生产和技术研究的依据，包括成年男子标准、成年女子标准和儿童标准三部分。现行《服装号型　成年女子》国家标准于2009年8月1日实施，其代号为GB/T1335.2-2008。

服装号型国家标准的实施对服装企业组织生产、加强管理、提高服装质量，对服装经营提高服务质量，对广大消费者选购成衣等都有很大的帮助。

（一）服装号型基本原理

1. 号型的定义

号：指人体的身高，以厘米为单位表示，是设计和选购服装长短的依据。

型：指人体的上体胸围和下体腰围，以厘米为单位表示，是设计和选购服装肥瘦的依据。

2. 体型分类

通常以人体的胸围和腰围的差数为依据来划分人体体型，并将体型分为四类，分类代号分别为Y、A、B、C，如表2-1所示。

表2-1　体型分类代号及数值　　单位：cm

体型分类代号	胸腰差量
Y	24~19
A	18~14
B	13~9
C	8~4

3. 号型标志

① 上下装分别标明号型。

② 号型表示方法：号与型之间用斜线分开，后接体型分类代号。

如：上装160/84A，其中，160代表号，84代表型，A代表体型分类。下装160/68A，其中，160代表号，68代表型，A代表体型分类。

（二）号型系列

号型系列是把人体的号和型进行有规则地分档排列，是以各体型的中间体为中心，向两边依次递增或递减组成。成年女子标准号为145 ~ 180cm，身高以5cm、胸围以

4cm 分档组成上装的 5・4 号型系列，身高以 5cm，腰围以 4cm、2cm 分档组成下装的 5・4 和 5・2 号型系列。

设置中间体。根据大量实测的人体数据，通过计算，求出均值，即为中间体。它反映了我国成年女子各类体型的身高、胸围、腰围等部位的平均水平。中间体设置表如表 2–2 所示。

表2–2　中间体设置表　　单位：cm

女子体型	Y	A	B	C
身高	160	160	160	160
胸围	84	84	88	88
腰围	64	68	78	82

4. 控制部位数值

控制部位数值是人体主要部位的数值（净体数值）。长度方向有：身高、颈椎点高、坐姿颈椎点高、腰围高、全臂长；围度方向有：胸围、腰围、臀围、颈围以及总肩宽。

5. 分档数值

分档数值又称为档差，指某一款式同一部位相邻规格之差。国家标准中有详细的档差数值，用于指导纸样的放缩。

二、女子服装号型的应用

服装号型是成衣规格设计的基础，根据服装号型标准规定的控制部位数值，加上不同的放松量来设计服装规格。一般来讲，我国内销服装的成品规格都应以号型系列的数据作为规格设计的依据，都必须按照服装号型系列所规定的有关要求和控制部位数值进行设计。

服装号型标准详细规定了不同身高、不同胸围及腰围人体各测量部位的分档数值，这实际上就是规定了服装成品规格的档差值。

以中间体为标准，当身高增减 5cm，净胸围增减 4cm，净腰围增减 4cm 或 2cm 时，服装主要成品规格的档差值如表 2–3 所示。

表2–3　女子服装主要成品规格档差值　　单位：cm

<table>
<tr><th>规格名称</th><th>身高</th><th>后衣长</th><th>袖长</th><th>裤长</th><th>胸围</th><th>领围</th><th>总肩宽</th><th colspan="2">腰围</th><th colspan="2">臀围</th></tr>
<tr><td rowspan="2">档差值</td><td rowspan="2">5</td><td rowspan="2">2</td><td rowspan="2">1.5</td><td rowspan="2">3</td><td rowspan="2">4</td><td rowspan="2">0.8</td><td rowspan="2">1</td><td>5・4</td><td>4</td><td>Y、A</td><td>B、C</td></tr>
<tr><td>5・2</td><td>2</td><td>3.6、1.8</td><td>3.2、1.6</td></tr>
</table>

表 2–4 为日本 JIS 人体标准参考数据。

表2-4　JIS人体标准参考数据

单位：cm

身　高	156												164				
胸　围	76			均值	82			均值	92			均值	76	82			均值
臀　围	84.6	85.1	85.6	85.1	88.2	88.8	89.2	88.7	94.2	94.9	95.2	94.8	86.3	91.0	89.9	90.5	90.5
腰　围	59.0	59.7	59.8	59.5	63.2	64.9	65.2	64.4	70.2	73.6	74.3	72.7	59.0	63.3	63.2	64.6	63.7
BP点高	111	110.3	109.9	110.4	110.6	109.9	109.5	110.0	109.7	109.1	109.0	109.3	118.0	119.0	117.4	116.4	117.6
后腰节高	95.3	95.0	95.2	95.2	95.4	95.0	95.4	95.3	95.6	95.2	95.6	95.5	101.3	102.6	101.4	100.7	101.6
前腰节高	96.2	96.1	96.4	96.2	96.2	96.1	96.5	96.3	96.2	96.1	96.5	96.3	102.2	103.4	102.2	101.7	102.4
会阴点高	70.3	69.5	69.6	69.8	70.0	69.2	69.3	69.5	69.6	68.7	68.9	69.1	75.0	75.9	74.7	73.5	74.7
膝点高	39.0	38.8	39.0	38.9	39.1	38.8	39.0	39.0	39.1	38.9	39.0	39.0	41.4	42.0	41.4	41.2	41.5
小腿最大围高	28.6	28.3	28.6	28.5	28.7	28.4	28.7	28.6	28.9	28.5	28.9	28.8	30.5	30.9	30.6	30.0	30.5
踝点高	6.1	6.1	6.2	6.1	6.0	6.1	6.2	6.1	6.0	6.1	6.2	6.1	6.4	6.3	6.3	6.4	6.3
头　围	54.5	54.5	54.4	54.5	54.9	54.8	54.7	54.8	55.6	55.4	55.2	55.4	54.9	55.0	55.4	55.3	55.2
胸下围	67.5	68.5	68.1	68.0	71.5	72.7	72.6	72.3	77.9	79.7	80.0	79.2	67.5	71.4	71.5	72.8	71.9
腹　围	75.9	76.6	77.6	76.7	80.9	81.6	82.9	81.8	88.7	89.7	91.2	89.9	75.9	79.7	80.8	81.6	80.7
颈根围	36.1	36.0	36.0	36.0	37.1	37.1	37.0	37.1	38.7	38.8	38.7	38.7	36.6	37.6	37.6	37.5	37.6
臂根围	34.4	34.7	35.0	34.7	36.3	36.5	36.7	36.5	39.3	39.5	39.5	39.4	34.6	36.4	36.5	36.8	36.6
上臂最大围	24.0	24.4	24.7	24.4	25.9	26.3	26.4	26.2	28.9	29.2	29.2	29.1	23.6	25.1	25.5	26.0	25.5
腕　围	14.5	14.7	14.8	14.7	15.0	15.1	15.3	15.1	15.7	15.8	16.0	15.8	14.8	15.1	15.2	15.3	15.2
大腿最大围	49.6	49.2	48.7	49.2	52.5	51.7	51.0	51.7	57.0	55.6	54.3	55.6	49.2	52.5	52.1	52.1	52.2
小腿最大围	32.8	32.3	32.0	32.4	34.5	33.8	33.4	33.9	37.1	36.1	35.4	36.2	32.8	34.7	34.5	33.9	34.4
背　长	37.8	38.2	38.0	38.0	37.9	38.3	38.1	38.1	38.0	38.4	38.3	38.2	39.2	39.2	39.3	39.8	39.4
脊椎点高	134	133.9	133.9	133.9	134.3	134.2	134.3	134.3	134.7	134.7	134.9	134.8	141.5	141.7	141.8	141.1	141.5
前胸长	31.7	32.1	32.4	32.1	33.0	33.4	33.8	33.4	35.1	35.6	36.0	35.6	32.2	32.6	33.5	33.8	33.3
前　长	46.4	46.2	46.0	46.2	47.4	47.1	47.0	47.2	49.1	48.7	48.7	48.8	47.7	48.0	48.7	48.4	48.4
臂　长	49.9	50.0	50.6	50.2	50.3	50.4	50.8	50.5	51.0	51.0	51.2	51.1	52.4	53.4	52.8	52.8	53.0
肩　宽	38.2	37.9	37.7	37.9	38.8	38.5	38.3	38.5	39.6	39.4	39.2	39.4	39.5	40.5	40.1	39.6	40.1
腰围～座面	27.2	27.4	27.4	27.3	27.6	27.7	27.7	27.7	28.0	28.1	28.1	28.1	28.4	28.8	28.8	28.8	28.8

第二节　女正装实际衣身原型绘制

一、标准工业原型与实际衣身纸样的区别

在服装行业中，服装纸样一般是指先以标准人体为依据制作出一个标准纸样，再根据人体的不同号型规格的尺寸进行缩放制作的。这样就能准确和高效率地制作出适合各种体型的服装。

在学习的过程中，我们所了解的人体知识基本上都是以标准或理想的体型为依据。但是，人的体形存在很大的差异，并且这种差异不是我们仅用皮尺就能够测量出来的，如那些不好用皮尺去测量的，只能用眼睛观察且凭感觉来评论人体局部的差异，如挺胸、平胸、驼背、平背、溜肩、平肩等体型。对于能够测量出的体型差异，在服装纸样的处理上，只要在标准体型纸样的基础上对长度和宽度两个方向按不同的号型规格数据进行缩放即可。

使用原型法进行结构制图，女装自身的衣身原型中只有两个基本尺寸，它们是从穿着者身上采测到的胸围及背长尺寸。在标准原型结构制图中，为了扩大适应人群范围，减少测量带来的误差，从而进行简捷、方便的制图，多采用以胸围尺寸为基准进行数理统计推算，计算出其他部位尺寸的方法进行制图，如图 2-1 所示。

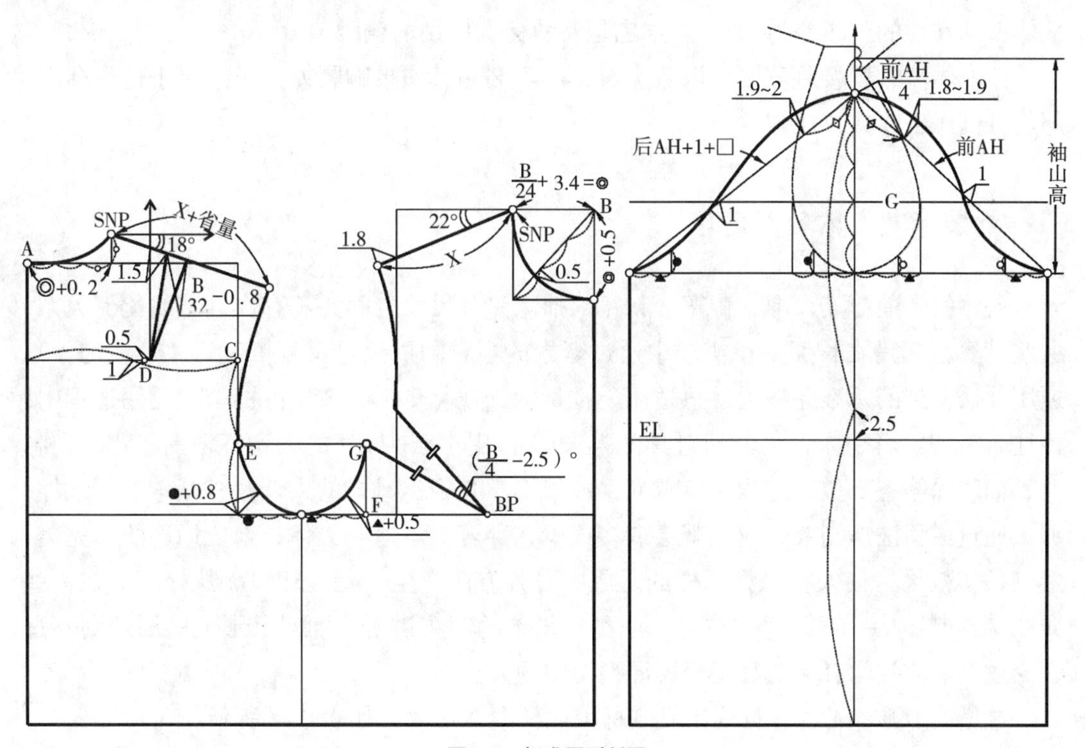

图2-1　标准原型制图

二、标准化人体的体型标准

所谓标准化人体指该人体不是具体的指某个人，但是适用于每个相同号型的每个具体的人。确定一个人体的标准体型，这在服装业中是很重要的。而且，这是区别其他的体型的参考依据。

1. 身高标准

在我国，标准的身高一般是参考国人身高的平均值来确定的。例如，我国女性的标准身高被定为 160cm。

2. 体重标准

标准的体重应该是不胖也不瘦的，而人们公认的标准体重的衡量基准为（身高 -100）×0.9kg。这里不管身高是多少，一般体重要接近这个公式的计算结果，如果体重高于或低于这个标准，体型就应该属于胖体或者瘦体体型。所以，如果女性的标准身高被定为 160cm，那么，其标准体重应该为（160-100）×0.9kg=54kg。

3. 三围标准

三围是指人体中胸围、腰围、臀围的尺寸。而人体三围之间的标准是以人体三围之间的标准差来衡量的，也就是它们之间的围度差。在人体的上半身中，被称为胸腰差，在下半身中称为臀腰差。而在服装中一般是以胸腰差来区分不同体型的。一个具有标准体型的女性的胸腰差为 16cm。这也是女性标准体型的胸腰差。

标准体型的胸腰差范围可以放宽至 14 ~ 18cm，如果胸腰差大于或小于这个标准，那就分别属于胖体或瘦体体型了。

三、女装标准人体参考尺寸

人体的胸围与其领围、背宽、胸宽、袖窿深各尺寸之间并不存在确定的比例关系，这些计算公式是在长期工作实践中通过众人的穿着测试经过反复修改后才形成的，不过用此法得到的标准原型通常只适用于批量的工业化生产，在实际的个人运用过程中，往往会将初学者引入误区。相对具体人来讲，相同胸围尺寸的人，其领围、背宽、胸宽、袖窿深等各部位尺寸均会有差异，如果不学会根据具体的人调整其基本原型纸样，那么通过原型法所制成的成衣就会或多或少在穿着上不适合人体，造成局部的不完美，影响整体效果，使人在原型纸样的运用中对其方法产生怀疑，却又无从处理。在一些介绍结构制图的资料中，往往只对原型作简单的制图讲解，而对其形成的原理则不过多论述，这使初学者无法真正理解原型制图的方法。

这里以 160/84A 为依据列出女装标准人体参考尺寸，如表 2-4 所示。

表2-4　女子服装主要成品规格档差值　　单位：cm

	序号	部位	标准数据	序号	部位	标准数据
长度	1	身高	160	10	腰高	98
	2	总长	136	11	腰长	18
	3	背长	38	12	膝长	58
	4	后腰节长	40.5	13	上裆长	25
	5	前腰节长	41.5	14	前后上裆长	68
	6	胸位	25	15	下裆长	73
	7	肘长	28.5	16	裤长	98（不包括腰头宽）
	8	袖长	52	17	衣长	65（套装西服长）
	9	连肩袖长	64			
围度	1	胸围	84	10	臂根围	37
	2	乳下围	72	11	上臂围	27
	3	腰围	68	12	肘围	28
	4	腹围	85	13	手腕围	16
	5	臀围	90	14	手掌围	20
	6	腋下围	78	15	大腿根围	53
	7	头围	56	16	膝围	33
	8	颈根围	38.5	17	踝围	21
	9	颈围	34	18	足围	30
宽度	1	肩宽	38	3	背宽	35
	2	胸宽	34	4	胸距	18

四、实际衣身原型的设计

1. 建立原型框架

（1）绘制后中心线。以 A 点为后颈点，通过后颈点向下垂直量取背长 38cm，作为原型的后中心线，如图 2-2 所示。按国际惯例在女装制板中，当原型后中心线的位置与打板人员的目测视线呈垂直状态时，原型后中心线的位置是处在打板纸样的左边；当原型后中心线的位置与打板人员的目测视线呈平行状态时，原型后中心线的位置是处在打板纸样的上边。通常情况下，在工业制板中多以原型后中心线的位置与打板人员目测视线呈垂直状态时进行打板，因此在纸样中左边线设定为后中心线，右边线设定为前中心线，上边线设定为辅助线，下边线设定为腰围辅助线进行结构打板。而初学者多以原型后中心线的位置与打板人员的目测视线呈平行状态时进行打板，原型后中心线的位置是处在打板纸样的上边，原型前中心线的位置是处在打板纸样的下边进行打板。

（2）绘制腰围线、前中心线。通过后中心线作水平腰围线（WL），水平腰围线的宽度为胸围 /2+6cm（基本需求量）=48cm，即前后身宽的确定，如图 2-2 所示；通过水平腰围线（WL）的宽度作一条垂直线，垂直线的长度要长于后中心线，即前中心线的确定，如图 2-2 所示。服装围度的放松量受人的年龄、流行趋势等外部因素的影响，导致放松量也是不同的。在原型中服装围度尺寸的设定是由人体的实际尺寸（净尺寸）加上基本松度和运动量来确定的，实际尺寸一般是指人体的内限尺寸，基本松度是指构成人体弹性及呼吸所需的量，运动量是为了有助于人体的正常活动而设计的，原型中基本需求量 12cm 实际上是可变值，因人而异，大体上介于 6 ~ 14cm 之间，平均介于 10 ~ 14cm，运动量大则加大，此款原型的基本需求量值取 12cm 状态为中间值，也

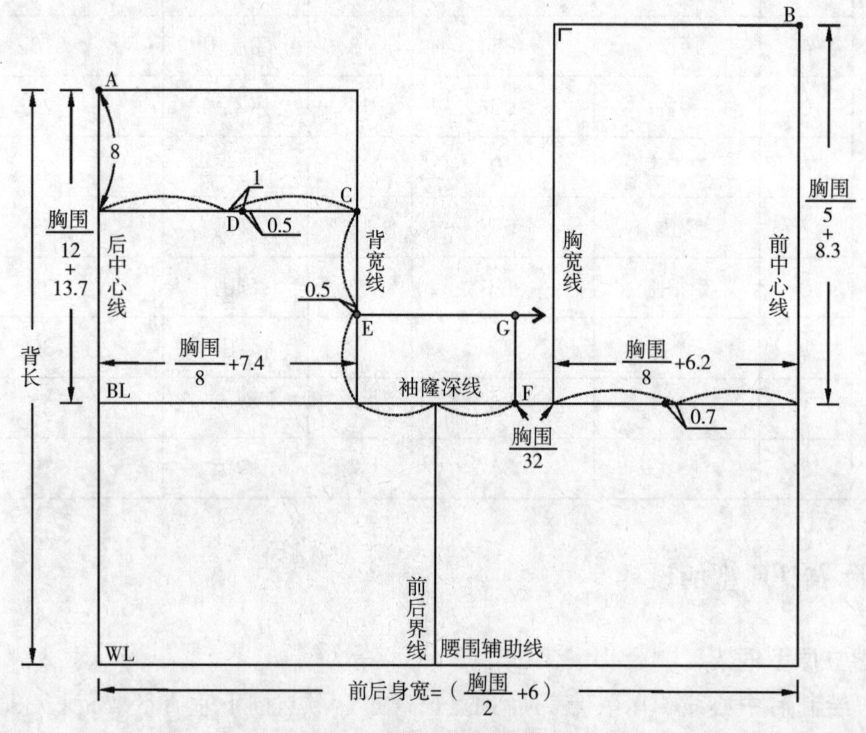

图2-2 标准工业化原型框架

就是说此时所形成的围度使人体处于较舒适的状态，不紧身也不宽松。

（3）绘制袖窿深线（BL）。经过A点（后颈点）在后中心线上量取B/12+13.7=20.7cm，通过此点作水平线，水平线的宽度为胸围/2+6cm（基本需求量），并且交于前中心线上，此线为袖窿深线（BL），如图2-2所示。原型中袖窿深线的位置处于人体腋窝下方，胸点上方，如图2-3所示。袖窿深线比腋窝浅会卡住手臂，不符合人体实际状态，原型中的袖窿线与人体腋窝之间并不是完全吻合。根据着装者的喜好和便于手臂上举时运动方便，一般空隙量控制在2cm左右，但在夏装中为保证胸部不外露，在设计无袖连衣裙时要适当向上抬高袖窿深线（BL）。

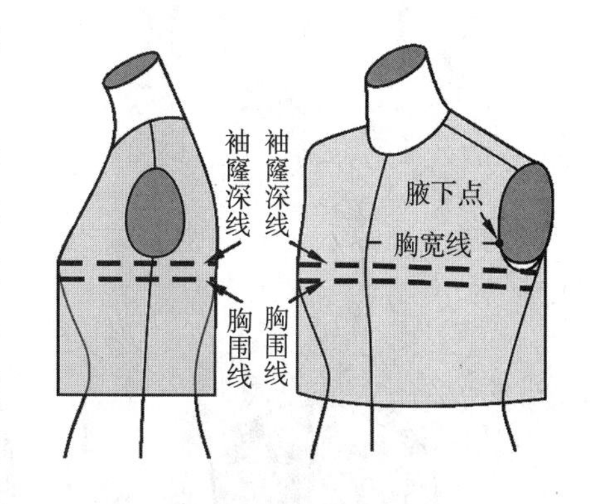

图2-3 袖窿深线的位置

原型袖窿深的计算公式是B/12+13.7=20.7cm。由此从公式中可以看到，随着胸围的增大，袖窿深线开深程度也就越大，但胸围围度的加大量与手臂围度加大量之间并没有确定的比例关系，也就是说若按照胸围尺寸增加计算袖窿深线值，会产生袖窿深过量的问题，袖窿开深过大，在袖肥不变的情况下，袖子袖内缝与衣服侧缝长度就越短，越不易抬起手臂，因此要考虑把袖窿深值适当稍向上移；胸围每增大5cm，袖窿深线值则要相应在公式B/12+13.7cm上加大0.4 ~ 0.5cm，例如：胸围77cm ~ 82cm，袖窿深线值确定为B/12+14.1cm；胸围87cm ~ 90cm，袖窿深线值确定为B/12+13.1cm。

（4）作后衣片上平辅助线的水平线、背宽线。经A点（后颈点）作垂直于后中心线的水平线辅助线；由后中心线与袖窿深线的交点在袖窿深线上向前中心方向量取背宽值B/8+7.4cm=17.9 cm，且向上作垂直线，即背宽线的确定；将经A点（后颈点）的水平线（辅助线）与背宽线垂直相交于一点，如图2-2所示。在正常情况下（挺胸体除外），从人体肩部截面上可以观察到，背宽较大，胸宽次之。背宽值比胸宽值平均大1.2cm左右，同时考虑到人体手臂向前运动的舒适性的功能需要，通常背宽取值比实际背宽值要略大，胸宽取值则无须加大，否则易造成胸宽处多量不平服，制图时应根据人体实际尺寸调整原型，如图2-4所示。

（5）绘制肩胛省省尖的位置。经A点（后颈点）在后中心线上量取8cm得一点，且作出一条水平线与背宽线相交于C点。将8cm点与C点之间的水平距离二等分，并通过中心点向背宽线方向量取1cm，确定D点，从D点再向背宽方向量取0.5cm，确定肩胛省省尖的位置，如图2-2所示。

（6）确定E点的绘制。将袖窿深线(BL)与背宽线的交点和C点之间的距离二等分，并通过中心点向腰围线（WL）方向量取0.5cm，确定E点，如图2-2所示。

（7）确定B点的绘制、作前衣片上平辅助线的水平线。将袖窿深线（BL）与前中心线的交点在前中心线上向上量取胸围/5+8.3cm=25.1cm，确定B点。通过B点作一

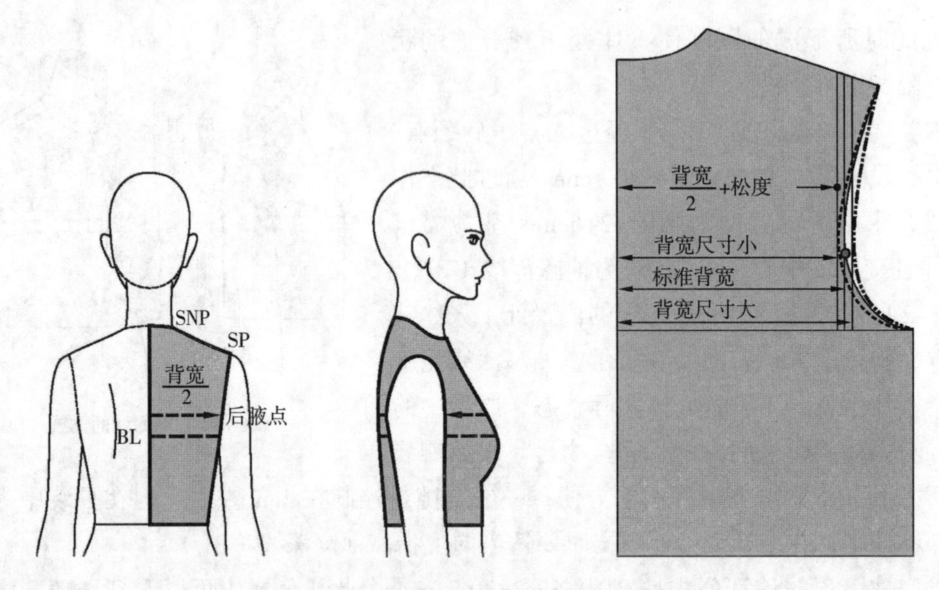

图2-4　人体背宽的状态、背宽线调整的画法

条垂直于前中心线的水平线，为前衣片上平辅助线的水平线，如图 2-2 所示。

（8）绘制胸宽线。由前中心线与袖窿深线的交点在袖窿深线上向后中心方向量取胸宽值 B/8+6.2cm=16.7cm，且向上作垂直线，即胸宽线的确定，如图 2-2 所示；经 B 点的水平线（辅助线）与胸宽线垂直相交。胸宽、背宽尺寸的确定，决定了人体的体型状态，相同胸围的人，胸宽、背宽较大的，人体的厚度较小，体型接近扁体；胸宽、背宽较小的，人体的厚度较大，体型接近圆体。因此在实际衣身的原型制作中，应根据胸宽、背宽实际测量尺寸来确定胸宽值、背宽值，如图 2-5 所示。

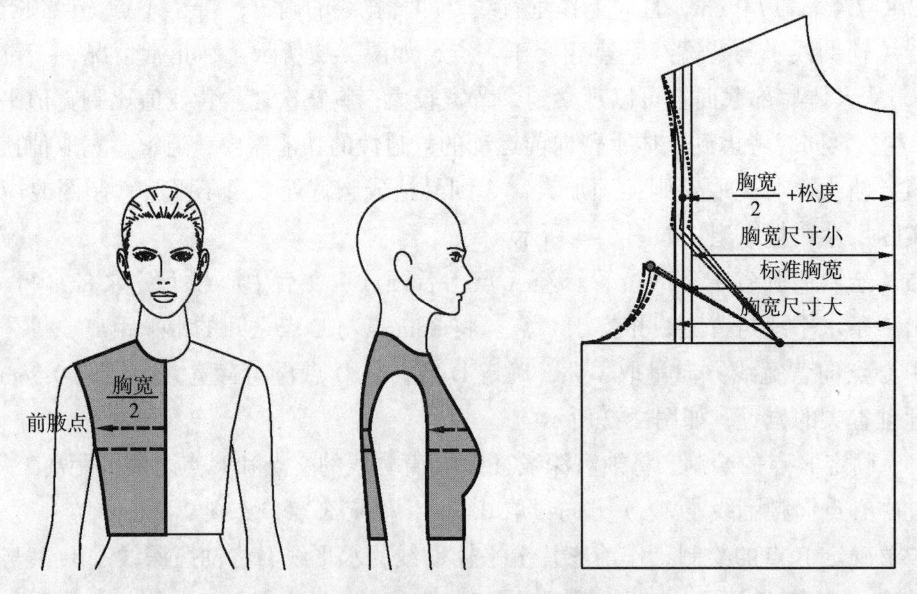

图2-5　人体胸宽的状态、胸宽线调整的画法

（9）BP点的确定。在袖窿深线上将前胸宽的距离二等分，并通过中心点向胸宽线方向量取0.7cm，确定胸高点即BP点，如图2–2所示。

（10）确定G点的绘制。由胸宽线与袖窿深线的交点起在袖窿深线上向后中心方向量取胸围/32 ≈ 2.6cm确定F点。分别作F点向上的垂直线，E点向前中心方向的水平线，且两线交于一点为G点，即前袖窿的对位点，如图2–2所示。

（11）确定前后侧缝线（前后界线）。将袖窿线与背宽线的交点与F点的距离两等分，且通过中心点作垂直于腰围线（WL）的垂线，此线为前后侧缝线，如图2–2所示。

2. 细部结构设计

（1）绘制前领口曲线。由B点为起点在前衣片上平辅助线的水平线上取B/24+3.4cm=6.9cm为前领宽，由B点在前中心线上向腰围线方向量取前领宽+0.5cm=7.4cm为前领深点即前颈点（FNP），通过两点作矩形，而前领宽线与辅助线的交点为前侧颈点（SNP）；在矩形左下角平分线上取线段为前领宽/3–0.5cm作点，为前领口曲线辅助点轨迹。最后用圆顺的曲线连接前颈点、辅助点和侧颈点，完成前领口曲线，如图2–1、图2–6所示。此公式中胸围值的大小变化仍在决定原型中领宽、领深的大小，在一般情况下是较准确的，也可根据自身人体的状态进行调整。相同胸围的人颈部粗细会有不同，决定后横领宽、领深尺寸会有差异，可以通过测量颈部数值进行调整，也可以通过测肩宽尺寸进行调整。

（2）绘制前肩斜线。由前侧颈点（SNP）为基准点取22°的前肩倾斜角度，并由前侧颈点（SNP）为基准点作出一条射线与胸宽线相交，相交后顺延1.8cm形成前肩斜线"X"，此画法中并无人体实际测量值的肩宽尺寸。初学者往往会认为自己的肩宽尺寸就是原型纸样中形成的，对自身的肩宽值不加考虑，如图2–7所示。实际上原型中肩线的画法是用数理统计方法求出的肩斜线的合理位置。以胸围是84cm的原型所形成的肩斜线为例，前肩斜度为22°、后肩斜度为18°。多数人体测量时，前肩斜度为28.69°、后肩斜度为19.22°，如图2–8所示。与原型纸样相比较，原型中的落肩点稍高，这是为了在实际应用时，能广泛适应人群中人的不同肩斜度的需要，同时还要使着装者在

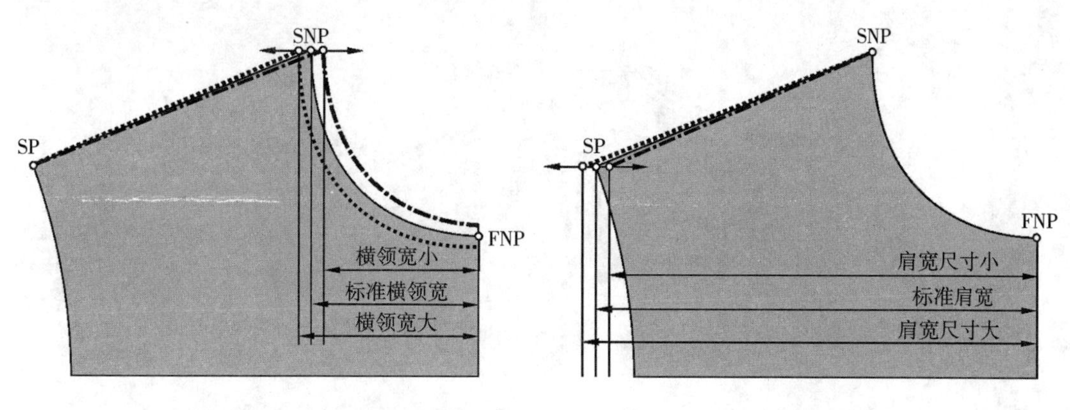

图2–6　横领宽的调整　　图2–7　前肩宽的调整

手臂上举时活动方便，所以在原型中一般采用平均值小一些的角度，此画法是合理的。相对于具体的人，必须对自身的原型纸样进行调整，人体的肩尺寸是不同的，相同胸围的人肩宽有宽有窄，肩斜度也不同，有人平肩有人溜肩，在完成肩斜线的画法后，要根据自身情况进行一定的调整。一般情况下，平肩的人其样板在制作过程中肩斜度比较小，溜肩的人其样板在制作过程中肩斜度比较大。

控制人体肩斜度的因素有：人体肩倾度、人肩部的厚度以及与此处于同一高度胸腔正中线的形态。要制作比较准确的肩斜线有一定的难度，可以通过较准确的立体裁剪法或实际测量尺寸值进行作图，在做好标准的后领口后，可以利用全肩宽值、侧肩宽度值找到相应的肩点，再通过袖窿弧曲线长进行相应调整，找到相应的肩斜线位置。如果被测人的肩宽较窄，在制图时按照标准原型制图所得到的肩宽比实际肩宽加上肩胛省量的要小，与背宽线较接近，实际上是不合理的。根据人体形态肩峰点在背宽线以外这一特点，则要调整背宽线的相应位置，在原型制图中，可以通过全肩宽、水平肩宽、侧肩宽的尺寸来修正肩点的位置，如图 2–8 所示。

（3）绘制后领口弧线。在后衣片上平辅助线上，由 A 点（后颈点）取前领宽◎ + 0.2cm=7.1cm，作后横领宽，如图 2–1、图 2–9 所示。在后横领宽上取后横领宽的 1/3

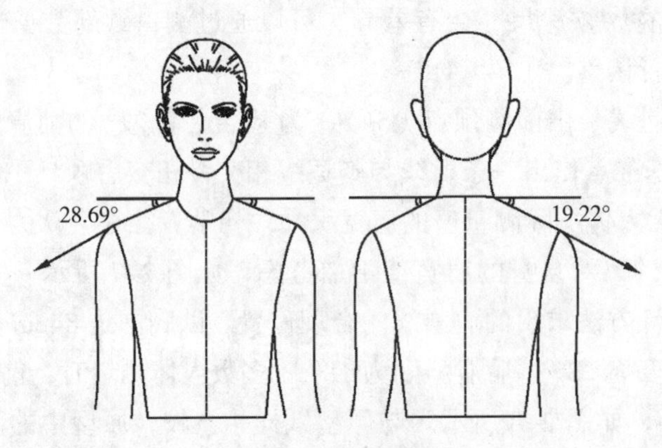

图2–8　肩斜度的标注

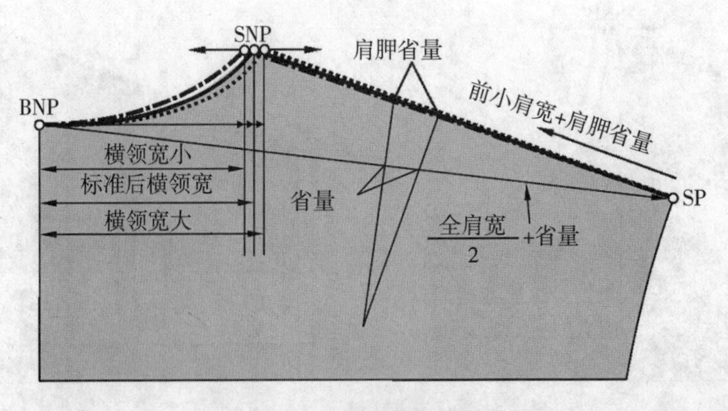

图2–9　后横领宽的调整

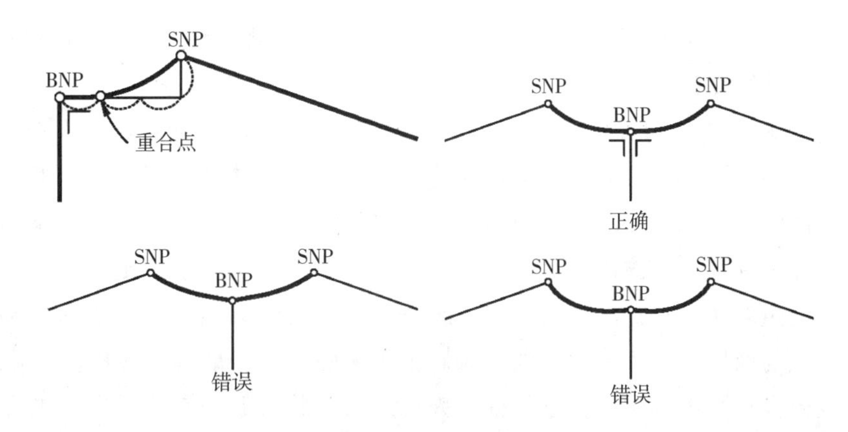

图2-10　后领口弧线的修正

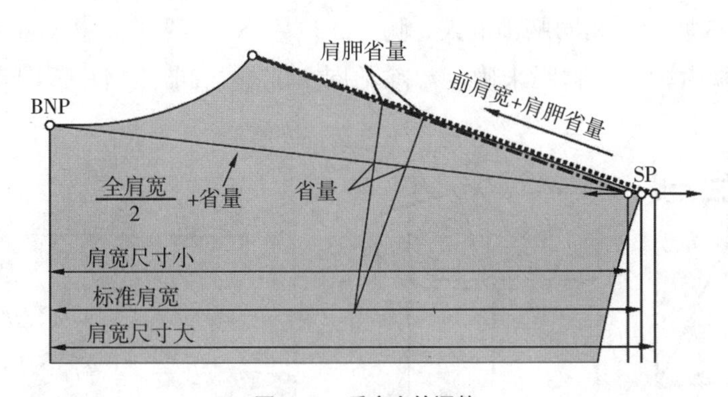

图2-11　后肩宽的调整

作后领深，领深顶点的对应点为人体的侧颈点（SNP）。通过后颈点、侧颈点用平滑曲线连接两点，完成后领口曲线，在画后领口弧线时，一定要注意领弧的重合点要在靠近后颈点的第一个1/3点上，不能在后颈点上。这样画的目的是为了保证后领弧线在以后中心线为中轴左右对称后为平滑曲线，如图2-10所示在有领服装中使领子平服。

（4）绘制后肩线。由后侧颈点（SNP）为基准点取18°的后肩倾斜角度，并由后侧颈点（SNP）为基准点作出一条射线，射线的长度为X+后肩胛省（B/32-0.8cm≈1.8cm）作为后小肩宽度，如图2-1、图2-11所示。

（5）绘制后肩胛省。通过D点向前中心方向量取0.5cm此点作为肩胛省省尖，作肩胛省省尖的垂直线与后小肩斜线相交，由交点的位置在后小肩上向肩端点方向量取1.5cm作为肩胛省的起始点，并由肩胛省的起始点在后小肩斜线上量取肩胛省大B/32-0.8cm≈1.8cm，连接肩胛省的两条省边。肩胛省量的大小并不是固定值，要根据人体肩胛凸点的状态调整，其标准体的省量为1.5～1.8cm，如图2-1、图2-12所示。

（6）绘制后袖窿弧线。将袖窿深线与背宽线的交点作45°倾斜线，在此线上取●+0.8cm≈2.6cm作为袖窿参考点；将C点和袖窿深线与背宽线交点之间的距离二等分，此线段的中点作为袖窿弧线的切点。通过后肩端点、经过袖窿参考点与袖窿深点用平滑的曲线作出后袖窿弧线，如图 2-1 所示。

（7）绘制胸高点、胸省（胸凸量）、胸省的长度。在前片袖窿深线上取前胸宽的中点，由中点向后中心方向量取 0.7cm 确定为胸高点，如图 2-1 所示。由 F 点作 45°倾斜线，在此线上取▲+0.5cm ≈ 2.3cm 作为袖窿参考点，经过袖窿深点、袖窿参考点和 G 点用平滑的曲线画顺袖窿弧线的下半部分。由 G 点和 BP 点的连线为基准线，向前侧颈点方向量取（B/4-2.5）° 夹角作为胸省量（胸凸量），如图 2-1 所示。通过胸省省长的位置点与前肩端点用平滑的曲线画顺前袖窿弧线上半部分，注意在合并胸省时，前袖窿弧线应保持平滑圆顺。女性的袖窿弧曲线其形状较似“橄榄形”，在绘制时要注意前后袖窿弧曲线与肩线连接时保证一段直角形，这是为了保证袖窿弧曲线在前后肩线对接后是圆顺曲线，其次在前后片袖窿弧曲线的连接处绘制时同样要保证腋窝底的圆顺，如图 2-13 所示。相同胸围的人，胸点的位置不一定相同，相对于具体的人来讲，胸点的位置必须由胸位、胸距来确定。除不同个体外，同一女性在不同年龄阶段的胸

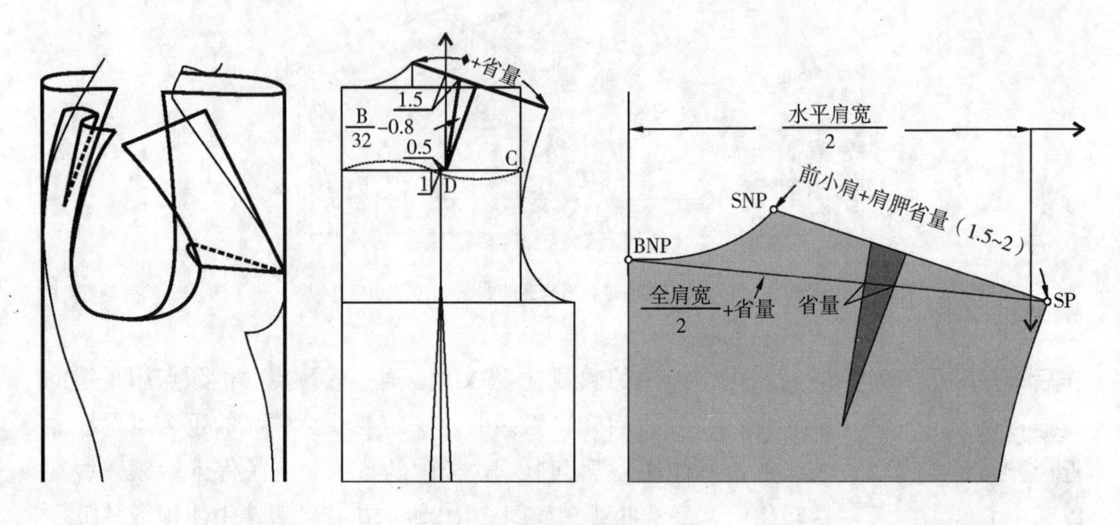

图2-12 肩胛省的画法

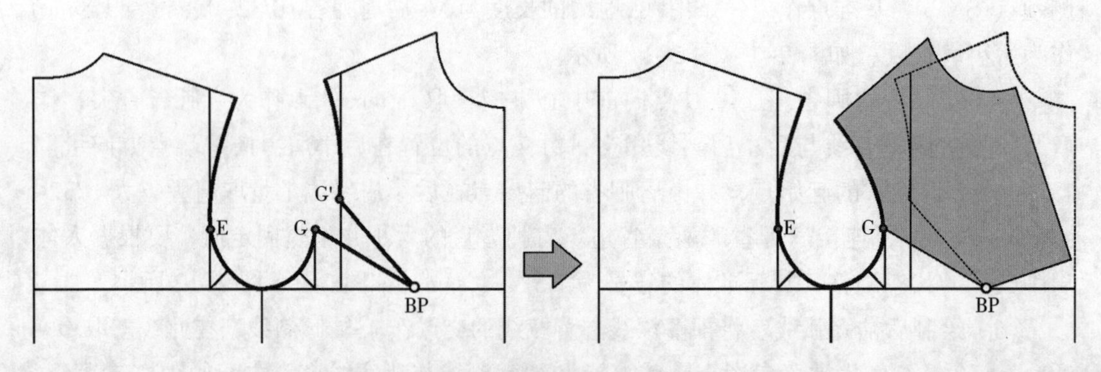

图2-13 袖窿弧线的调整

位、胸距是有变化的，年龄大的女性胸部下垂，胸点位置自然下移，要相应调整。胸点位置的确定在女装结构设计中十分重要，要学会根据不同人的实际胸点的位置来调整，初学者往往注意不到这一点，盲目地认为胸点位置的画法是固定的，造成制图胸点位置不准确，这样在制衣中完成胸省的余缺处理后会出现省位的偏差，使服装整体效果不佳。

（8）胸凸量的调整。此原型中胸凸量是以袖窿省的形式存在，目的是让初学者以及读者能够一目了然看出胸围线、腰围线保持水平状态，但实际上胸凸量的存在是测量前腰节长的值确定的（也就是由前肩线的 1/2 处至胸高点到前腰线的值得出来的），因此要想得出实际上胸凸量值首先将以袖窿省形式存在的胸凸量转化到腰省处，其次将后腋下点与前腋下点重合并将后腰线延长至前中心线上，得到实际胸凸量值是 4.7cm，比旧原型的胸凸量大 1.4cm，原因在于标准人体所穿的内衣是调整形内衣，有一定的厚度存在，也就是说，即使在相同胸围尺寸的人体之间，其胸高尺寸并不相同，这就决定了实际胸凸量不是固定的，在此基础上，对平胸体、高胸体再进行调整，如图 2–14 所示。

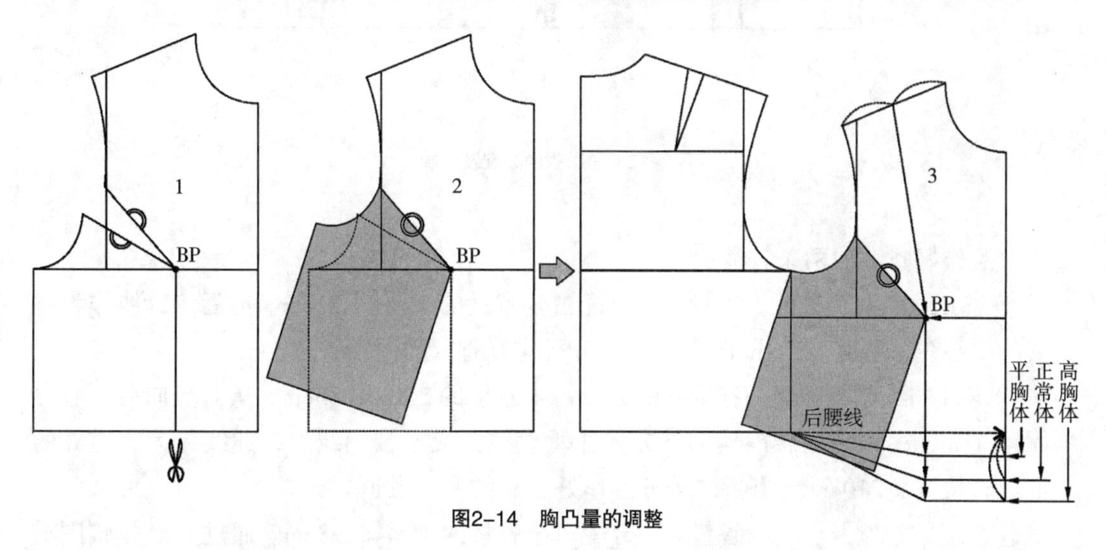

图2–14　胸凸量的调整

（9）总腰省量的分配及绘制。省道的计算方法及放置位置（参考上半身原型的腰省分配表）：总省量 =B/2+6cm–（W/2+3cm）=11cm，如图 2–15 所示，上半身原型的腰省分配，见表 2–5。

① 省 a 的绘制及分配。省量 a 的分配占全省量的 14%=1.54cm。作 BP 点的垂直线与腰围辅助线相交，此垂直线也是 a 省道的中心线；在这条垂直线（a 省道的中心线）上由 BP 点向腰围线方向量取 2cm ~ 3cm 作为省尖点，并将 1.54cm 的省量二等分且作好 a 省的两条省道。

② 省 b 的绘制及分配。省量 b 的分配占全省量的 15%=1.65cm。由 F 点向前中心方向量取 1.5cm 作垂直线与腰围辅助线相交，作为省道 b 的中心线；将其 1.65cm 的省量

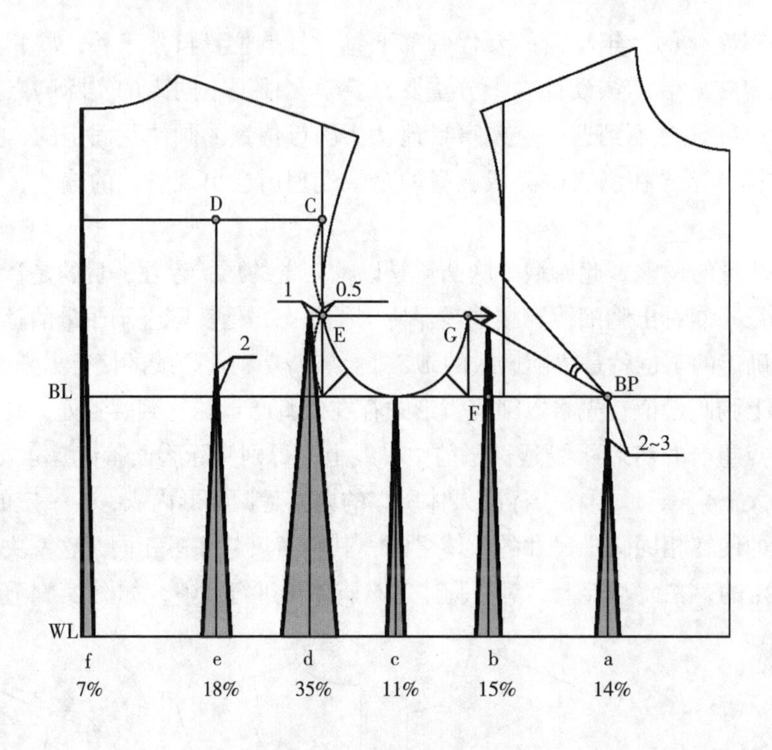

图2-15 总腰省的分配及绘制

二等分且作好省 b 的两条省道。

③ 省 c 的绘制及分配。省量 c 的分配占全省量的 11%=1.21cm。前后侧缝线作为省道 c 的中心线，将其 1.21cm 的省量二等分且作好省 b 的两条省道。

④ 省 d 的绘制及分配。省量 d 的分配占全省量的 35%=3.85cm。从 E 点向后中心方向量取 1cm，由该点向腰围辅助线方向作垂直线并交于腰围线上，此线作为省道 d 的中心线，将其 1.210cm 的省量二等分且作好省 d 的两条省道。

⑤ 省 e 的绘制及分配。省量 e 的分配占全省量的 18%=1.98cm。通过 D 点作腰围辅助线的垂直线，此线作为省道 e 的中心线，将其 1.98cm 的省量二等分且作好省 e 的两条省道。

⑥ 省 f 的绘制及分配。省量 f 的分配占全省量的 7%=0.77cm。后中心线作为省道 f 的中心线，将其 0.77cm 的省量二等分且作好省 f 的两条省道。

（10）确定前、后袖窿对位点。在后背宽线上将 C 点和袖窿深线与背宽线的交点二等分，此中点设定为 E 点，同时也是后袖窿弧曲线上的对位记号，为后袖窿对位点，如图 2-1 所示；该点到腋下点的距离定为 b；将 E 点向前中心方向作射线，有 F 点向上作垂直线交于此射线上一点，为 G 点，此点为前袖窿对位点，如图 2-1 所示。换句话说，前、后袖窿符合点是根据衣身与腋下转折点的位置来确定的。对位点是衣与袖对接操作中的关键位置，要明确标注对位符号，如图 2-16 所示。

表2-5　上半身原型的腰省分配表　单位：cm

总省量	f	e	d	c	b	a
100%	7%	18%	35%	11%	15%	14%
9	0.63	1.62	3.15	0.99	1.35	1.26
10	0.7	1.8	3.5	1.1	1.50	1.4
11	0.77	1.98	3.85	1.21	1.65	1.54
12	0.84	2.16	4.2	1.32	1.80	1.68
12.5	0.875	2.25	4.375	1.375	1.875	1.75
13	0.91	2.34	4.55	1.43	1.95	1.82
14	0.98	2.52	4.9	1.54	2.1	1.96
15	1.05	2.7	5.25	1.65	2.25	2.1

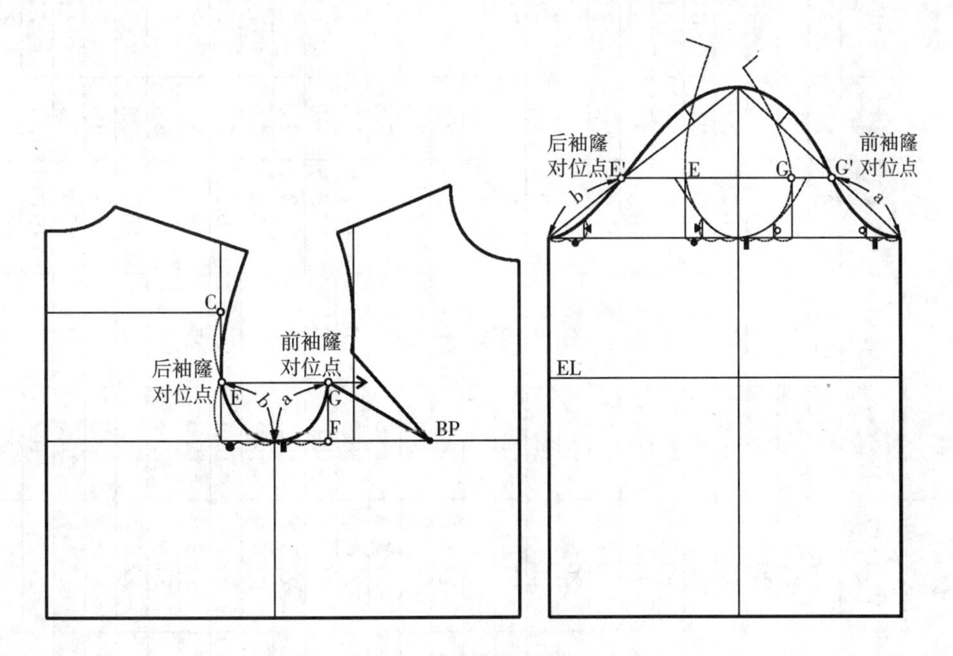

图2-16　前后对位点的位置

（11）原型的各部位调整参考数据，见表 2-6。

表2-6　原型的各部位调整参考数据

单位：cm

项目 / B（胸围）	前后身宽	Ⓐ-BL	背宽	BL-Ⓑ	胸宽	B/32	前领口宽	前领口深	胸省		后领口宽	后肩省	△
	B/2+6	B/12+13.7	B/8+7.4	B/5+8.3	B/8+6.2	B/32	B/24+3.4=◎	◎+0.5	（°）B/4-2.5	（cm）B/12-3.3	◎+0.2	B/32-0.8	
77	44.5	20.1	17.0	23.7	15.8	2.4	6.6	7.1	16.8	3.1	6.8	1.6	0.0
78	45.0	20.2	17.2	23.9	16.0	2.4	6.7	7.2	17.0	3.2	6.9	1.6	0.0
79	45.5	20.3	17.3	24.1	16.1	2.5	6.7	7.2	17.3	3.3	6.9	1.7	0.0
80	46.0	20.4	17.4	24.3	16.2	2.5	6.7	7.2	17.5	3.4	6.9	1.7	0.0
81	46.5	20.5	17.5	24.5	16.3	2.5	6.8	7.3	17.8	3.5	7.0	1.7	0.0
82	47.0	20.5	17.7	24.7	16.5	2.6	6.8	7.3	18.0	3.5	7.0	1.8	0.0
83	47.5	20.6	17.8	24.9	16.6	2.6	6.9	7.4	18.3	3.6	7.1	1.8	0.0
84	48.0	20.7	17.9	25.1	16.7	2.6	6.9	7.4	18.5	3.7	7.1	1.8	0.0
85	48.5	20.8	18.0	25.3	16.8	2.7	6.9	7.4	18.8	3.8	7.1	1.9	0.1
86	49.0	20.9	18.2	25.5	17.0	2.7	7.0	7.5	19.0	3.9	7.2	1.9	0.1
87	49.5	21.0	18.3	25.7	17.1	2.7	7.0	7.5	19.3	4.0	7.2	1.9	0.1
88	50.0	21.0	18.4	25.9	17.2	2.8	7.1	7.6	19.5	4.0	7.3	2.0	0.1
89	50.5	21.1	18.5	26.1	17.3	2.8	7.1	7.6	19.8	4.1	7.3	2.0	0.1
90	51.0	21.2	18.6	26.3	17.5	2.8	7.2	7.7	20.0	4.2	7.4	2.0	0.2
91	51.5	21.3	18.8	26.5	17.6	2.8	7.2	7.7	20.3	4.3	7.4	2.0	0.2
92	52.0	21.4	18.9	26.7	17.7	2.9	7.2	7.7	20.5	4.4	7.4	2.1	0.2
93	52.5	21.5	19.0	26.9	17.8	2.9	7.3	7.8	20.8	4.5	7.5	2.1	0.2
94	53.0	21.5	19.2	27.1	18.0	2.9	7.3	7.8	21.0	4.5	7.5	2.1	0.2
95	53.5	21.6	19.3	27.3	18.1	3.0	7.4	7.9	21.3	4.6	7.6	2.2	0.3
96	54.0	21.7	19.4	27.5	18.2	3.0	7.4	7.9	21.5	4.7	7.6	2.2	0.3
97	54.5	21.8	19.5	27.7	18.3	3.0	7.4	7.9	21.8	4.8	7.6	2.2	0.3
98	55.0	21.9	19.7	27.9	18.5	3.1	7.5	8.0	22.0	4.9	7.7	2.3	0.3
99	55.5	22.0	19.8	28.1	18.6	3.1	7.5	8.0	22.3	5.0	7.7	2.3	0.3
100	56.0	22.0	19.9	28.3	18.7	3.1	7.6	8.1	22.5	5.0	7.8	2.3	0.4
101	56.5	22.1	20.0	28.5	18.8	3.2	7.6	8.1	22.8	5.1	7.8	2.4	0.4
102	57.0	22.2	20.2	28.7	19.0	3.2	7.7	8.2	23.0	5.2	7.9	2.4	0.4
103	57.5	22.3	20.3	28.9	19.1	3.2	7.7	8.2	23.3	5.3	7.9	2.4	0.4
104	58.0	22.4	20.4	28.1	19.2	3.3	7.7	8.2	23.5	5.4	7.9	2.5	0.4

第三节　女装纸样设计重点——胸凸量的解决方案

在箱型原型中，人体的胸围线、腰围线处于平行状态，因此不用考虑前后腰围线不在同一条水平线上的问题，而要解决以袖窿省形式存在的胸凸量如何合理分配到成衣结构设计中是本节的关键所在，如图 2-17 所示。

当前衣片的腰线与后腰线放在同一条水平线上，通过图 2-18 可以看出胸凸量的存在与衣身原型的关系，同时也可以看出当胸围线和腰围线处于平行状态时，在不同款式中正确解决以袖窿省形式出现的胸凸量将是成衣设计的第一步，如图 2-19 所示。

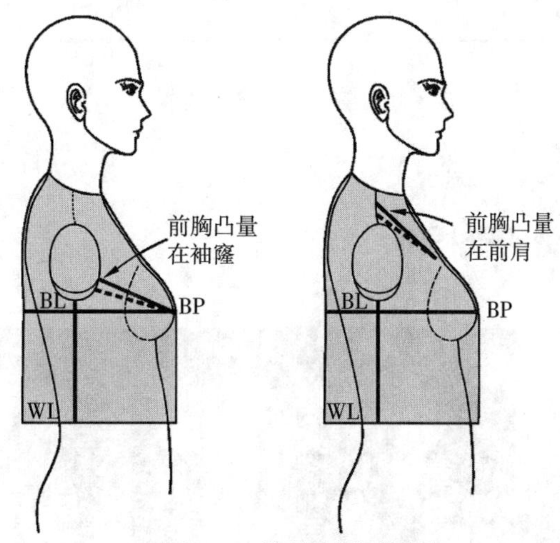

图2-17　胸凸量的调整方法

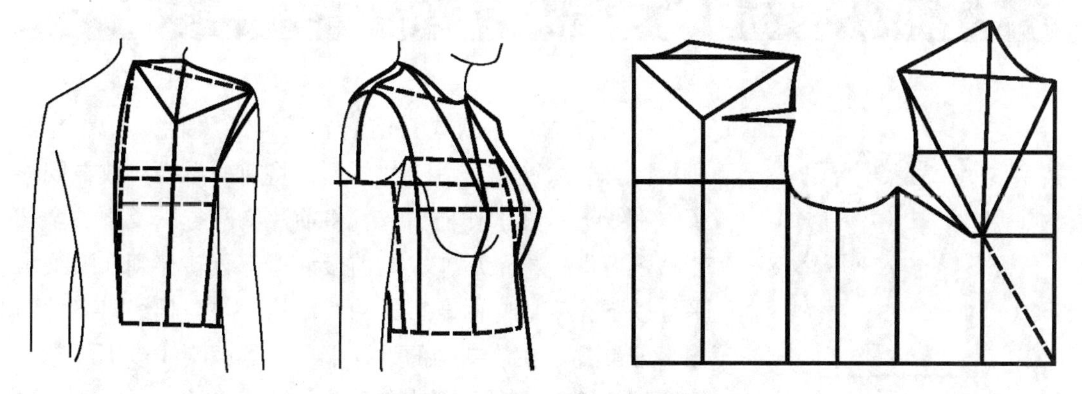

图2-18　胸凸量的存在与衣身原型

综上所述，以袖窿省形式出现的胸凸量状态直接影响成衣的外观效果，解决成衣设计有紧身—适体—宽松的变化过程，除进行围度尺寸加放外，还要考虑胸凸量在纸样设计中的重要性。下面通过五种情况来分析纸样成衣设计中胸凸量位置分配不同所得到的成衣造型效果。

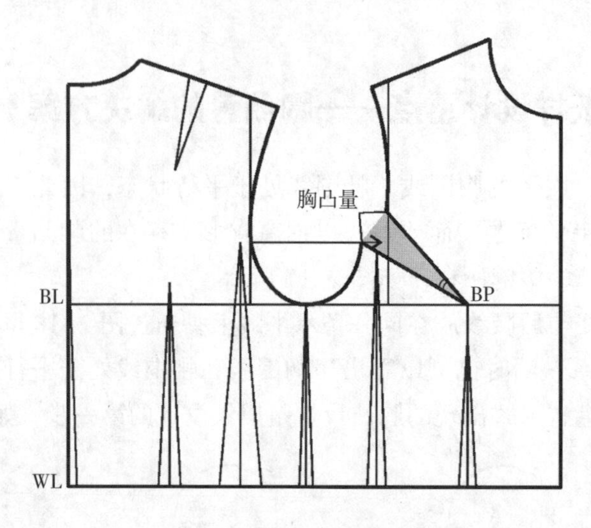

图2-19　原型中胸凸量的存在

一、紧身型服装胸凸量的纸样解决方案

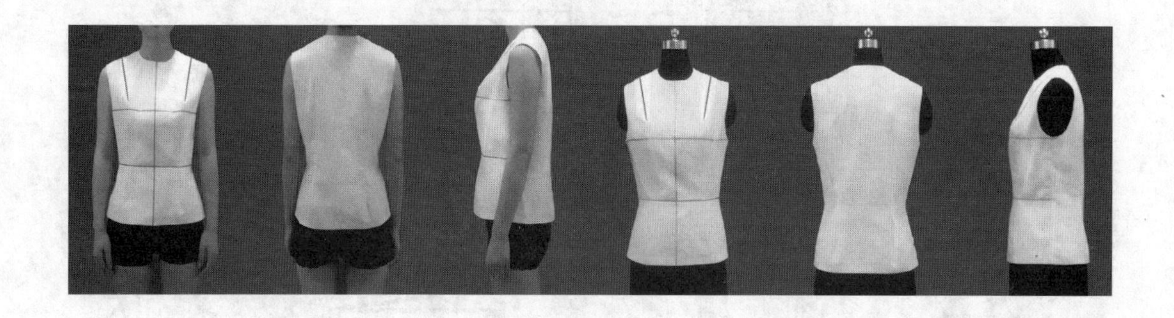

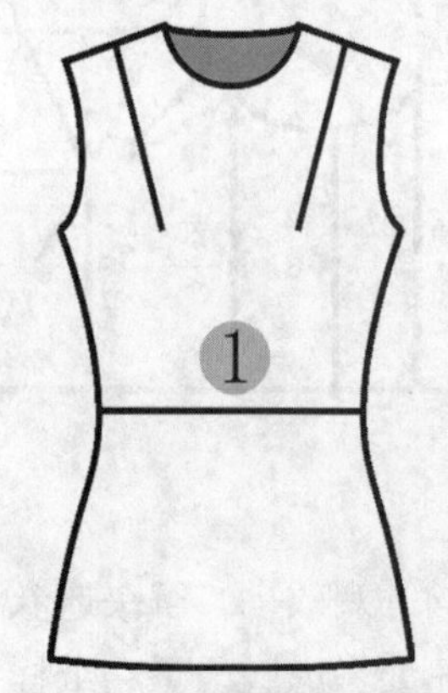

图2-20　紧身型服装款式图

制图方法：本款式为前肩省结构的服装，如图 2-20 所示。首先绘制前、后衣片原型，将前、后腰线放在同一条水平线上；其次作前肩省，将前片胸凸省以及腰省全部转移至肩省处；最后作完的前腰线上部分转移到前腰线水平线以下，变成向内弯折的曲线结构，并与腰线以下的结构部分重叠。在该结构的设计上，为保证腰线以下的裁片侧缝长相等，要由后腰线向下进行结构设计。此时，在该结构的款式上会出现一条腰部的分割线。

在图 2-21 中，肩省解决后在腰部的全省量全部转移到肩部，在腰部除基本需求量以外并无放松量；本款式就通过肩省解决了胸部的所有余缺量，成为紧身结构服装。

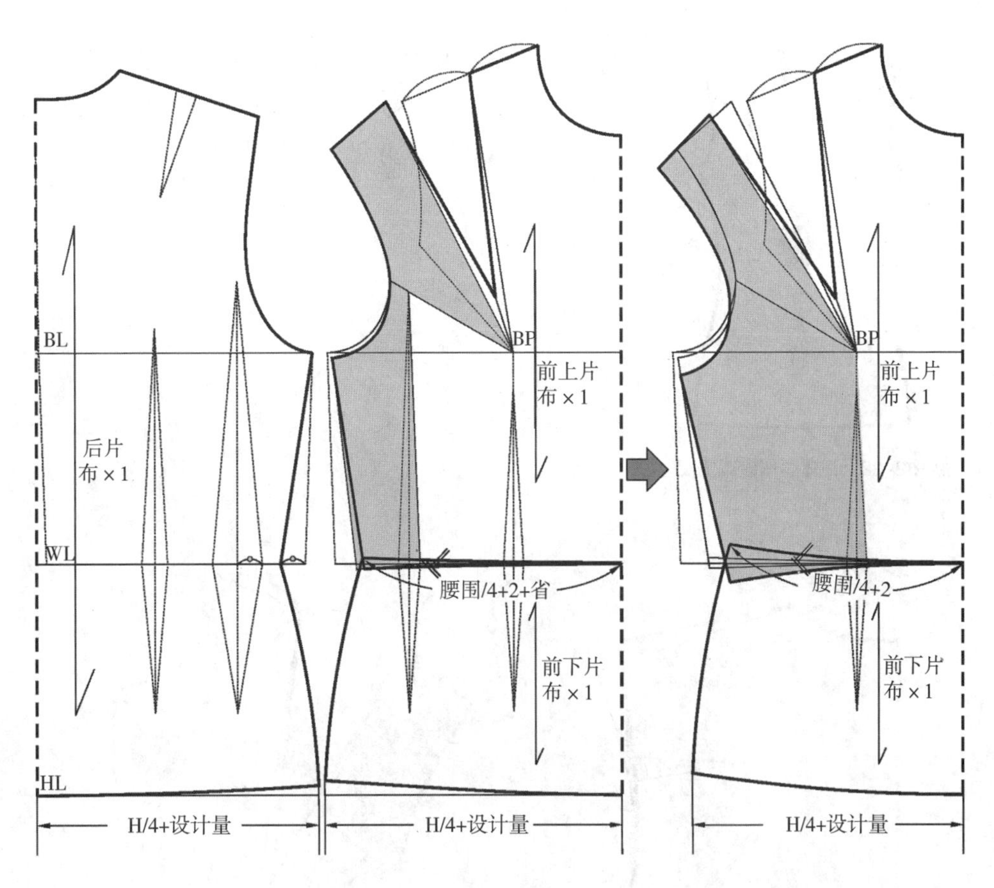

图2-21　紧身型服装胸凸量纸样解决方法

二、适体型服装胸凸量的纸样解决方案

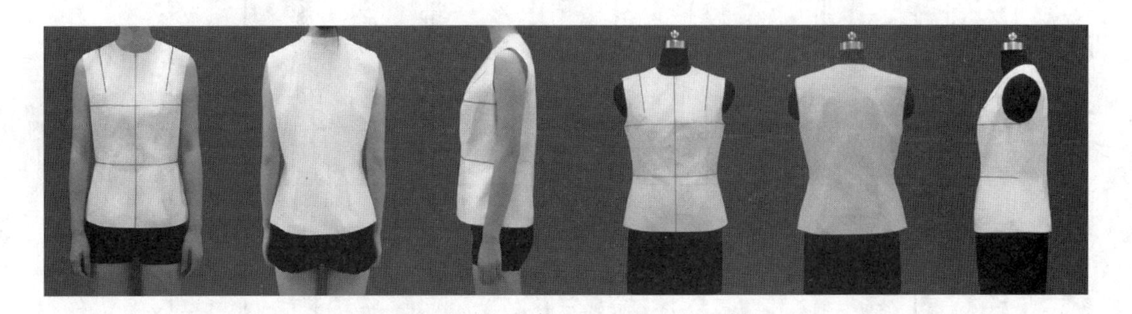

制图方法：本款式为前肩省结构的服装，如图2-22所示。首先绘制前、后衣片原型，将前、后腰线放在同一条水平线上；其次作前肩省，将前片胸凸省完全转移到肩省；最后作完的前后腰线呈现出水平状态，前、后侧缝线对位相等，如图2-23所示。

在图2-23中，前肩省解决后在腰部的全省量就剩下胸腰差量和设计量，如果不解决胸腰差量和设计量，该量就放在腰部尺寸作为放松量；如果解决胸腰差量和设计量，

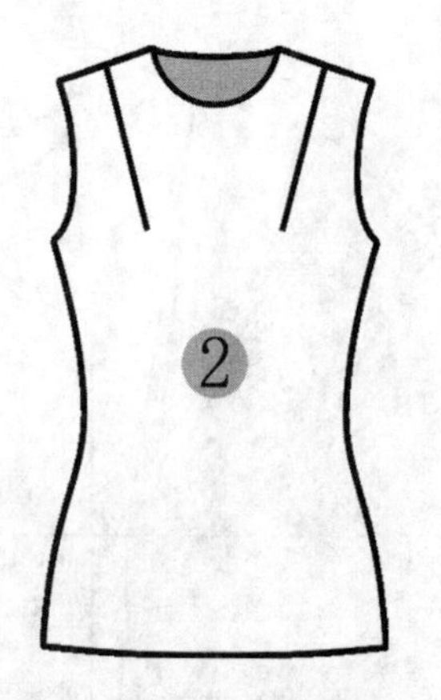

图2-22 适体型服装款式图

本款式就解决了胸部的所有余缺量成为紧身结构服装，但不同的是全省量转移的腰线对位的是该款式腰部并无分割线设计。

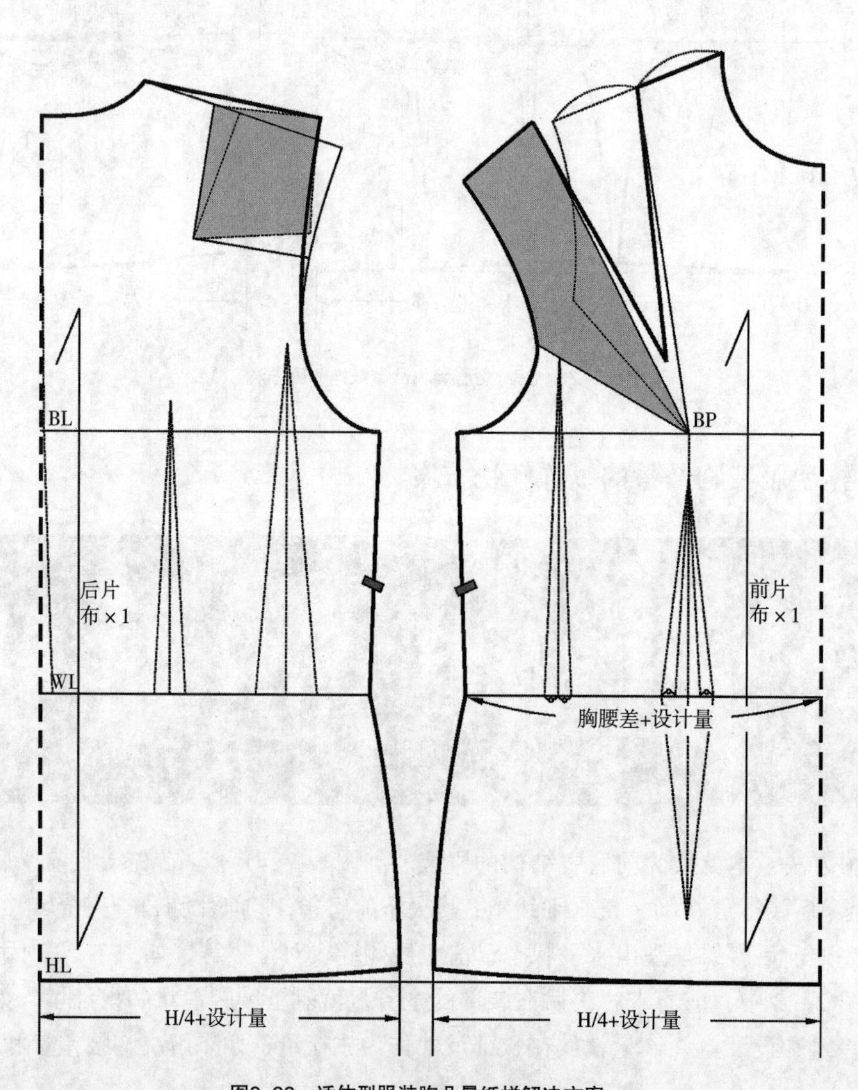

图2-23 适体型服装胸凸量纸样解决方案

三、较宽松型服装胸凸量的纸样解决方案

制图方法：本款式为前肩省结构的服装，如图 2-24 所示。首先绘制前、后衣片原型，将前片腰线与后腰线放在同一条水平线上，其次作肩省，将胸凸省分成 3 等份，将 2/3 的胸凸省转移到肩省，剩余 1/3 的胸凸省作为前袖窿的松量；最后作完的前后腰线在一条水平线上，前后侧缝线也对位相等。作后肩省，将后肩省分成 2 等份，将 1/2 的肩胛省量转移到后袖窿处作为后袖窿的松量，如图 2-25 所示。

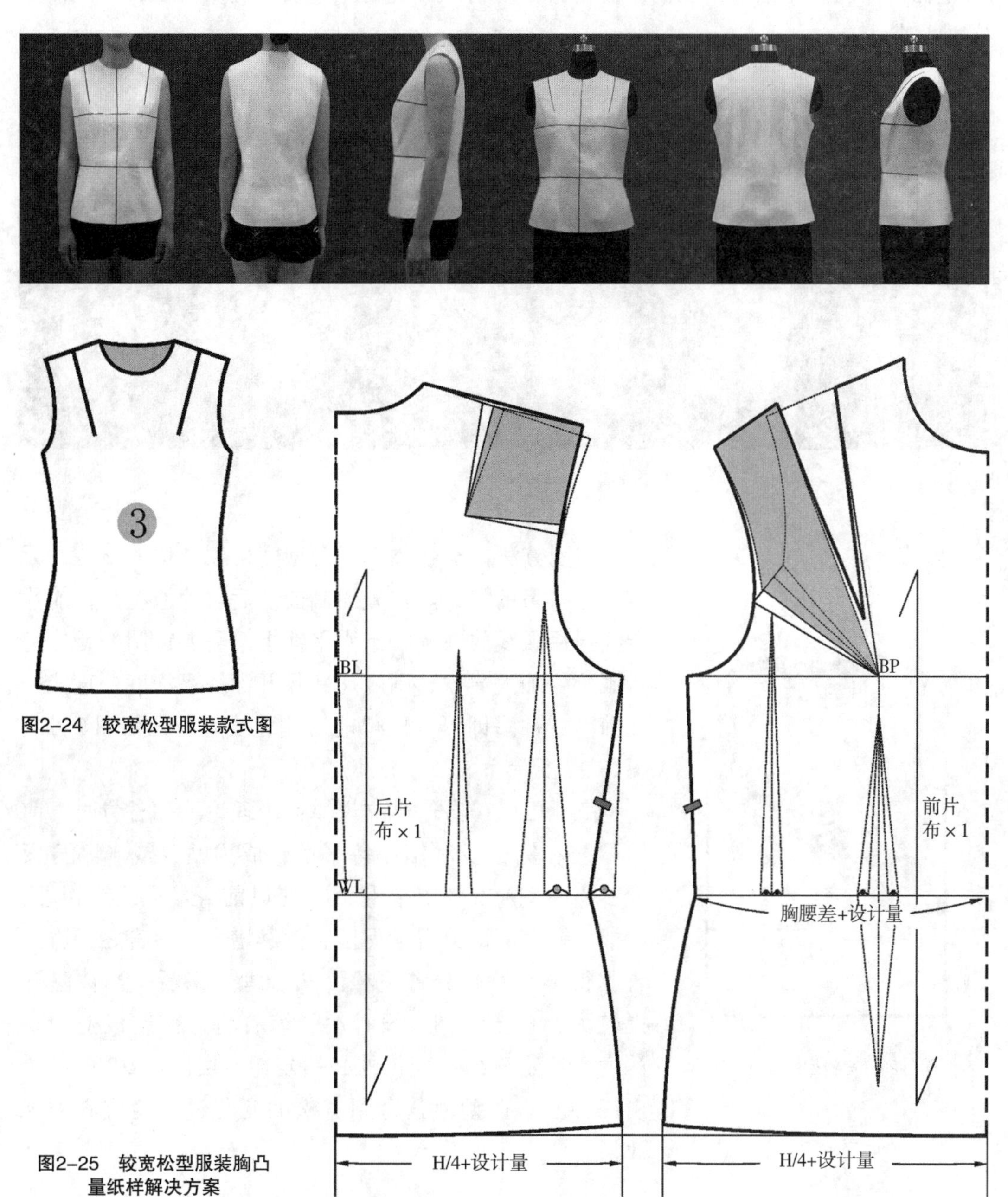

图2-24　较宽松型服装款式图

图2-25　较宽松型服装胸凸量纸样解决方案

在图 2–25 中可以看出，前肩省解决后在腰部的全省量还剩下胸腰差量和设计量以及部分胸凸量，该量就放在胸部、腰部尺寸作为放松量，使胸部、腰部的放松量加大。也就是说，当施用满足胸凸省的省量或大于胸凸省的省量不会出现前后腰线和侧缝线的错位问题，只有当前片施省小于胸凸省量时，才会出现前后腰线和侧缝的错位。这种情况下，原则上后腰线要同前片最低的腰线取平，使胸凸量仍归于胸部，也就是说，纸样中虽然没有把胸凸量用完，但胸凸量是客观存在的，应把没有做完的那一部分胸凸量保留。但同时也会出现前后侧缝错位的情况，这时应以后侧缝线为准，开深修顺前袖窿曲线。

四、宽松型服装胸凸量的纸样解决方案

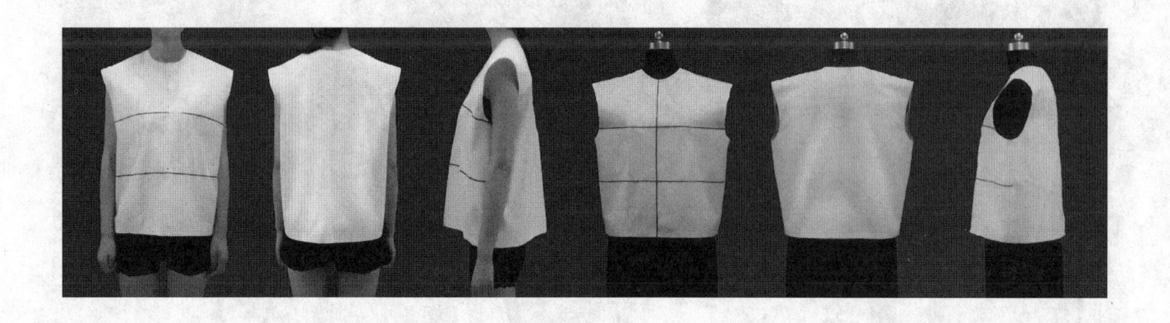

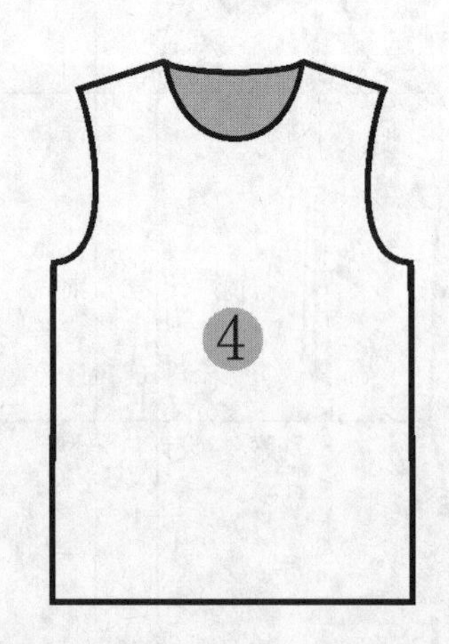

图2–26 宽松型服装款式图

制图方法：本款式为直身型宽松款结构的服装，无需考虑省量的设计。首先绘制前、后衣片原型，将前片腰线与后腰线放在同一条水平线上。需要说明的是，宽松服装要加大肩宽、围度尺寸且开深袖窿深度，直接挖深前、后袖窿即可，使得前后侧缝线等长，如图 2–26、图 2–27 所示。

由此可以得出这样的规律：用理论上的省量时，前后腰线和侧缝线对位保持平衡，成为贴身或半贴身设计；当施用小于胸凸省量时，应以前身最低腰线为准，前袖窿剩余的部分省量保留，使其增大。换言之，胸凸省收得愈小意味着愈宽松。从合理性来看，当袖窿开得较大，直至无胸省设计时，该省将全部变成前袖窿深度，这是该结构变化的必然规律。由图 2–28 可以看出四种基本造型由紧身到宽松的变化过程的成衣外观效果。

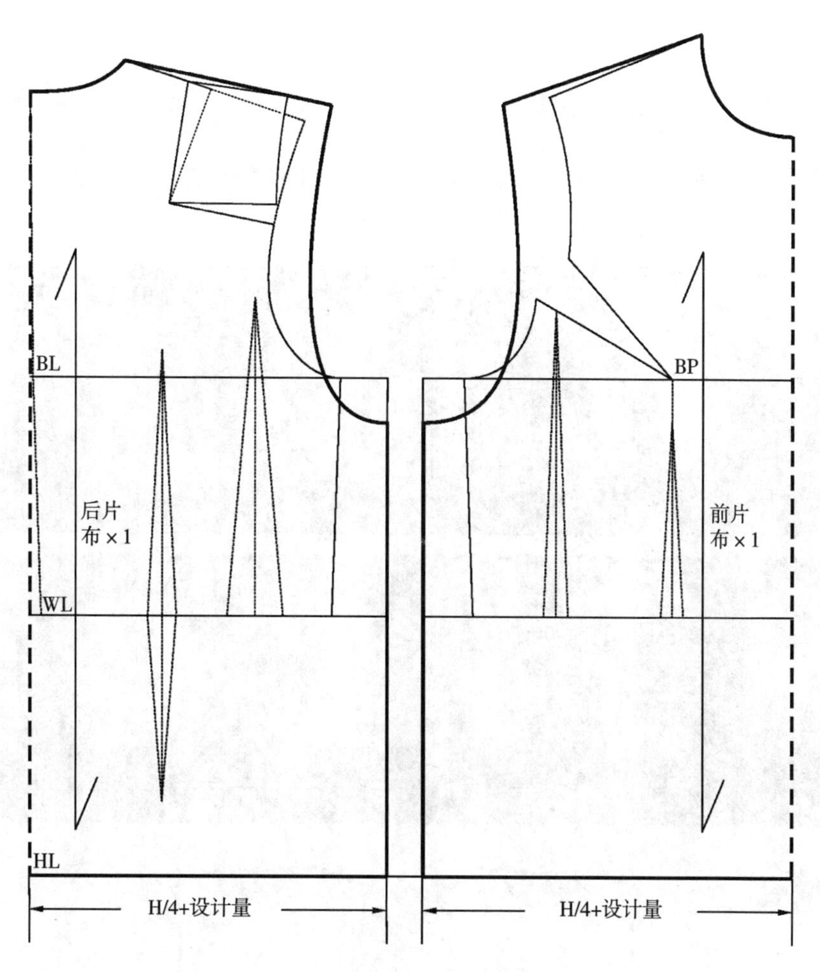

图2-27 宽松型服装胸凸量纸样解决方案

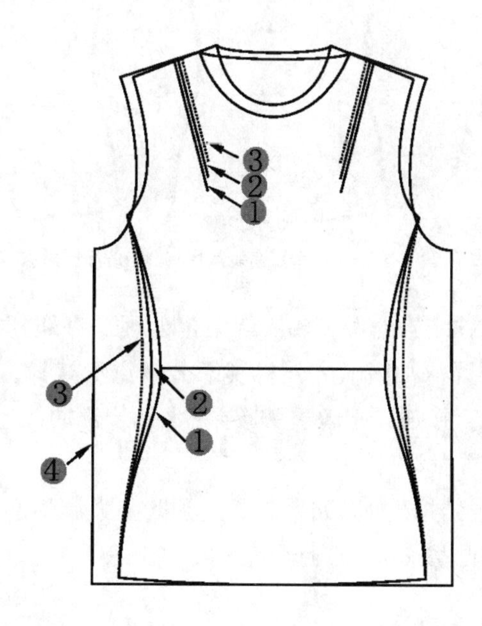

图2-28 四种基本造型的对比

五、西服套装常用胸凸量的纸样解决方案

西服套装常用胸凸省的解决方法将胸凸省的全部省量分成数份，根据成衣的效果有两种成衣的结构效果。

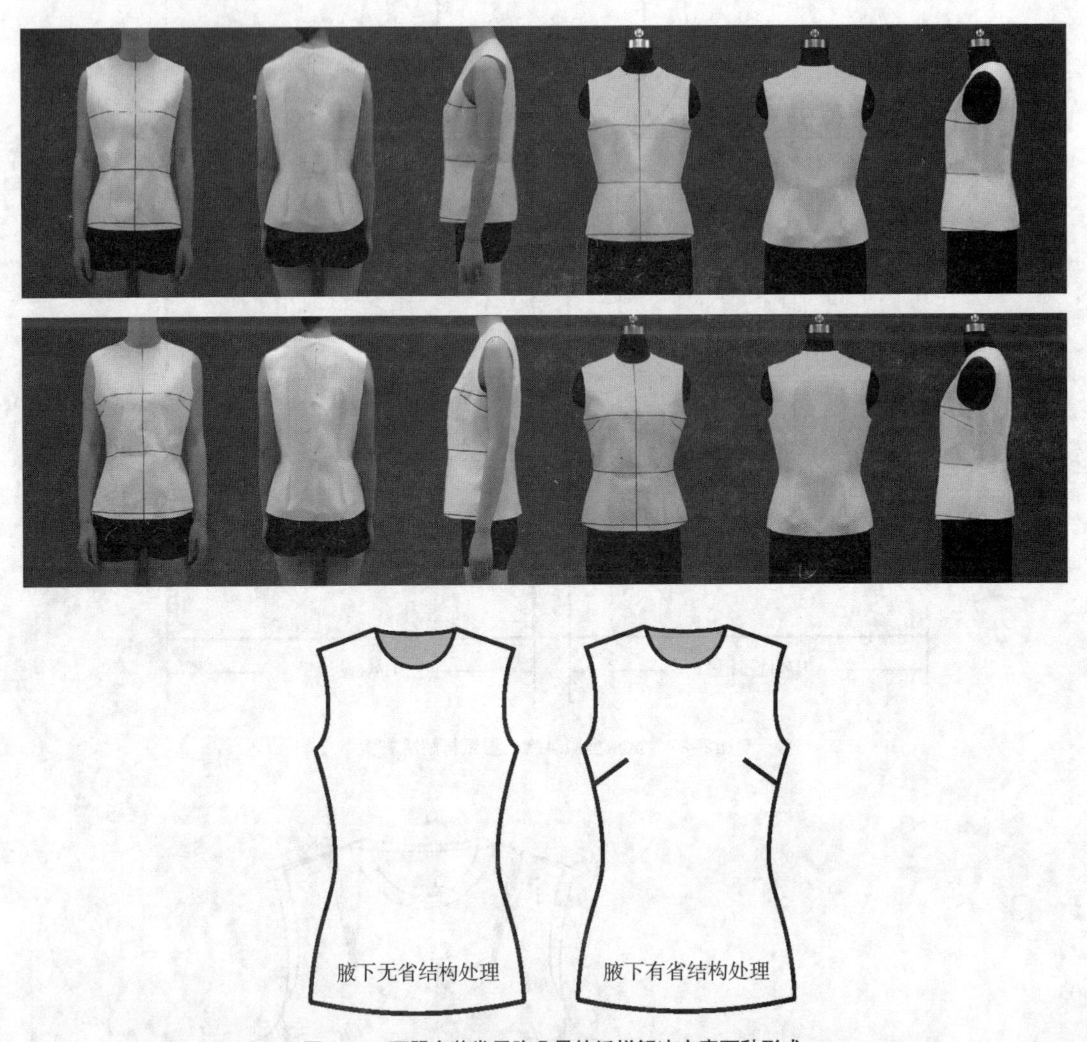

图2-29 西服套装常用胸凸量的纸样解决方案两种形式

（1）腋下无省结构处理。成衣的结构处理是将部分（1/2 的胸凸量）胸凸省转移至袖窿线下，利用开深袖窿的方式将其部分修正消减掉，使得前后侧缝线等长，这种设计在成衣设计中直接加腰省解决胸腰差，强调腰部曲线造型，而不考虑女性的胸部造型，削弱胸部的曲度，如图 2-30 所示。

（2）腋下有省结构处理。如果想要达到既要强调腰部曲线又要突出女性的胸部造型，就可以将部分胸凸省（1/2 的胸凸量）转移至腋下处，利用侧缝结构线加腋下省，解决

胸凸量的组合设计，如图 2–30 所示。

两种造型结构不同之处在于：前者未作胸凸量的处理，前后腰线对位之后，以 1/2 胸凸省为准，使得前袖窿开深，胸部显得较为宽松，适合男装式女西装款式；后者通过 1/2 胸凸量转移至腋下做腋下省，作为胸凸处理，胸部造型较好，适合一般女西装款式。

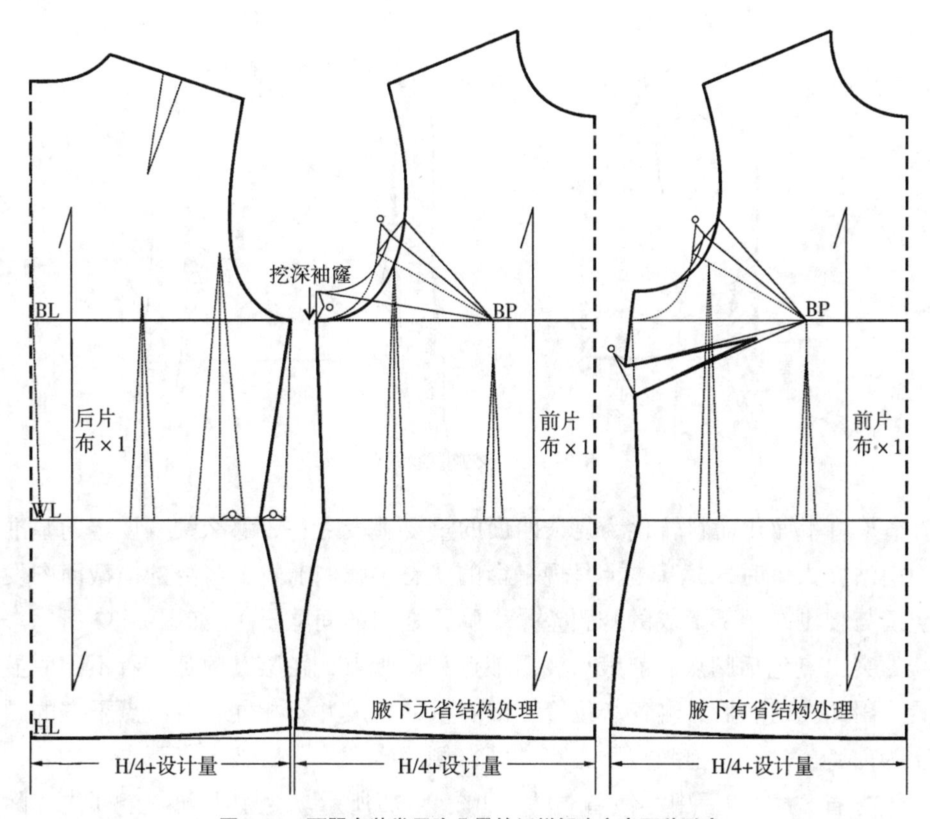

图2–30　西服套装常用胸凸量的纸样解决方案两种形式

第四节　女装纸样设计重点——胸腰差的解决方案

一、胸腰差的形成原理

女性体型特征构成了服装基本结构规律（原理）：女性体型腰部呈圆柱形，腰围线以上由前胸部、后背部、侧肩部不等球形面组合成上部体型；腰围线以下由前腹部、侧胯部、后臀部不等球形面组合成下部体型。体型不相同，各部位球形面的凹凸量也不相同，省量同时出现差异。精确处理省量和服装整体结构之间的平衡，确保经过细部造型的处理，达到与着装体型相吻合及修饰体型的最佳效果，并且需要保证服装功能性的活动舒适。如果服装整体结构之间的平衡和细部造型处理不到位，就会出现很多问题。

将面料包裹住人体，在胸腰的部位要仔细看人体的形态所形成的胸腰差，也因此能够发现，人体的胸腰差实际和我们想象的会有所不同，通常初学者会认为女性的胸凸量较大，胸腰差较大的会是前片胸省的部分，而实际上由于人体平衡原理，胸腰差较大出现在背部，如图 3-31 所示。

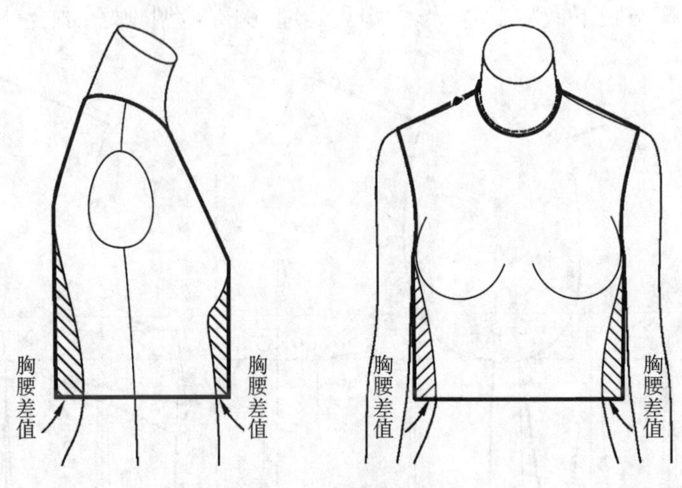

图2-31 上衣胸腰差的形成

省道是将平面化面料转化为复杂曲面的重要手段之一，那么腰省设定的基准是当视线面向站立人体时，其基本上呈现平衡的状态，我们通过上半身的横截面图发现人体外包围与腰围在腰部形成的胸腰差量（胸腰之间的间隙量），如图 2-32 所示。人体上半身的突出点包括胸点、前腋点、后腋点和肩胛点，在腋窝附近，看不到明显的突出位置，因此在前、后、侧各个位置腰部省量的构成并不相同，各突点下方的腰省构成依次为前胸省“a”，前腋点下方点“b”，侧缝省“c”，后腋下点下方省“d”，肩胛后突点下方省“e”和后中心线省“f”，如图 2-33 所示。为了得到各个部位实际省量的大小，可以通过水平断面重合图计算得到，其重合图如 2-34 所示，通过计算加入一

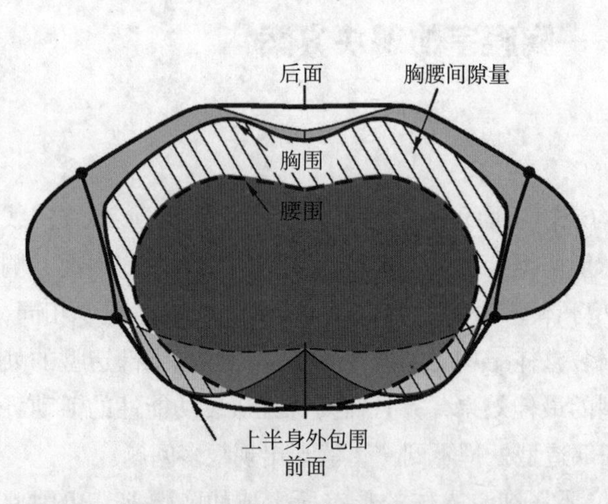

图2-32 上半身横截面（胸腰之间隙量）

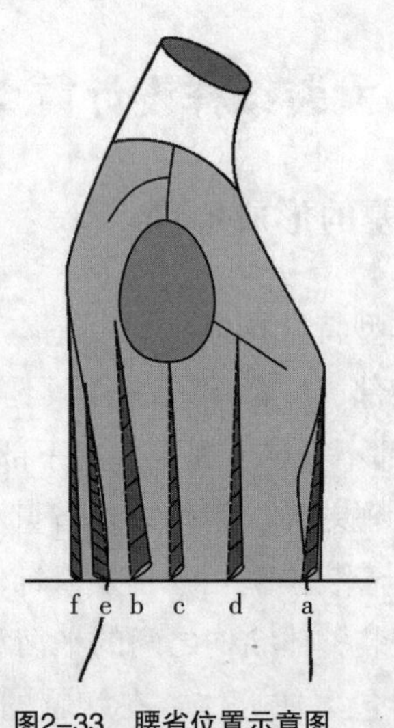

图2-33 腰省位置示意图

定松量后的外包围与腰围之间的差数即可获得省量。

二、胸腰差在不同款式中的解决方法

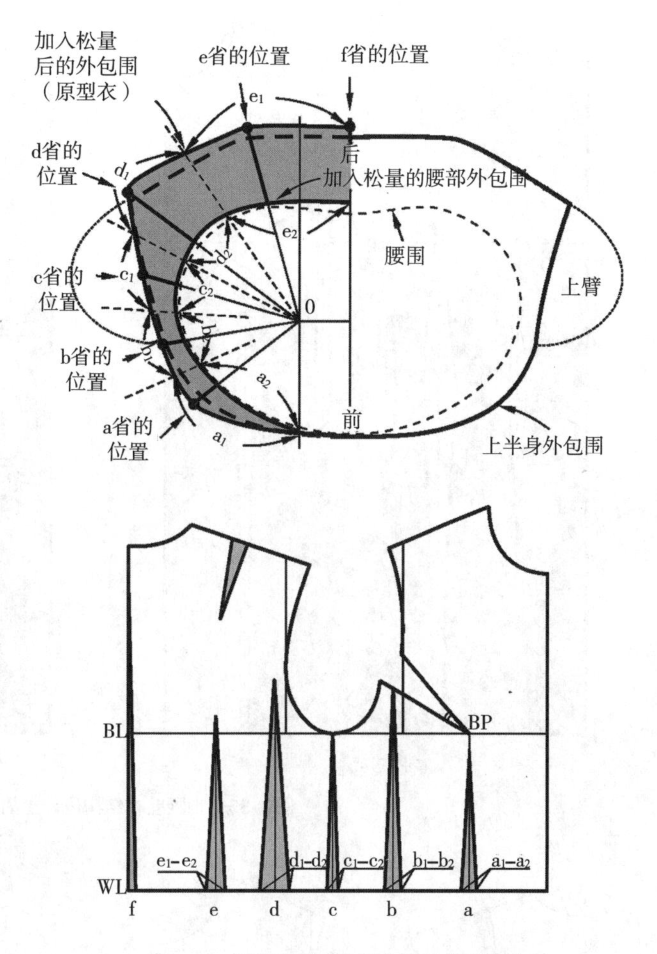

图2-34　原型胸腰差比例分配及省量的形成

服装款式由省或结构分割线和塑造体形的轮廓线共同组成，省和结构分割线是造型轮廓线的基础，不同类别服装款式需要同时完成省或结构分割线与造型轮廓线的设计，才能构成服装款式的变化。根据人体的平衡原理，人体的胸腰差在不同的位置所形成的差量是不同的，对腰省量的合理设计就要依据人体的体态。从新标准原型胸腰差的形态，我们可以准确看出胸腰差量的比例分配。仅就腰省而言，可以看出后衣片的总省量应该远大于前片，理解这点对于服装结构的设计十分重要。

根据款式要求解决好胸凸量后，胸腰差比例分配是解决胸腰差在不同成衣款式设计中的第二步。

在成衣结构设计上胸腰差的比例分配不会很复杂，根据该款式需求，解决在结构设计上胸腰差比例分配有两种方法：一种是省道结构；一种是分割线结构。通常情况下，省道结构成衣，其胸腰差的比例分配部分是：后腰省、后侧缝线、前侧缝线、前腰省；分割线结构成衣，其胸腰差比例分配部分是：后中心线、后分割线（公主线、刀背线）、后侧缝线、前侧缝线、前分割公主线（公主线、刀背线），如图 2–35 所示。设定好胸腰差的位置后就要按照腰省的分配率，合理分配胸腰差值，如图 2–36 所示。

以 160/84A 号型的结构服装为例，胸腰差为 16cm，在服装结构制图中是采用 1/2 状态，那么 1/2 胸腰差量为 8cm，并且 8cm 胸腰差的比例分配方法在工业成衣生产中并无定律，可根据款式需求设计，在实际成衣制作中要考虑人体状态，如人体是圆体或扁体等。

标准原型的制图，胸围、腰围线呈现平行状态符合人体的自然形态，使用的时候避免了将胸省和腰省混在一起的现象。通过腰省的合理设计，可以准确地看出胸腰差

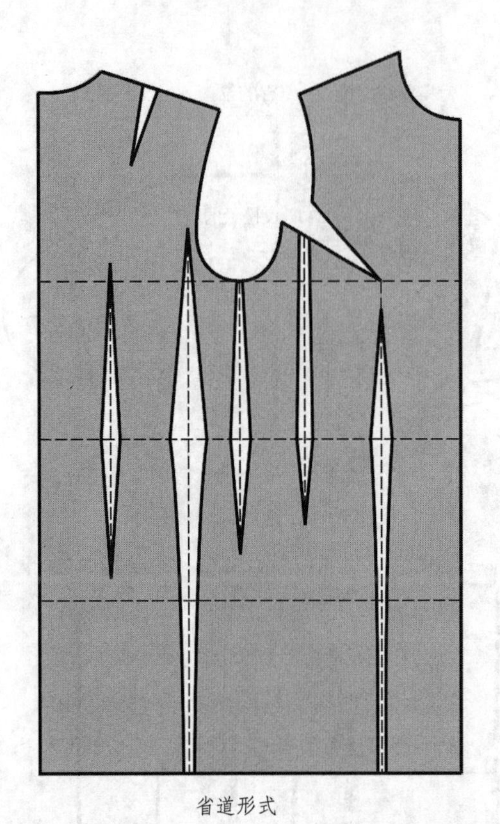

省道形式　　　　分割线形式

图2-35　胸腰差在结构设计上的两种形式

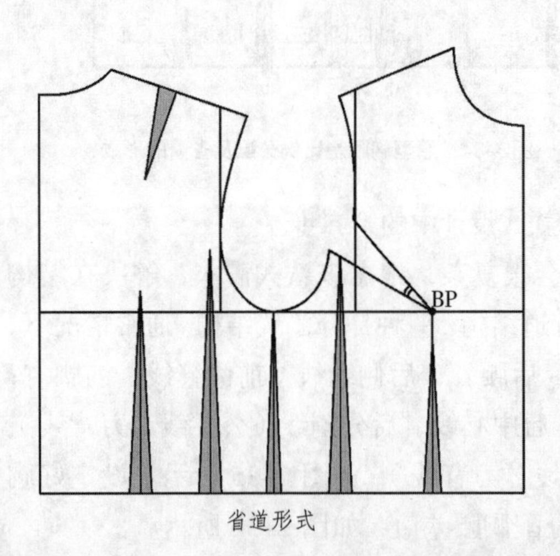

省道形式

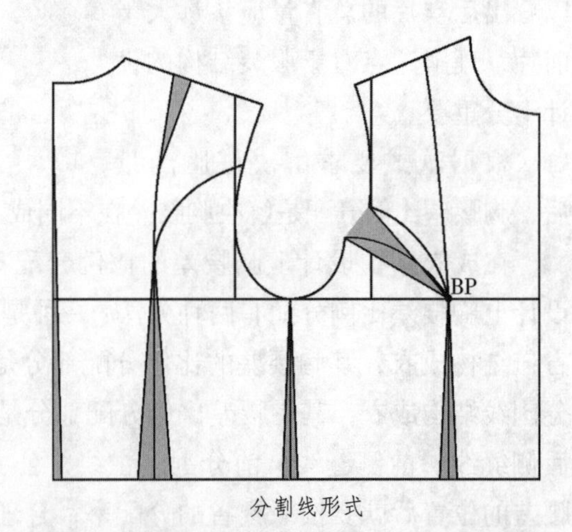

分割线形式

图2-36　胸腰差在成衣结构设计上的两种形式

量的比例分配。仅就腰省而言，可以看出后衣片的总省量应该远大于前衣片，理解这一点对于服装结构的设计十分重要，如表 1-20、表 1-21 所示。

胸腰差量的分配由五处来进行分解，即后中心线、后分割线、后侧缝线、前侧缝线、前分割线，各处胸腰差值见表 2-7。

表2-7　胸腰差比例分配　　单位：cm

尺寸＼部位	后中心线	后分割线	后侧缝线	前侧缝线	前分割线	1/2胸腰差量
胸腰差值	1	3	1.25	1.25	2.5	8
	1	3	1	1	2	8
	1	2.5	1.25	1.25	2	8
	1	2.5	1	1	2.5	8
	0.5	3	1	1	2.5	8
	0.5	2.5	1.5	1.5	2	8
	0.5	3	1.25	1.25	2	8
	0.5	3	1.5	1.5	1.5	8

（1）后中心线。按胸腰差的比例分配方法，在腰线收进 1cm，再与后颈点至胸围线的中点处连线并用弧线画顺，如图 2-37 所示。

（2）后分割线。按胸腰差的比例分配方法，由后腰节点开始在腰线上取设计量值 7 ~ 8cm，取省大 3cm，从后分割线省的中点作垂线画出后腰省，再在后腰省的基础上画顺分割线，如图 2-37 所示。

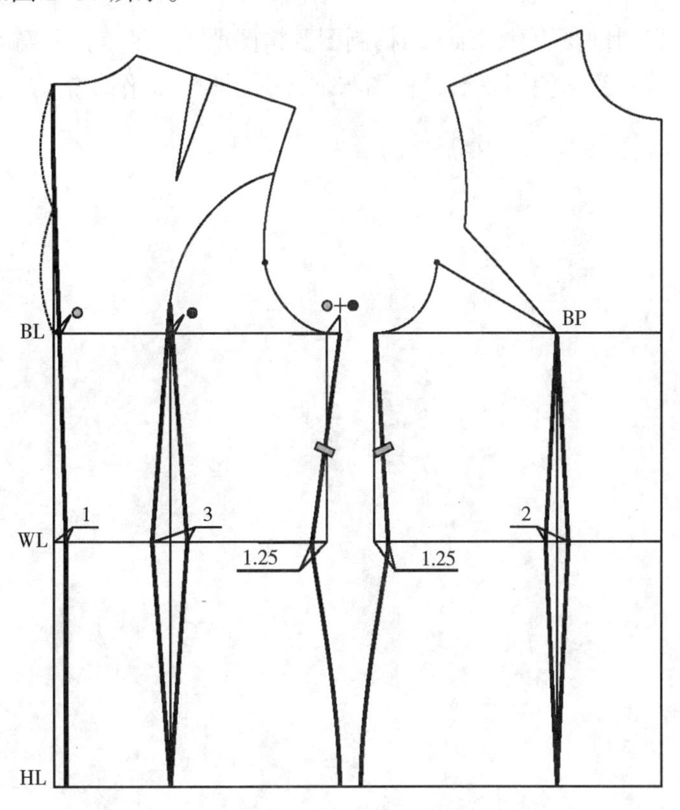

图2-37　刀背结构西服胸腰差的比例分配

（3）后侧缝线。按胸腰差的比例分配方法，由腰线和胸围线的交点收腰省 1.25cm，后侧缝线的状态要根据人体曲线设置，并测量其长度，人体的侧缝差较大，但在成衣设计中还要考虑臀腰差的关系，不能将侧缝的胸腰差量设计的过大，如图 2–37 所示。

（4）前侧缝线。按胸腰差的比例分配方法，由腰线和胸围线的交点收腰省 1.25cm，前侧缝线的状态同样要根据人体曲线设置，并根据后侧缝长由腰线向上取后侧缝长，如图 2–37 所示。

（5）前分割线。由 BP 点作垂线至下摆线，该线为省的中心线，在腰线上通过省的中心线取省大 2.5cm，省的位置可以根据款式需求设计，如图 2–37 所示。

思考题：

1. 测量 10 位身高接近 160/84A 的女性，掌握女性人体的量体方法，并详细观察女性人体的特征并加以总结。

2. 以 1∶1 比例绘制标准工业化原型。

3. 针对具体的女性以 1∶1 比例绘制女装实际衣身纸样原型，并制作坯样。

4. 论述女装胸凸量在不同服装造型中的解决方案。

5. 论述女装胸腰差在不同服装造型中的应用方法。

作业要求：

人体尺寸数据测量要认真仔细；结构制图要构图严谨、规范，线条圆顺，标识准确，尺寸绘制准确，特殊符号使用正确，构图与款式图相吻合；作业整洁。

第三章

女西服结构设计

学习要点：

1. 熟练掌握适体、宽松女正装西服各部位尺寸的加放方法。

2. 掌握女正装西服的结构制图方法。

3. 熟练掌握女正装西服中胸凸量的转移方法和胸腰差量的分配方法。

能力要求：

1. 能根据女正装西服款式进行各部位尺寸设计。

2. 能根据具体款式进行女正装西服的制板。

3. 能针对不同种类样式女正装西服进行工业制板。

第一节 女西服概述

套装是指一套组合搭配的服装。男式西服套装往往是由上装、背心、裤子组合而成，而女式西服套装往往由上装、衬衫、裙子组合而成。

19世纪末，上衣和长裤用同质同色的面料做成“套装”时，欧美人又称其为“外出套装”（Town Suit）。在20世纪，又因为这种套装多为活跃于政治、经济领域的人士穿用，故也称作“工作套装”或“实业家套装”（Bussiness Suit）。20世纪40年代，女西服外套采用平肩的掐腰，但下摆较大，在造型上显得比较优雅。20世纪50年代的前中期，女西服外套变化较大，主要变化是由原来的紧身型造型改为宽松型造型，女西服外套长度加长、下摆加宽，领子除翻领外，还有关门领，袖口大多采用另镶袖，并自20世纪50年代中期开始流行连身袖，造型显得稳重而高雅。20世纪60年代中后期，女西服外套变大，多为直身造型，长度到臀围线上，袖子流行连身袖；女西装裙的臀围与下摆垂直，长度达膝盖；裤子流行紧脚裤和中等长度的女西裤。女西服外套总体具有简洁而轻快的风格。20世纪70年代，女装前期流行短裙，后期则有所加长，下摆也较大。在20世纪70年代末期至20世纪80年代初期，女西装又有了一些变化，流行小领和小驳头，腰身较宽，底边一般为圆角；下装大多配穿较长的并且下摆较宽的裙子，这些服装的造型古朴典雅并且带有浪漫色彩。

第二节 女西服结构设计实例

一、刀背结构西服设计

（一）款式说明

本款式服装为薄面料分割线造型春夏女西服，这种结构的服装衣身造型优美，能很好地体现女性的体态。前片刀背结构带有分割线是本款西服结构设计的重点，如图3–1所示。

本款式服装面料采用驼丝锦、贡丝锦等精纺毛织物及毛涤等混纺织物，也可使用化纤仿毛织物。里料采用100%醋酸绸，并用黏合衬做成全衬里。

（1）衣身构成：是在四片基础上分割线通达袖窿的刀背衣身结构，衣长在腰围线以下22 ~ 27cm。

（2）衣襟搭门：单排扣。

（3）领：V形平驳头翻领。

（4）袖：两片绱袖、有袖开衩。

（5）垫肩：1.5cm厚的包肩垫肩，在内侧用线襻固定。

（二）面料、里料、辅料的准备

1. 面料

幅宽：144cm、150cm、165cm。

估算方法为：（衣长 + 缝份 10cm）× 2 或衣长 + 袖长 +10cm，需要对花对格时适量增加。

2. 里料

幅宽：90cm、112cm、144cm、150cm。幅宽 90cm 估算方法为：衣长 ×3。

幅宽 112cm 的估算方法为：衣长 ×2。幅宽 144cm 或 150cm 的估算方法为：衣长 + 袖长。

3. 辅料

（1）厚黏合衬：幅宽 90cm 或 112cm，用于前衣片、领底。

（2）薄黏合衬：幅宽 90cm 或 120cm（零部件用），用于侧片、贴边、领面、下摆、袖口以及领底和驳头的加强（衬）部位。

（3）黏合牵条：直丝牵条 1.2cm 宽；斜丝牵条 1.2cm 宽；半斜丝牵条 0.6cm 宽。

（4）垫肩：厚度 1 ~ 1.5cm，绱袖用 1 副。

（5）袖棉条：1 副。

（6）纽扣：直径 2cm 前门襟扣 3 个（前搭门用）；直径 1.2cm 袖口扣 4 个（袖口开衩处用）；直径 1cm 前门襟垫扣 3 个（前搭门用）。

图3-1　刀背结构女西服效果图、款式图

（三）刀背结构西服结构制图

准备好制图工具，包括测量尺寸、画线用的直角尺、曲线尺、方眼定规、量角器、测量曲线长度的卷尺。

作图纸的选择是四六开的牛皮纸（1091mm × 788mm），易于操作并且大小合适，制图时要选择纸张光滑的一面，便于擦拭，不易起毛破损。

制图线和符号要按照标准正确画出，让所有的人都能看明白，这是十分重要的。

1. 确定成衣尺寸

成衣规格：160/84A，依据是我国使用的女装号型标准 GB/T1335.2—2008《服装号型 女子》。基准测量部位以及参考尺寸见表 3–1。

表3–1 女装成衣系列规格表 单位：cm

规格＼名称	衣长	袖长	胸围	下摆大	袖口	肩宽
155/80A（S）	58	53.5	92	98	23.5	37
160/84A（M）	60	55	96	102	24	38
165/88A（L）	62	56.5	100	106	24.5	39
170/92A（XL）	64	58	104	110	25	40

2. 制图步骤

省道刀背结构西服属于在典型的八片基本纸样上变化的十片结构西服，这里将根据图例分步骤进行制图说明。

第一步 建立成衣的框架结构：确定胸凸量

结构制图的第一步十分重要，要根据款式分析结构需求，无论是什么款式第一步均是解决胸凸量的问题。

（1）确定衣长线。由款式图分析该款式为较紧身西服，在后中心线上向下取背长值 37 ~ 38cm，画水平线，即腰围辅助线。在腰围辅助线上放置后身原型，由原型的后颈点，在后中心线上向下取衣长，画水平线，即下摆辅助线，如图 3–2 所示。

（2）确定胸围线。由原型后胸围线画水平线。

（3）确定腰围线。由原型后腰线画水平线，将前腰线与后腰线复位在同一条线上。

（4）确定臀围线。从腰围辅助线向下取腰长，画水平线，成为臀围线，三围线是平行状态。

（5）腰线对位。将前后腰围线放置在同一水平线上，建立合理刀背西服结构框架，如图 3–3 所示。

（6）确定胸凸量解决方案。前片胸凸量分两步进行转化：一是将部分胸凸量转移 0.5 ~ 1.5cm，形成撇胸量；二是在侧缝处确定剩余的胸凸省量，并按照款式图的要求将剩余的胸凸省量转移到腋下胸凸省量，将其腋下胸凸省量合并去掉，解决完成胸凸省量，前胸围线与后胸围线复位，与腰围线、臀围线平行。

（7）确定前中心线的绘制。由原型前中心线延长至下摆线，成为前中心线。

（8）确定前止口线的绘制。与前中心线平行 2 ~ 2.5cm 绘制前止口线，搭门的

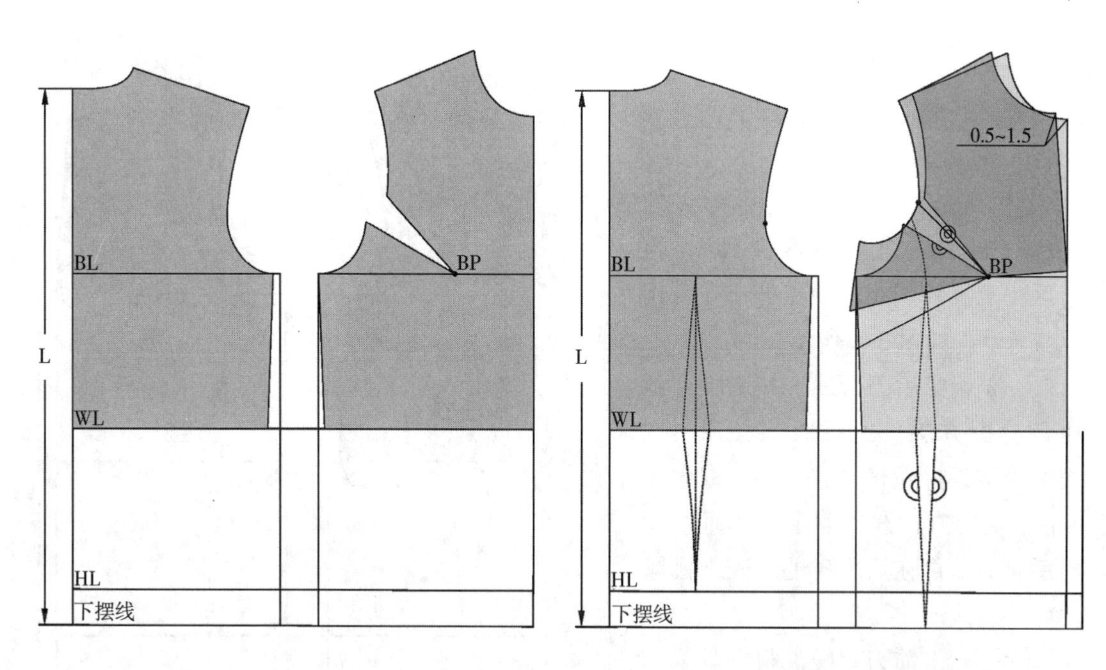

图3-2　刀背结构西服框架图　　　　图3-3　刀背结构西服胸腰对位分析

宽度一般取决于扣子的宽度，也可取决于设计宽度，并垂直画到下摆线，成为前止口线。

第二步　建立成衣的框架结构：解决胸腰差比例分配（纵向）

第一步完成后，就要根据款式要求解决胸腰差比例分配，这一步十分重要。

表3-2　胸腰差比例分配　　单位：cm

部位 尺寸	后中心线	后刀背线	后侧缝线	前侧缝线	前刀背线
胸腰差值	1	3	1.25	1.25	2.5
	1.5	3	1	1	2.5
	1	2.5	1.5	1.5	2.5
	1	3	1	1	3

在服装结构制图中胸腰差比例分配采用1/2状态（因为人体是对称的，结构设计时纸样画一半就可以），本款式胸腰差为18cm，因此需要解决9cm胸腰差，胸腰差的比例分配方法在工业成衣生产中并无定律，可根据款式需求设计，在实际成衣制作中要考虑人体状态，如人体是圆体或扁体等。

（1）确定后胸围放量。在胸围线上由后中心线交点向侧缝方向确定成衣胸围尺寸，该款式胸围加放13cm，在原型的基础上放1cm，放量较小，不用过多考虑前后片的围度比例分配，在后胸围放0.5cm即可。作胸围线的垂线至下摆线，如图3-4。

省道刀背结构属于八片身紧身造型，根据该款式需求，胸腰差由五处来进行分解，即后中心线、后刀背线、后侧缝线、前侧缝线、前刀背线，分配方法见表3-2所示。

（2）确定后中心线。按胸腰差的比例分配方法，在腰线收进1cm，再与后颈点至胸围线的中点处连线并用弧线画顺，如图3-4所示。

（3）确定后刀背线。按胸腰差的比例分配方法，由后腰节点开始在腰线上取设计量值7～8cm，取省大3cm，从后刀背线省的中点作垂线画出后腰省，再在后腰省的基础上画顺袖窿刀背线。

（4）确定前刀背线。根据款式的设计要求，前片刀背线靠近前侧缝，在前胸围线取一定的设计量做垂线至下摆线，本款由前中心线向侧缝方向取设计量16.5cm，该线为省的中线，在腰线上通过省的中心线取省大2.5cm，省的位置可以根据款式需求设计。

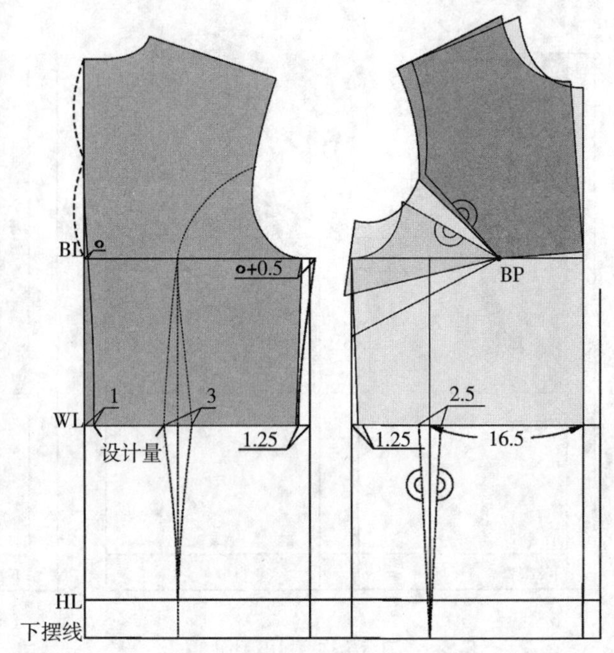

图3-4 省道刀背结构西服胸腰差的比例分配

（5）确定后侧缝线。按胸腰差的比例分配方法，由腰线和胸围线的交点收腰省1.25cm，后侧缝线的状态要根据人体曲线设置，并测量其长度，如图3-4所示。

（6）确定前侧缝线。按胸腰差的比例分配方法，由腰线和胸围线的交点收腰省1.25cm。

第三步　衣身作图

（1）确定衣长线。由后中心线经后颈点往下取衣长60～65cm，或由原型自腰节线往下22～27cm。确定下摆线位置，如图3-5所示。

（2）确定胸围。成品胸围为96cm。在净胸围的基础上需要加放13cm，由于女式原型中含有12cm的放松量，只需在原型的基础上再加放1cm，在1/2胸围的状态下，后胸围加放0.5cm。

（3）确定领口。春夏装的内着装较少，可以不考虑横领宽的开宽，保持领口不变。

（4）确定后肩宽。在成衣制图中，后肩宽值为水平肩宽值，由后颈点向肩端方向取水平肩宽的一半（38÷2=19cm）作垂线交于原型的后肩斜线。

（5）确定后肩斜线。在成衣生产中，选择垫肩厚度为1cm～1.5cm，本款选用的垫肩厚度为1.2cm，在水平肩宽的垂线上，由原型后肩斜线的交点向上提高1.2cm垫肩量，然后由后侧颈点连线画出新后肩斜线“X”，将新的后肩斜线延长0.7cm，该量在制作中做归拢处理，作为后肩胛凸点吃量，确定出新的后肩端点，如图3-5所示。

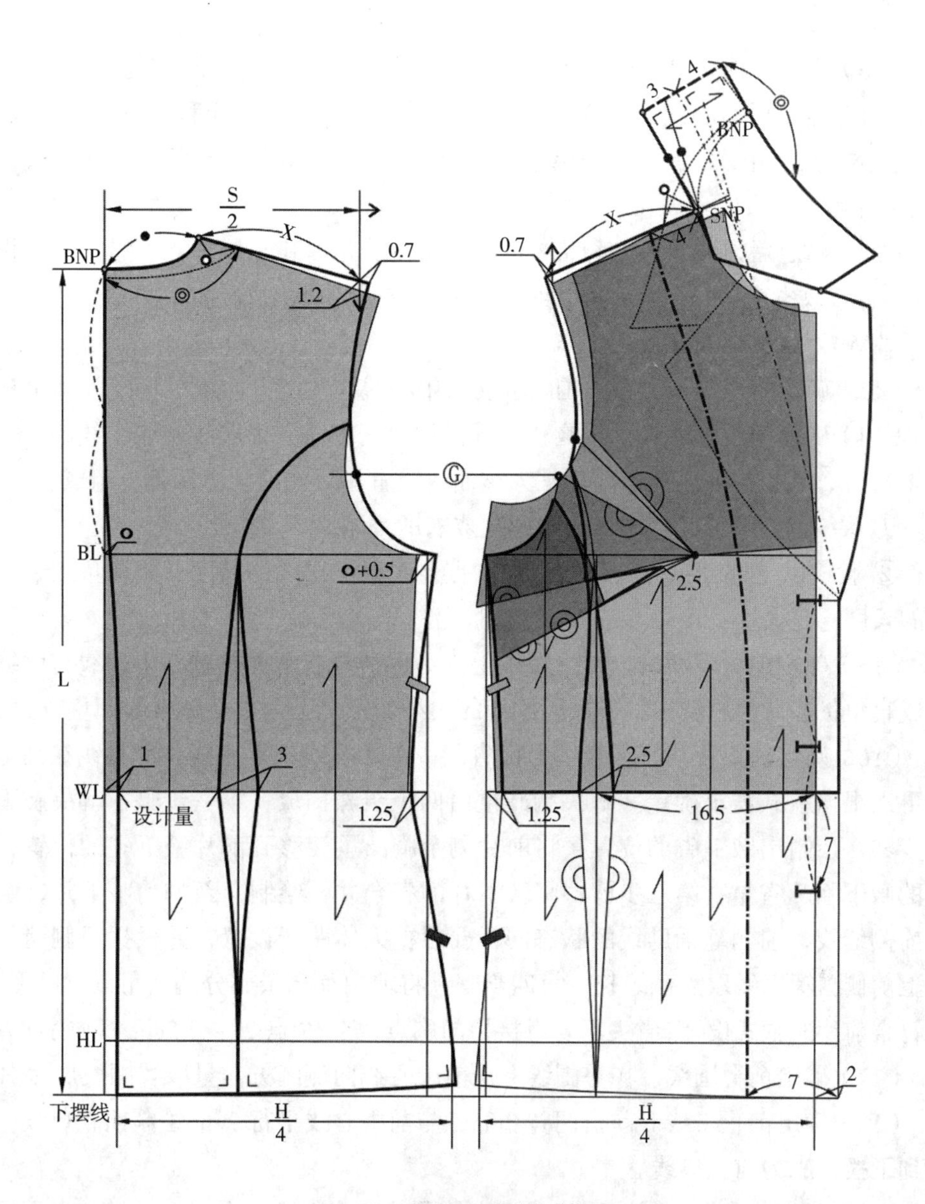

图3-5　刀背结构西服衣身结构图

（6）确定前肩斜线。在前片原型肩端点往上提高 0.7cm 的垫肩量，然后由前侧颈点连线画出新的前肩斜线，前肩斜线长度取后肩斜线长度“X”，不含 0.7cm 吃量，确定出新的前肩端点。

（7）确定后袖窿线。由新后肩端点至腋下胸围点作出新袖窿曲线，新后袖窿曲线可以考虑追加背宽的松量 0.5cm，但不宜过大。

（8）确定后袖窿对位点。要注意袖窿对位点的标注，不能遗漏。

（9）确定前袖窿线。由新前肩段点至腋下胸围点作出新袖窿曲线，新前袖窿曲线春夏装通常不追加胸宽的松量。

（10）确定前袖窿对位点。要注意袖窿对位点的标注，不能遗漏。

（11）确定后中心线。按胸腰差的比例分配方法，在腰线和下摆处分别收进 1cm，再与后颈点至胸围线的中点处连线并用弧线画顺，由腰节点至下摆线作垂线，作出新的后中心线。

（12）确定后刀背线。按胸腰差的比例分配方法，由后腰节点在腰线上取设计量值 7 ~ 8cm，取省大 3cm，由后刀背线省的中点作垂线画出后腰省，再在后腰省的基础上画顺袖窿刀背线。

（13）确定后臀围线。在臀围线上从后中心线向侧缝方向量取臀围大尺寸 H/4。

（14）确定前后侧缝线。按胸腰差的比例分配方法，由腰线和胸围线的交点处收腰省 1.25cm，后侧缝线的状态要根据人体曲线设置，后侧缝线由两部分组成。

① 腰线以上部分：见第二步　建立成衣的框架结构部分。

② 腰线以下部分：由腰节点经臀围点连线至下摆线的长度，并测量腰节点至下摆点的长度。

（15）确定前后下摆线。在下摆线上，为保证成衣下摆圆顺，下摆线与侧缝线要修正成直角状态，起翘量根据下摆展放量的大小而定，下摆放量越大起翘量越大。

（16）确定前刀背线。在腰线上由省的中线作垂线至下摆线，分割线在袖窿的位置也可以根据款式需求确定。解决胸凸量由四个步骤构成：第一步骤：解决撇胸量；第二步骤：绘制出腋下省的位置，将前片剩余胸凸量转移到前片腋下省的位置，绘制出新的腋下胸凸省量；第三步骤：将腋下片的省合并，绘制出新的前腋下片，绘制出新的前侧缝线，前侧缝辅助线的状态同样要根据人体曲线设置，并根据后侧缝长由腰线向上前侧缝辅助线取后侧缝长；第四步骤：将前中片剩余部分胸凸量以省的形式存在，以符合前片的款式设计，省尖不要直接指向胸点，离 BP 点 2 ~ 2.5cm，完成胸凸省设计。

（17）确定前臀围线。在臀围线上从前中心线向侧缝方向量取臀围大尺寸 H/4。

（18）确定前止口线。前搭门宽 2cm，与前中心线平行 2cm 绘制前止口线，并垂直画到下摆，成为前止口线。

（19）确定作出贴边线。在肩线上由侧颈点向肩点方向取 3 ~ 4cm，在下摆线上由前门止口向侧缝方向取 7 ~ 9cm，两点连线。

（20）确定纽扣的位置。本款式纽扣为三粒，第一粒纽扣位为领翻折线的底点，第三粒纽扣位在腰节线向下 7cm，平分第一粒纽扣位和第三粒纽扣位间距确定第二粒纽扣位。

第四步　领子作图（领子结构设计制图及分析）

翻驳领的制图步骤说明：

（1）确定领口弧线。春夏装，内装较薄，后领口弧线可以用原型领口弧线。

（2）确定领翻折线：

① 先由前侧颈点沿肩线放出 2.5cm（按后领座高 -0.5cm），确定领翻折起点。

② 将第一粒扣位延长到前止口边，确定领翻折止点。

③ 连接领翻折起点、领翻折止点，画出领翻折线（驳口线）。

（3）确定前领子造型。在前身领翻折线的内侧，预设驳头和领子的形状，这个有一定的经验值在里面，要根据服装的款式需求设计，如图 3–5 所示。

（4）确定串口线。根据服装款式画出领串口，如图 3–5 所示。

（5）确定驳头宽。在领翻折线与串口线之间截取驳头宽，本款式领子驳头较窄，设计宽度为 8cm，驳头宽要垂直于领翻折线，如图 3–5 所示。

（6）确定驳头外口线。由驳头尖点与翻折止点连线，驳头外口线的造型可以是直线造型也可以是弧线造型，根据款式造型而定，如图 3–5 所示。

（7）确定领嘴造型。在串口线由驳头尖点沿串口线取 4cm，确定绱领止点，过这个点画前领嘴宽 5cm，前领嘴宽角度为设计量值。

（8）确定前翻领外口弧线。在前肩线由侧颈点向肩点方向取 2.5cm（设计量），由该点与前领嘴宽点连线，画出前翻领上的领外口弧线。

（9）确定后翻领外口弧线。在后肩线由侧颈点向肩点方向取 2.5cm（设计量），确定翻领外口线与肩线的交点。在后颈点向下取 0.5cm，该尺寸是由后翻领宽 4cm 减去底领宽 3cm，再减去领翻折厚度的消减量 0.5cm 得出的。确定翻领外口线与后中心线的交点，画出后翻领外口弧线“◎”，可将前后肩线覆合检查领外口线的圆顺程度。

（10）确定翻领宽。设定后翻领宽为 7cm。

（11）确定后翻领：

① 延长翻驳线。

② 以侧颈点向上作延长翻驳线的平行线，由侧颈点向上取领口弧线长“●”，确定后颈点，成为后绱领辅助线，这条线也可以比实际的领口弧线尺寸稍长，绱领子时在颈侧点附近将领子稍微吃缝。

③ 由后颈点作后绱领辅助线垂线，画出后中心线，再定出领宽 7cm（后翻领宽 4cm，后底领宽 3cm），直角要用直角尺准确地画出。后底领宽取 3cm，比前底领宽多 0.5 ~ 0.8cm，后翻领比后底领宽 1cm，目的是要盖住绱领底线。并作直角线画出外领口辅助线，形成一个长方形。

（12）领倒伏量。以侧颈点为圆心，以后领口弧线长为半径，旋转后绱领口线，展开领外口线到所需的尺寸“◎”。基本驳领的倒伏量是 2 ~ 3cm 之间。在后中心线，与倒伏后的绱领辅助线垂直画线，取后底领宽 3cm 和后翻领宽 4cm，如图 3–5 所示。

（13）修正后翻领型。最后，将绱领口线和领翻折线、领外口线修正为圆顺的线条。注意：绱领口线修顺后与衣片有重叠的部分，在分离纸样时要注意正确处理。很多初学者经常把前衣片按照修正的前绱领口线剪掉，造成肩线长不够、横领宽出错。

第五步　袖子作图（袖子结构设计制图及分析）

西服袖是典型的两片结构的套装袖，无论是对造型还是对结构的要求都很高。这种袖子是由大小袖片组成，在袖口设有开衩并钉两粒或三粒装饰扣，可用于各种西服套装及合体型礼服大衣等。

（1）确定前袖窿曲线。将前片的袖窿省合并，使前衣身的袖窿曲线复核，绘出新的前袖窿曲线，如图 3–6 所示。

（2）确定落山线（袖肥）、袖山线。腋下点对齐，在袖窿底画出水平线作为落山线，通过腋下点画出垂线作为袖山线。

（3）确定袖山高线。测量前后肩点到袖窿底的垂直尺寸，做前、后肩点水平线交于袖山线，在袖山线上将前、后肩点水平线之间的间距平分，由其 1/2 处为起点至腋下点之间的距离平分为 6 等份，取其 5/6 作为袖山的高度。

（4）确定前后袖山斜线，如图 3–6 所示。

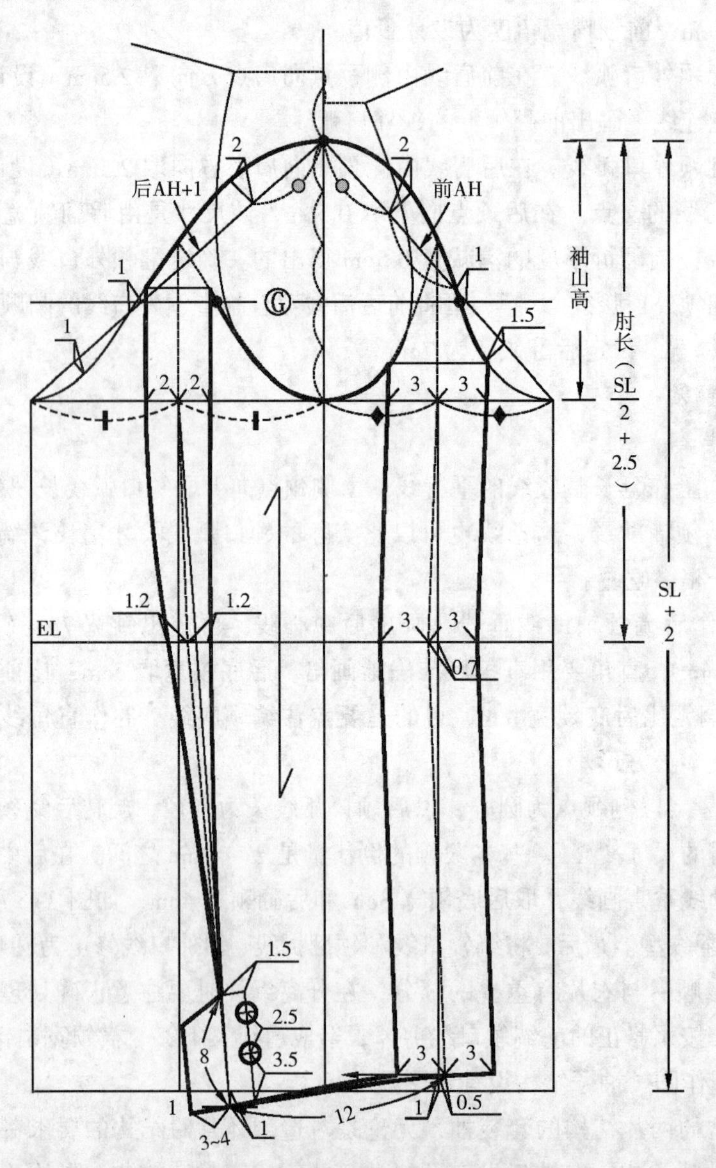

图3–6　西服袖子结构图

① 立起卷尺测量前、后袖窿弧曲线长并记录。

② 由袖山点向落山线量取，后袖窿按后 AH+0.7 ~ 1cm（吃势）定出，前袖窿按前 AH 定出。

③ 袖肥合适后，在前袖山斜线上由 G 线向袖山方向取 1cm，平分袖山顶点至 1cm 点之间的距离，确定为“O”，由后袖山斜线经袖山点向下取相同值。

④ 确定袖山基准点。由前袖山斜线靠近袖山点的 1/2 点垂直向上抬升设计量 2cm，前袖山斜线靠近腋下点垂直向内取设计量 1.5 ~ 2.2cm，在后袖山斜线靠近袖山点的点垂直向上抬升设计量 2cm，后袖山斜线与 G 线交点向腋下点方向取 1cm 点，后袖山斜线靠近腋下点垂直向内取设计量 1cm。

⑤ 确定袖山弧曲线。由前、后腋下点与袖山基准点用弧线分别连线画顺，确定出袖山弧曲线。

⑥ 测量袖窿弧线长，确定袖山的吃缝量（袖山弧线与衣身的袖窿弧长 AH 的尺寸差），检查是否合适。本款式的吃缝量为 3.5cm 左右。通常情况下，袖子的袖山弧线长都会大于衣身的袖窿弧线长。而这个长出的量就是袖子的袖山吃势。

（5）确定前后袖窿对位点。根据 G 线和衣身对位点位置确定出袖子袖窿对位点，如图 3-6 所示。

（6）确定袖长。袖长为 57cm，较实际袖长追加 2cm，作为垫肩的厚度和袖山耸起部分的弥补量，由袖山高点向下量出，画平行于落山线的袖口辅助线，如图 3-6 所示。

（7）确定袖子框架。

① 由前后腋下点作垂线到袖口辅助线，将袖长二等分，由 1/2 点向袖口方向量取 2.5cm，画平行于落山线的袖肘线。

② 将前后的袖肥分别二等分，并画出垂直线，即前袖宽中线辅助线和后袖宽中线辅助线，确立好袖子框架，如图 3-6 所示。

（8）确定袖子形态。

① 前袖宽中线。在肘线上，由前袖宽中线的辅助线和肘线的交点向袖中线方向取 0.7cm，由袖口辅助线向上取 1cm 作水平线，由交点向袖内缝方向取 0.5cm，画出适应手臂形状的前偏袖线，即前袖宽中线。

② 由前袖宽中线的底点，在袖口方向的交点向后袖方向取袖口参数，袖口的 1/2 值为 12cm，由于手臂形态前袖宽中线短，后袖宽中线长，作由袖口辅助线向下的平行线 1cm，将 12cm 的袖口线交于该线，如图 3-6 所示。

③ 由后袖宽中线的底点，在袖口方向的交点，于后袖宽中线辅助线与落山线的后袖肥的中点连线为后袖肥中线斜线辅助线。

④ 后袖宽中线。在后肘线上，将后袖肥中线斜线辅助线与后袖宽中线辅助线之间距离两等分，画后偏袖线，即后袖宽中线，保证后袖宽中线与袖口线成直角。

⑤ 在后袖宽中线取开衩 8cm，如图 3-6 所示。

（9）确定袖子大小袖内缝线。通过前袖宽中线在袖口辅助线交点、袖肘交点、袖肥线交点分别向两边各取设计量 3cm，连接各交点，画向内弧的大袖内缝线、小袖内缝线，延长大袖内缝线至袖窿线，由交点向袖中线方向画水平线，与小袖内缝线延长线相交，如图 3–6 所示。

（10）确定袖子大小袖外缝线。通过后袖宽中线以袖开衩交点作为起点，过肘线的 1.2cm 点与袖肥线交点向两边取设计量 2cm 点连线，画向外弧的大袖外缝线、小袖外缝线，延长大袖外缝线至袖窿线，由交点向袖中线方向画水平线，与小袖内缝线延长线相交。该段长度据袖宽中线的长度要相等。

这里要说明的是，通常的西服袖外轮廓上并无与面料纱线平行的地方，因此保证一段线与面料纱线平行有利于裁剪。

（11）小袖袖窿线。将小袖的袖窿线翻转对称，形成小袖袖窿线。

（12）画袖衩。本款西服为两粒袖口，袖衩为设计因素，取袖衩长 8cm，袖衩宽 3 ~ 4cm，画后袖偏线的平行线 1.5 ~ 1.7cm，在该线上由袖口向上取 3.5cm 确定第一粒袖扣，扣距为 2.5cm，确定第二粒袖扣，第二粒袖扣距开衩顶点 2cm。

（13）西服袖子结构图。西服袖子结构完成图，如图 3–6 所示。

（四）纸样的修正

基本造型纸样绘制完之后，就要依据生产要求对纸样进行结构处理图的绘制，完成成衣裁片的整合。

本款西服要介绍的是对前腋下片、前片下摆的处理，如图 3–7 所示。

（1）修正腋下片。将前腋下片部分分离出来，合并胸凸省道结构线，修顺刀背线和侧缝线，如图 3–所示。

（2）修正前片下摆。将前衣片腰节线以下的部分分离出来，合并省道结构线，修圆顺腰线和下摆结构线，如图 3–7 所示。

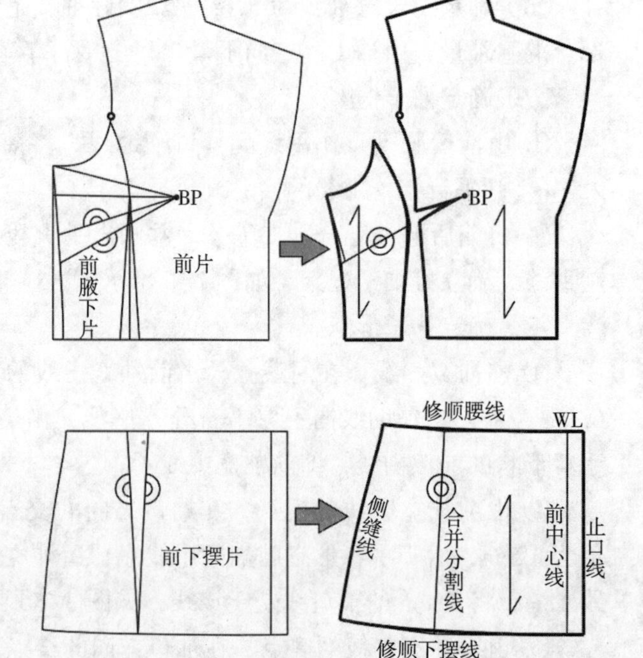

图3–7　前腋下片、前片下摆的纸样修正

（五）工业样板

本款女西装工业板的制作如图 3–8 至图 3–14 所示。在工业纸样中，面料、里料和衬料可以称作面板、里板、衬板。

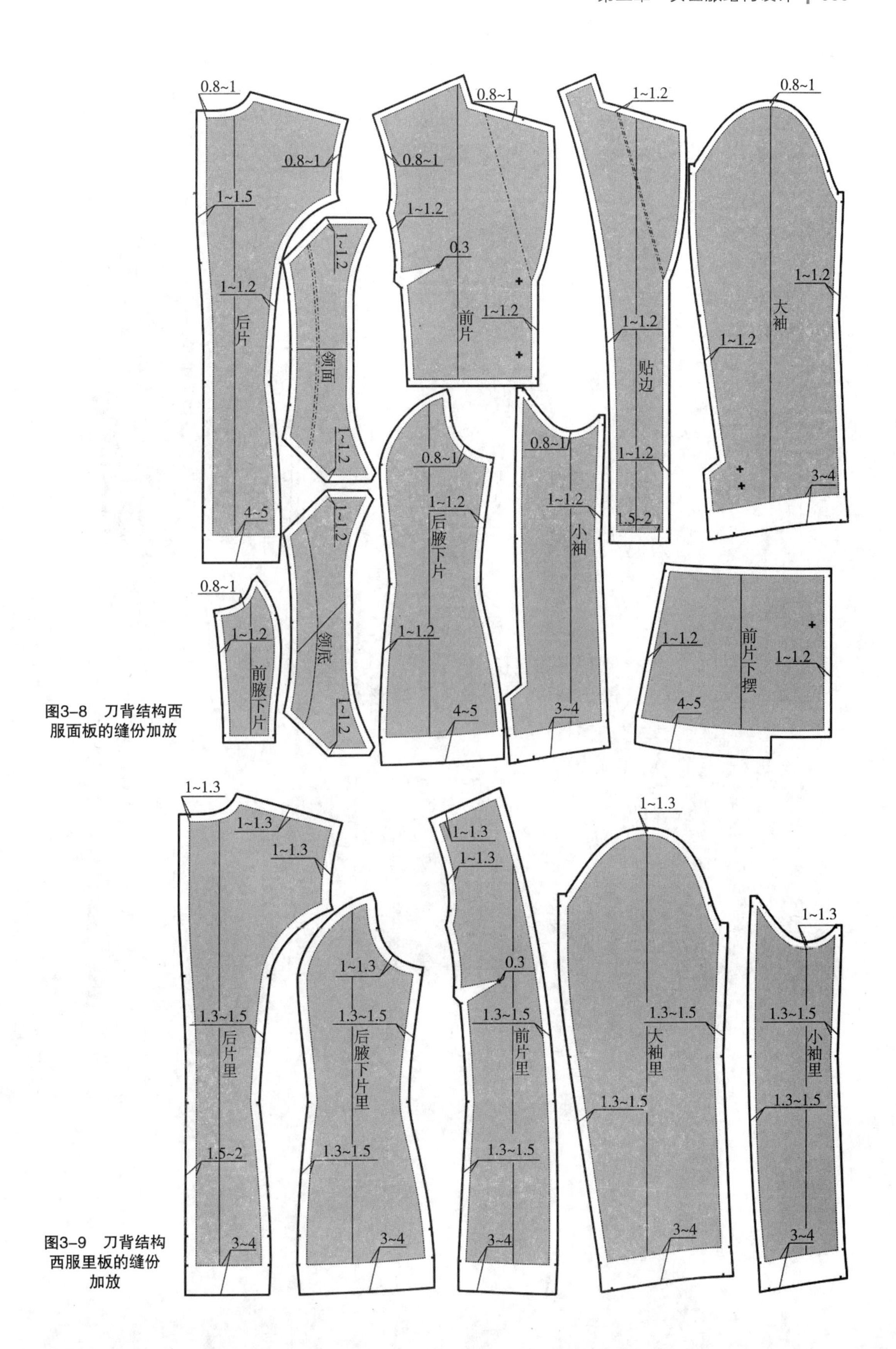

图3-8　刀背结构西服面板的缝份加放

图3-9　刀背结构西服里板的缝份加放

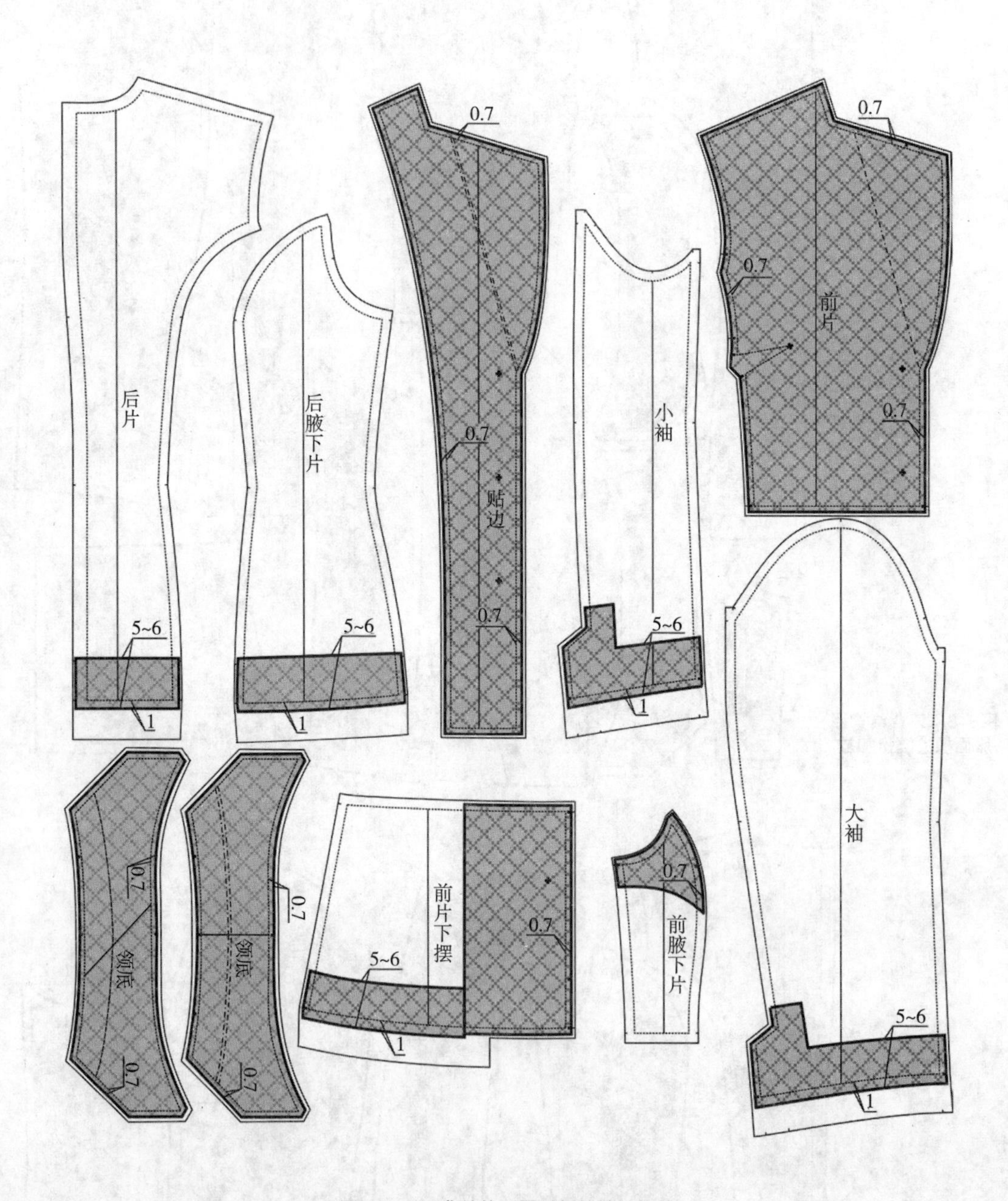

图3-10 刀背结构西服衬板的缝份加放

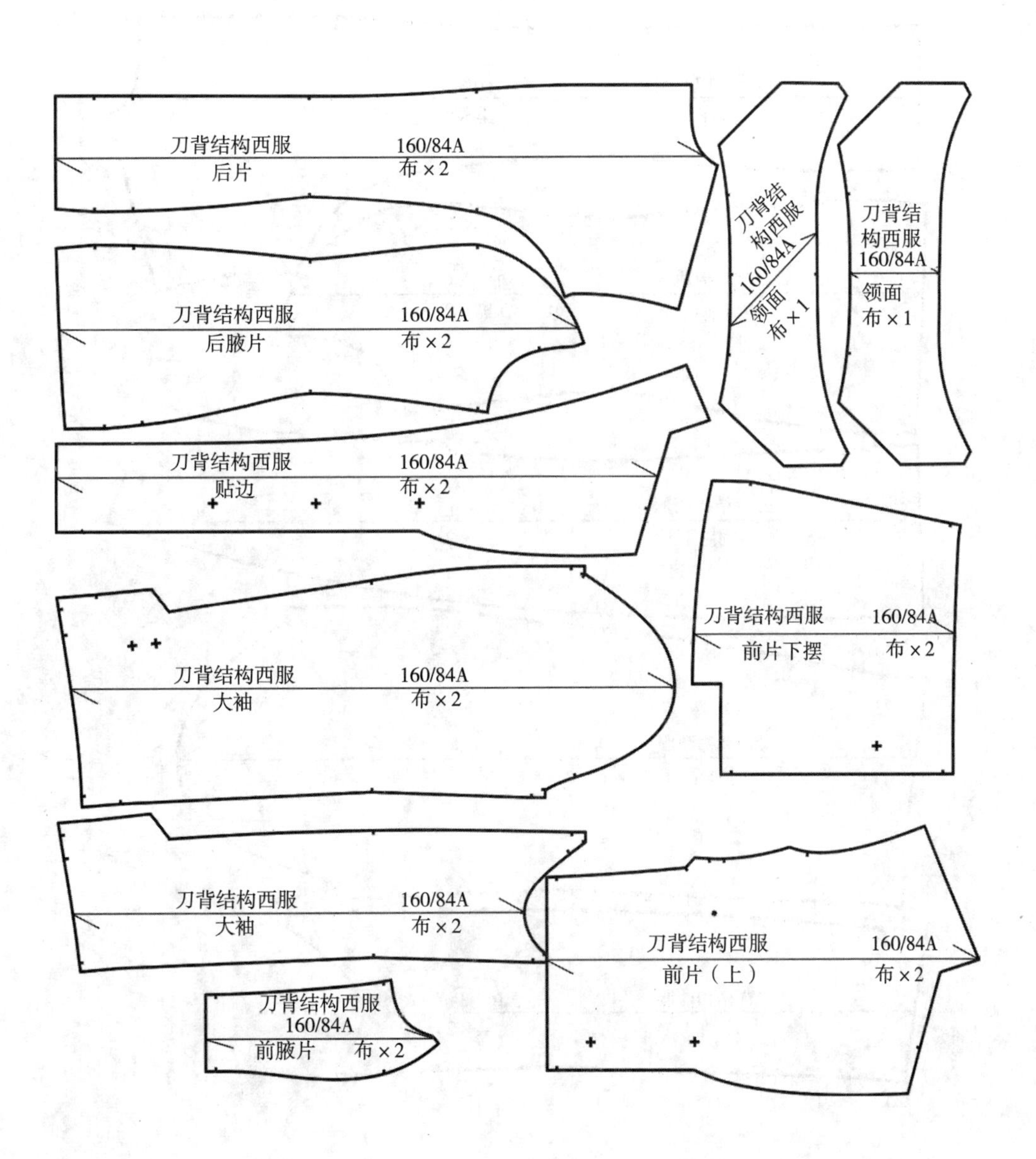

图3-11　刀背结构西服工业板——面板

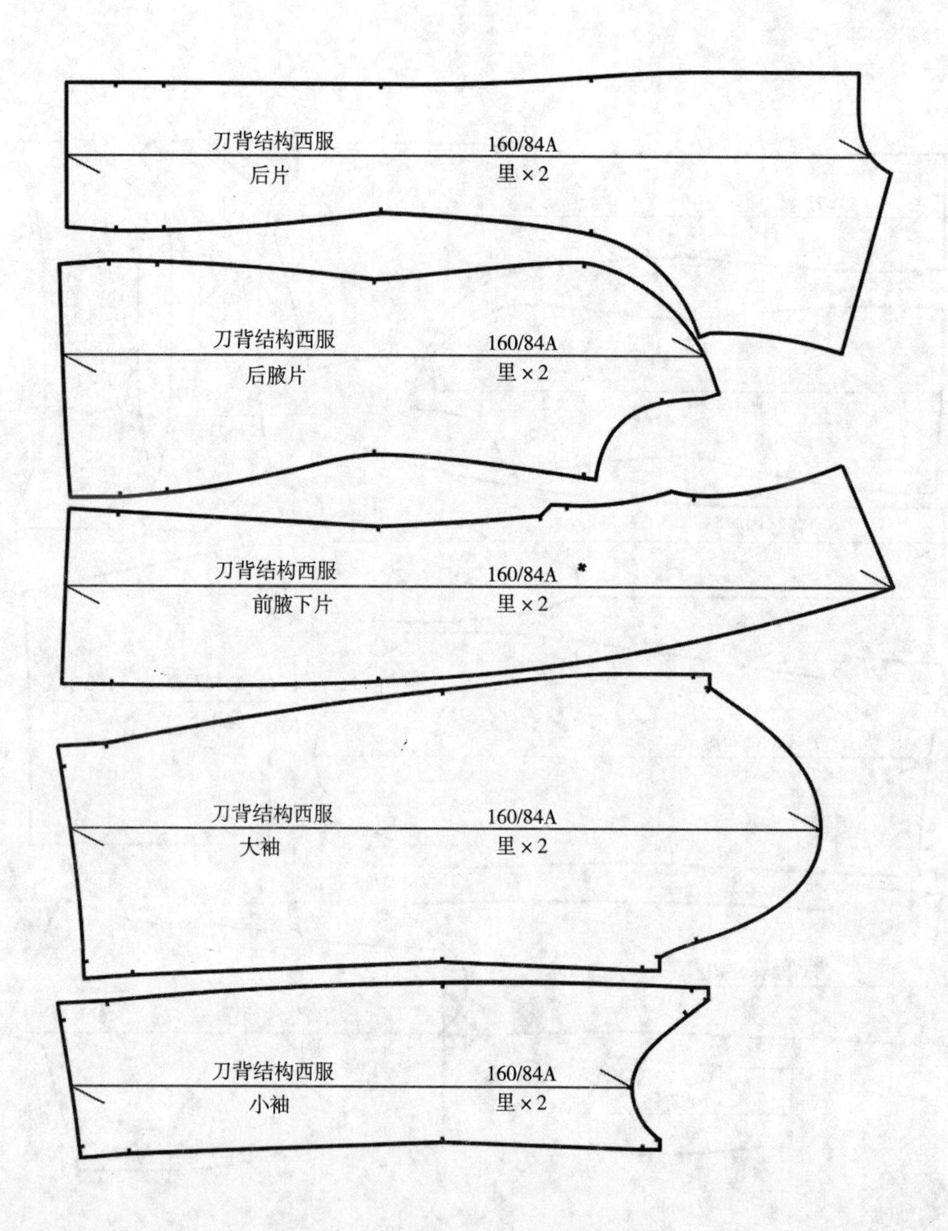

图3-12 刀背结构西服工业板——里板

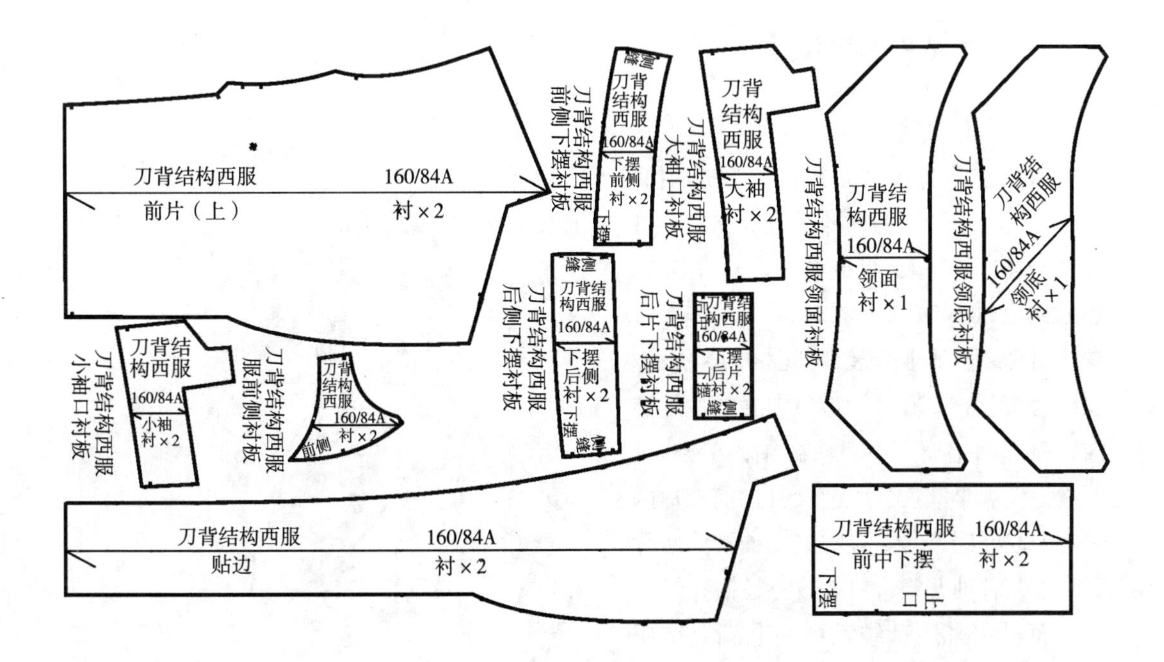

图3-13　刀背结构西服工业板——衬板

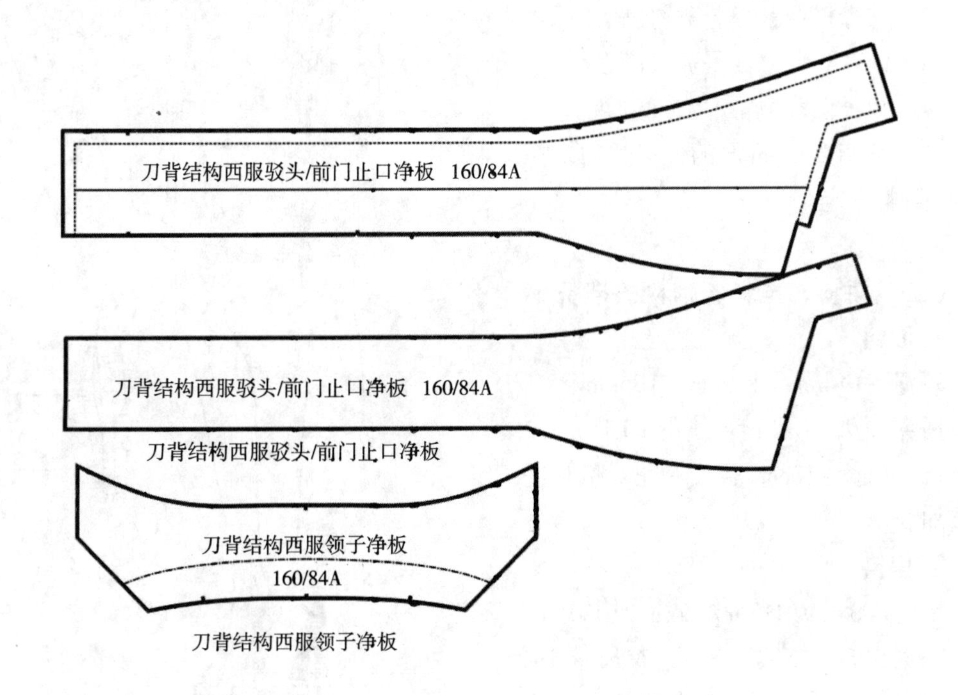

图3-14　刀背结构西服工业板——净板

二、三开身结构西服设计

（一）款式说明

本款三开身服装是模仿男装造型而形成的较宽松造型的女西服上衣款式，可分别与裙子或裤子组成套装。这是较适合成熟女性穿着的上衣造型，可作为日常外出套装及职业套装，如图 3-15 所示。衣长为长上衣，衣身为破后中缝的六片结构。肩部加垫肩，平驳头翻领，单排扣，下摆为斜襟小圆摆，收前腰省，前衣片两侧两个双嵌线带袋盖式口袋。袖子为两片西服袖，有袖开衩，钉二或三粒袖扣。

面料常采用精纺毛料、毛涤混纺织物、化纤织物等。

（1）衣身构成：带有省道的六片衣身结构，衣长在腰围线以下 18 ~ 20cm。

（2）衣襟搭门：单排斜襟扣。

（3）领：V 形分裁平驳头翻领。

（4）袖：两片绱袖、有袖开衩。

（5）垫肩：1.2cm 厚的包肩垫肩，在内侧用线襻固定。

图3-15 三开身结构西服效果图、款式图

（二）面料、里料、辅料的准备

1. 面料

幅宽：144cm、150cm、165cm。

估算方法：（衣长 + 缝份 10cm）×2 或衣长 + 袖长 +10cm，需要对花对格时适量追加。

2. 里料

幅宽：90cm 或 112cm，144cm 或 150cm。

幅宽 90cm 估算方法为：衣长 ×3；

幅宽 112cm 估算方法为：衣长 ×2；

幅宽 144cm 或 150cm 估算方法为：衣长 + 袖长。

3. 辅料

（1）厚黏合衬：幅宽 90cm 或 112cm，用于前衣片、领底。

（2）薄黏合衬：幅宽 90cm 或 120cm（零部件用），用于侧片、贴边、领面、下摆、袖口以及领底部位。

（3）黏合牵条：直丝牵条 1.2cm 宽；斜丝牵条 1.2cm 宽；半斜丝牵条 0.6cm 宽。

（4）垫肩：厚度 1 ~ 1.5cm，绱袖用 1 副。

（5）袖棉条：1 副。

（6）纽扣。直径 2cm 前门襟扣 2 个（前搭门用）；直径 1.2cm 袖口扣 4 个（袖口开衩处用）；直径 1cm 前门襟垫扣 2 个（前搭门用）。

（三）三开身结构西服结构制图

1. 确定成衣尺寸

成衣规格：160/84A，依据是我国使用的女装号型标准是 GB/T1335.2—2008《服装号型　女子》。基准测量部位以及参考尺寸见表 3-3。

表3-3　成衣系列规格表　单位：cm

规格＼名称	衣长	袖长	胸围	腰围	臀围	袖口	袖肥	肩宽
155/80A（S）	53	54.5	98	86	106	25.5	36	37.5
160/84A（M）	55	55	102	90	108	26	37	38.5
165/88A（L）	57	56.5	106	94	110	26.5	38	39.5
170/92A（XL）	59	58	110	98	112	27	39	40.5

2. 制图步骤

三开身结构西服属于六片结构套装典型基本纸样，这里将根据图例分步骤进行制图说明。

第一步　建立成衣的框架结构

结构制图的第一步十分重要，要根据款式分析结构需求，无论是什么款式第一步均是解决胸凸量的问题，如图 3-16 所示。

（1）确定衣长线。根据款式图在后中心线上向下取衣长，画水平线，即下摆辅助线，量取衣长为 53 ~ 56cm。

（2）确定胸围线。成品胸围 = 净胸围 + 基本放松量（6cm）+ 设计量，该款式为较宽松春夏装，胸围范围定为 100 ~ 104cm。

（3）确定腰围线。由原型后腰围线画水平线，转移部分省量。

（4）确定臀围线。从腰围线向下取腰长画水平线，成为臀围线，三围线是平行状态。

（5）确定腰围线对位。本款采用的是通常西服的腰围线对位形式，建立合理三开

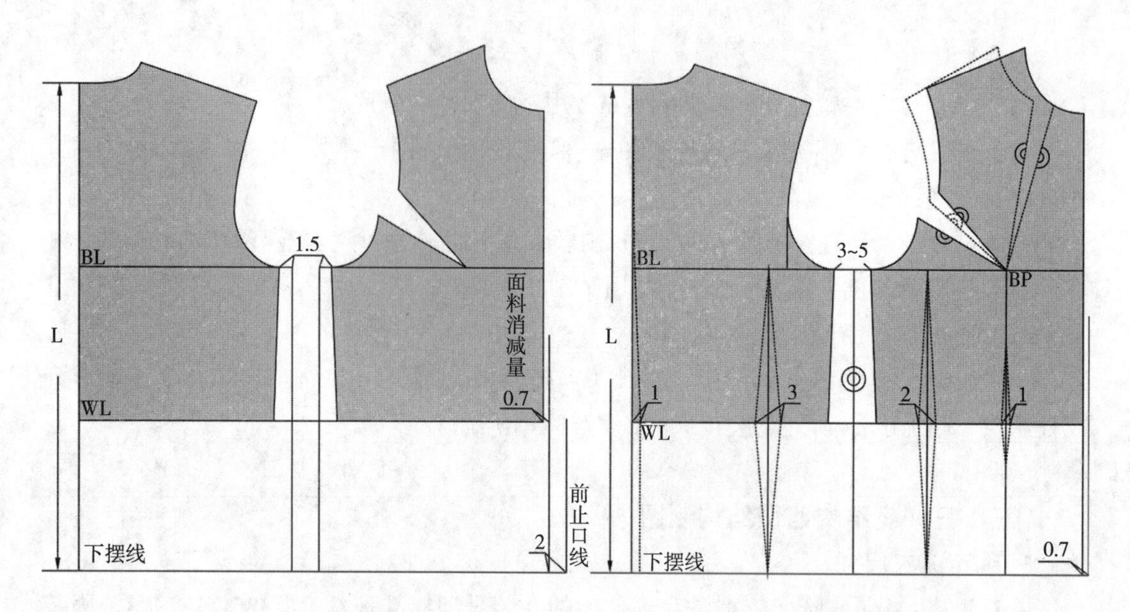

图3-16 三开身结构西服结构框架图

图3-17 三开身结构西服胸腰差比例分析

身西服结构框架。

（6）确定胸凸量的解决。本款式通过领口省解决了撇胸的问题，同时也处理了部分胸凸量，剩余的胸凸量则合并到袖窿处的分割线中，如图 3-17 所示。

（7）确定前中心线的绘制。由原型前中心线延长至下摆线作为本款式的前中心线。

（8）确定面料厚度消减线的绘制。与前中心线平行 0.5 ~ 0.7cm 绘制面料厚度消减线。

（9）确定前止口线的绘制。与面料厚度消减线平行 2 ~ 2.5cm 绘制前止口线，搭门的宽度一般取决于扣子的宽度，也可取决于设计宽度，并垂直画到下摆线，成为前止口线。

第二步 衣身作图

（1）确定前后胸围线。该款式成品胸围加放尺寸是 6cm，在胸围线上由后中新线交点向侧缝方向确定成衣胸围尺寸，在后胸围放 1.5cm 即可。作胸围线的垂线至下摆线。在胸围线上由前中心线交点向侧缝方向确定成衣胸围尺寸，由前胸围放 1.5cm，作胸围线的垂线至下摆线，如图 3-18 所示。

（2）确定前后肩斜线。由后颈点向肩端方向取水平肩宽的一半。后肩斜在后肩端点提高 1.2cm 垫肩量，然后由后侧颈点连线作出后肩斜线“X”，由水平肩宽交点延长 0.7cm 肩胛吃量。前肩斜在原型肩端点往上提高 1cm 的垫肩量，然后由前侧颈点连线画出，长度取后肩斜线长度“X”。

（3）确定后中心线。按胸腰差的比例分配方法，在腰围线收进 1cm，再与后颈点至胸围线的中点处连线并用弧线画顺。

（4）确定前后袖窿线。由新肩峰点至腋下胸围点作出新后袖窿曲线，由新肩峰点至腋下胸围点作出新前袖窿曲线，要注意前后袖窿对位点的标注，不能遗漏。

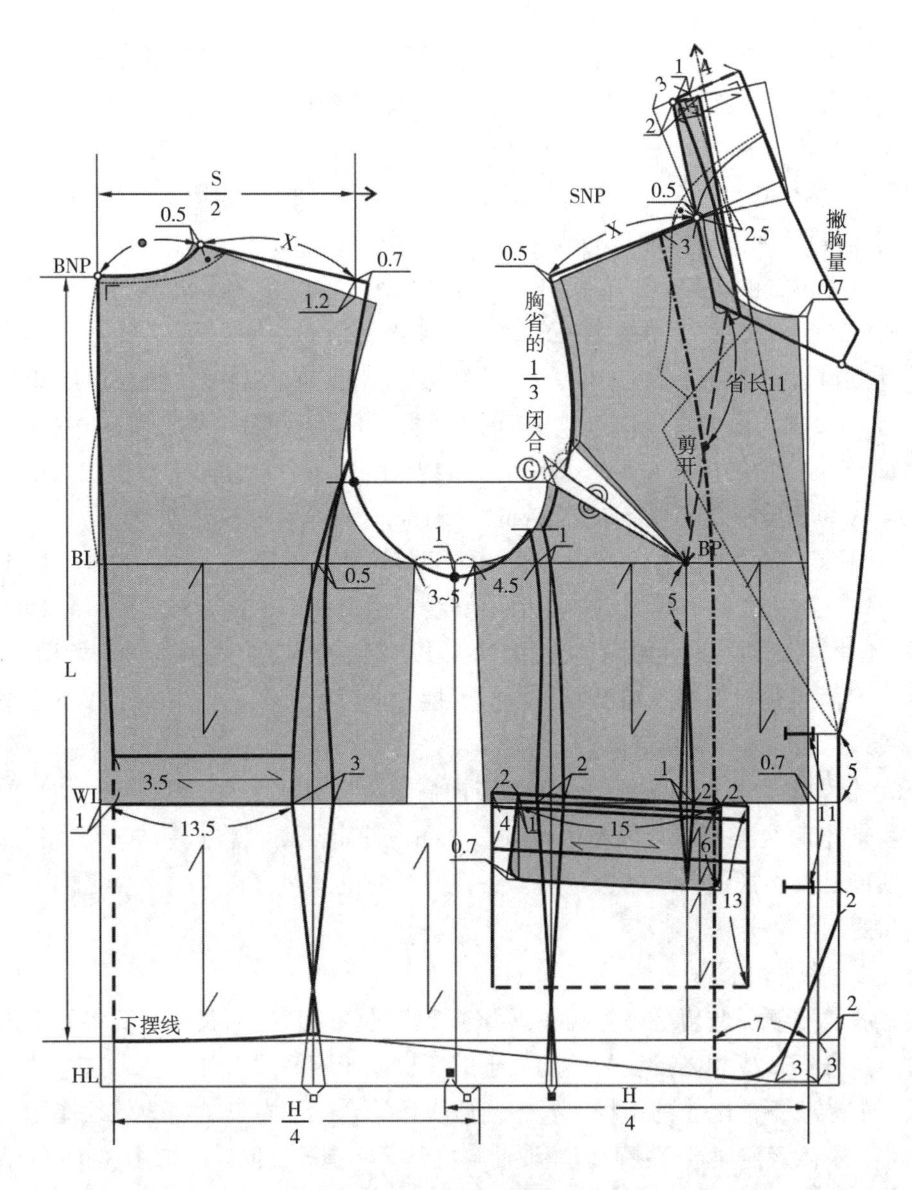

图3-18　三开身结构西服衣身结构图

（5）确定后中腰宽。由腰围辅助线与后中心辅助线的交点，向后颈点方向量取3.5cm作为后中腰的宽度。

（6）确定前后分割线。本款式为较宽松女西服，采用常见的三片衣身结构，腋下常见无侧缝线，前后片的分割线位置依据设计需求而定，但要设计在前后腋点以内，尽量隐藏分割线。按胸腰差的比例分配方法，由后腰节点在腰围线上取省大3cm，在前腰结上绘制省大2cm，沿后侧缝线省的中点作垂线画出后腰省。分割线在袖窿的位置可以根据款式需求确定，要把腋下胸凸量转移至前袖窿刀背线中，刀背线的在袖窿的位置，考虑到工艺制作的需求，弧度尽量不要过大。

（7）确定前、后臀围线。由于后中心线收腰去掉 1cm，在臀围线上从后中心线向前中心线量取臀围的必要尺寸 H/4=27cm。在臀围线上从前中心线向后中心线量取臀围的必要尺寸 H/4=27cm。

在臀围线上，由于本款无侧缝，要将超出胸围围度的臀围量值，本款后片臀围值为“□”，前片臀围值为“■”，分别分配到的分割线中。

（8）口袋位置的确定。双嵌线口袋的详细制图步骤以及制作步骤可以参考《女装成衣结构设计 · 部位篇》中的第三章口袋结构设计。

① 本款口袋为双嵌线带盖式口袋，其由口袋盖、口袋布、双开线、垫袋布四部分组成。

② 制图步骤。由前口袋口点作平行于腰线的水平线，后口袋点起翘 0.7cm，定出口袋口长 15cm、口袋口宽 6cm，作平行于口袋口线上下各 0.5cm 的双嵌线。由上口袋口线取 4cm 为垫袋布，取口袋布宽 19cm、长 13cm。

（9）门襟下摆的确定。由前中心线与前下摆辅助线的交点，向前中心方向水平量取 2cm，作门襟止线的下摆交点。在前中心线上由前腰节点向上取 5cm，作领翻折线的交点。因本款式的下摆为撇角造型，由领翻止点沿前门襟向下 11cm 处开始设计撇角。在面料厚度消减线与下摆线辅助线交点向下摆方向延长 3cm，并由此点作下摆辅助线的平行线，长为 3cm，连接后刀背分割线。

（10）绘制贴边。在肩斜线上由侧颈点向肩点方向量取 3cm，确定点一，在前下摆斜线上由前中心线至侧缝方向量取设计量 7cm，确定点二，将点一与点二相连画顺。需要说明的是，圆摆设计的贴边宽度，要将圆摆的范围包含在贴边宽度之内，否则会影响成衣的制作和美观。

第三步　领子作图

通常的西服领子造型是一片翻领，由于要满足领外口线的长度，要将领子进行倒伏处理，这样会造成领翻折线的长度大于绱领口线（领底线）的长度，这样的结构不符合人体的颈部下大上小的结构。要想使西服领符合颈部造型就需要使领座领上口线尺寸减小，本款我们通过分裁西服领设计解决领子不抱脖的问题，如图 3-18 所示。

（1）确定领口弧线。前后领口可以按原型领口设计。

（2）确定领翻折线。

① 先由前侧颈点沿肩线放出 2.5cm（按后领座高 -0.5cm），确定领翻折起点。

② 将第一粒扣位延长到前止口边，确定领翻折止点。

③ 连接领翻折起点、领翻折止点，画出领翻折线（驳口线）。

（3）确定前领子造型。根据款式图的样式绘制驳头结构造型。

（4）确定串口线。根据服装款式作出领串口。

（5）确定驳头宽。在领翻折线与串口线之间截取驳头宽，本款式领子驳头根据款式图而定，设计宽度为 7 ~ 9cm（设计量），驳头宽要垂直于领翻折线。

（6）确定驳头外口线。由驳头尖点与翻折止点连线，驳头外口线的弧线造型，根据款式造型而定。

（7）确定领嘴造型。领嘴造型，根据款式造型而定。

（8）确定前翻领外口弧线。在前肩线由侧颈点向肩点方向取设计量值，由该点与前领嘴宽点连线，画出前翻领上的领外口弧线。

（9）确定翻领宽。设定：后翻领宽 4cm，后底领宽 3cm。

（10）确定后领子造型。在后身也预定底领和领宽，画出领子的形状，测量出领外口尺寸。

（11）确定后翻领。延长领翻折线，以侧颈点向上作延长翻驳线的平行线，由侧颈点向上取领口弧线长“O”，确定后颈点，成为后绱领辅助线（领底线）。由后颈点作后绱领辅助线垂线，画出后中心线，再定出领宽 7cm，后翻领宽 4cm，后底领宽 3cm。并作直角线画出外领口辅助线，形成一个长方形。

（12）确定领倒伏量。以侧颈点为圆心，以后领口弧线长为半径，旋转后绱领口线，展开领外口线到所需的尺寸。在后中心线，与倒伏后的绱领辅助线垂直画线，取后底领宽和后翻领宽，如图 3-18 所示。

（13）确定后翻领型。在后中心线上由领宽点画后翻领外口线，与前翻领外口线连成流畅的领外口线。领子后中线与领外口线部分垂直，以保证领子外口线圆顺。

（14）确定翻领的分裁设计。为防止领子分割线外露，在领后中线上由领翻折线向下取 1cm，再在领串口线由领翻折线向领底线方向同样取 1cm，作出翻领的领下口线，完成后翻领的制图。在原后绱领辅助线上由后颈点作垂线，画后中心线取 2cm，由串口线上的后翻领领下口线上的 1cm 点连线，画后底领领上口线，完成后底领的制图，如图 3-18 所示。

第四步　袖子作图

本款三开身式为较宽松西服，袖山高为 17cm 左右，袖肥控制在 37 ~ 40cm，制图原理同省道刀背结构西服一样，其区别在于该款式西服在本款结构设计上大小袖共用后袖缝，并未互补分割，而是共用一条后袖缝线，如图 3-19 所示。

（四）修正纸样

基本造型纸样绘制之后，就要依据生产要求进行结构处理图的绘制。完成对领口的修正、对驳头的修正、对腋下裁片的整合和对前后下摆的整合。

（1）修正领口省。将袖窿省的 1/3 合并，打开领口省，解决前衣身的撇胸问题。省长大小为设计量，要覆盖在驳头的下面，不易暴露出，为防止暴露也可以将省尖指向前中心线，本款取省长 11cm，如图 3-20 所示。

（2）修正驳头。为防止驳头的止口倒吐，将驳头由领翻折线推出 0.3 ~ 0.5cm（根据面料的薄厚），重新修正驳头的外口线和串口线，如图 3-20 所示。

（3）修正前片下摆。由于前下摆撇角的存在，本款的下摆线不能直接画出，将后衣片、腋下片、前衣片的下摆缝份复核，修圆顺下摆结构线，如图 3-20 所示。

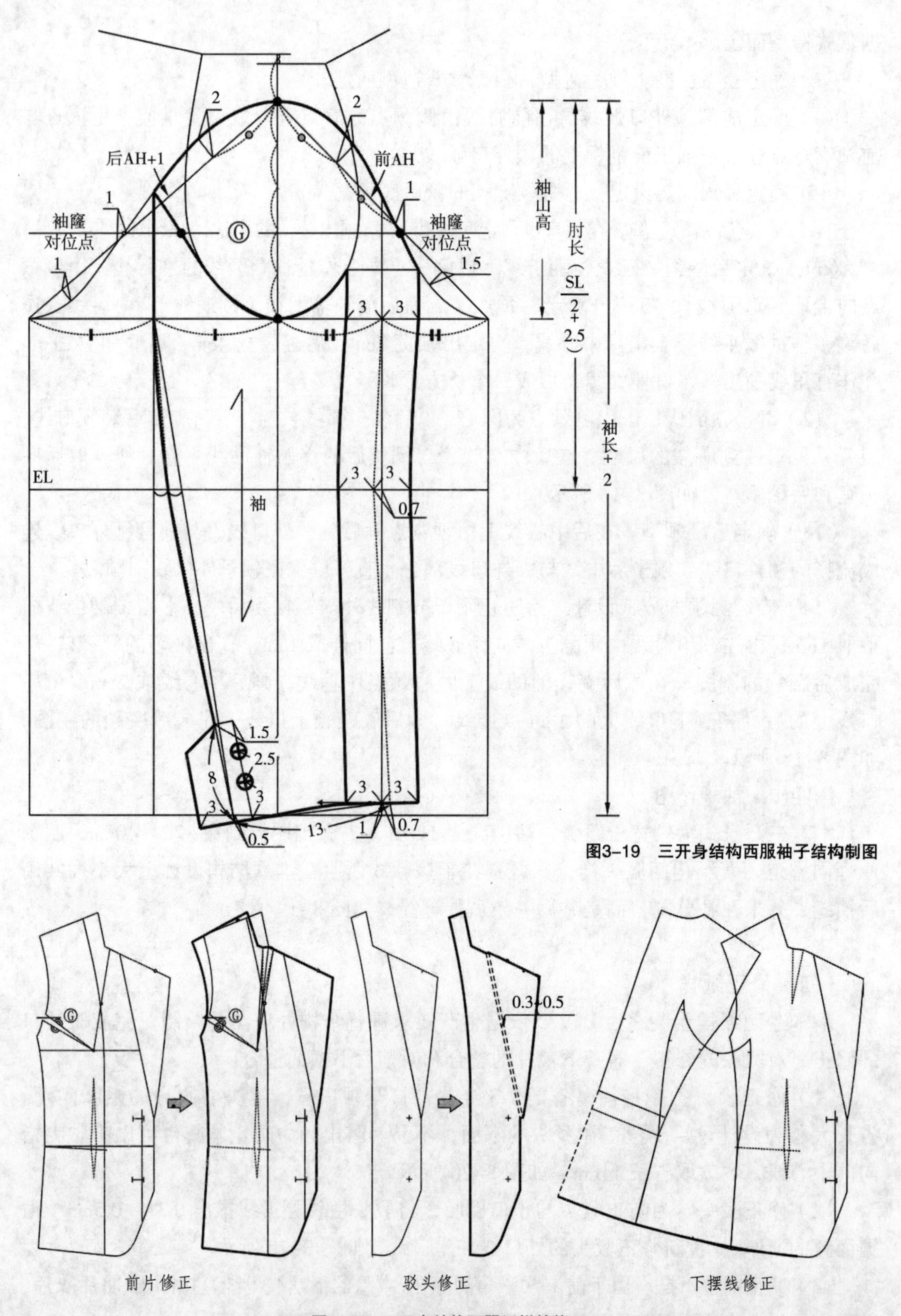

图3-19　三开身结构西服袖子结构制图

图3-20　三开身结构西服纸样的修正

（五）工业样板

本款女西装工业板的制作如图 3-21 至图 3-27 所示。

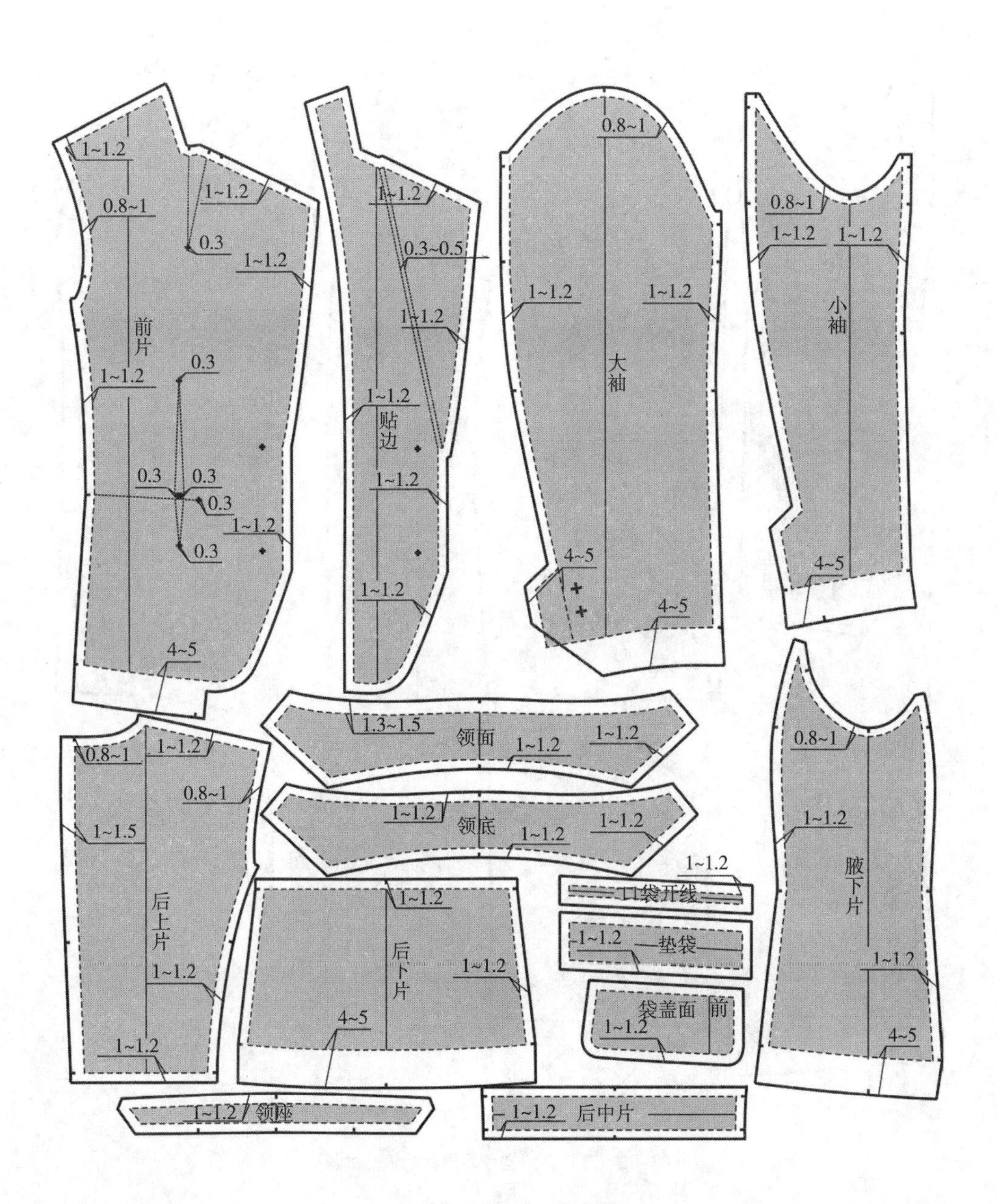

图3-21　三开身结构西服面板的缝份加放

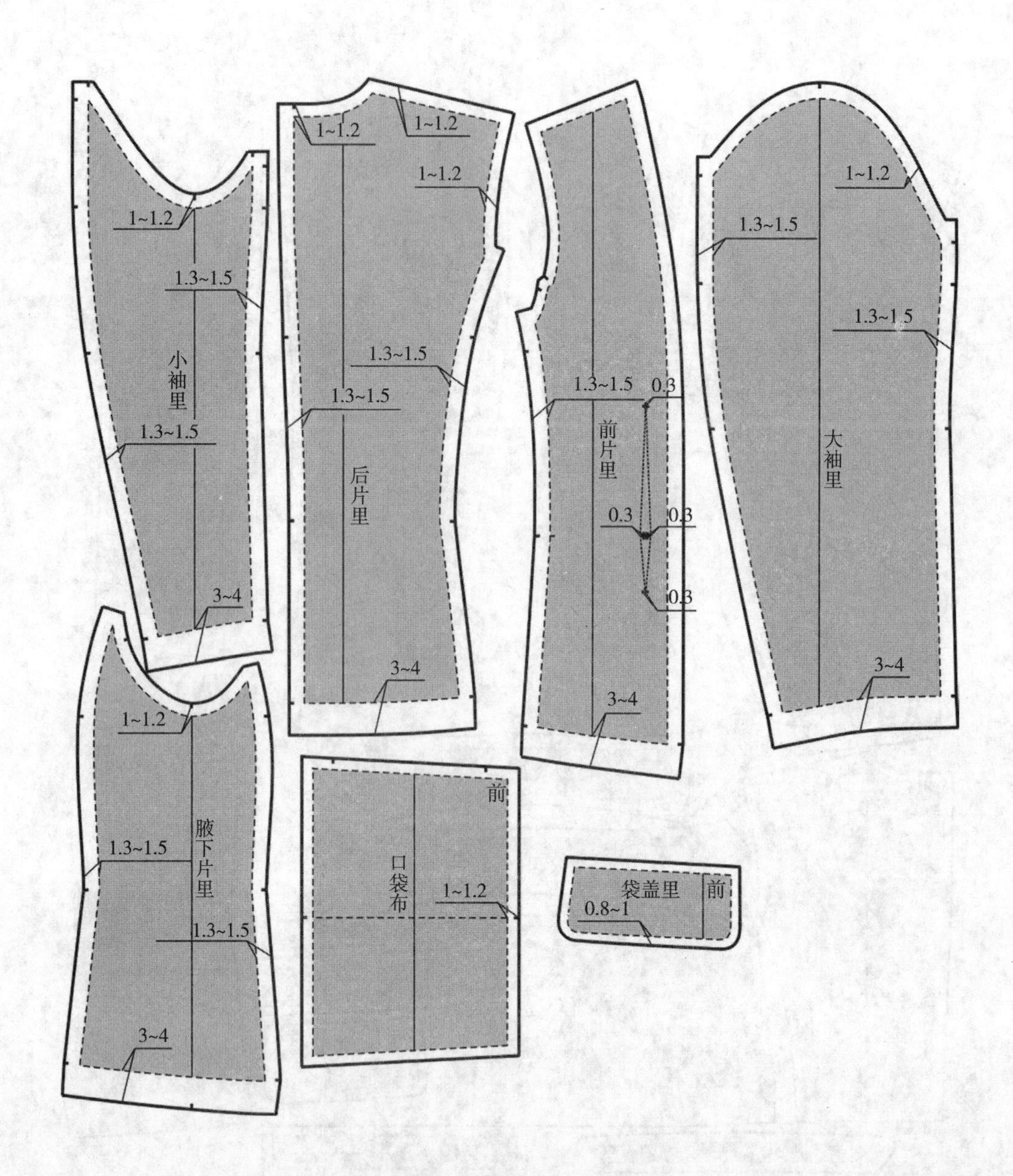

图3-22　三开身结构西服里板的缝份加放

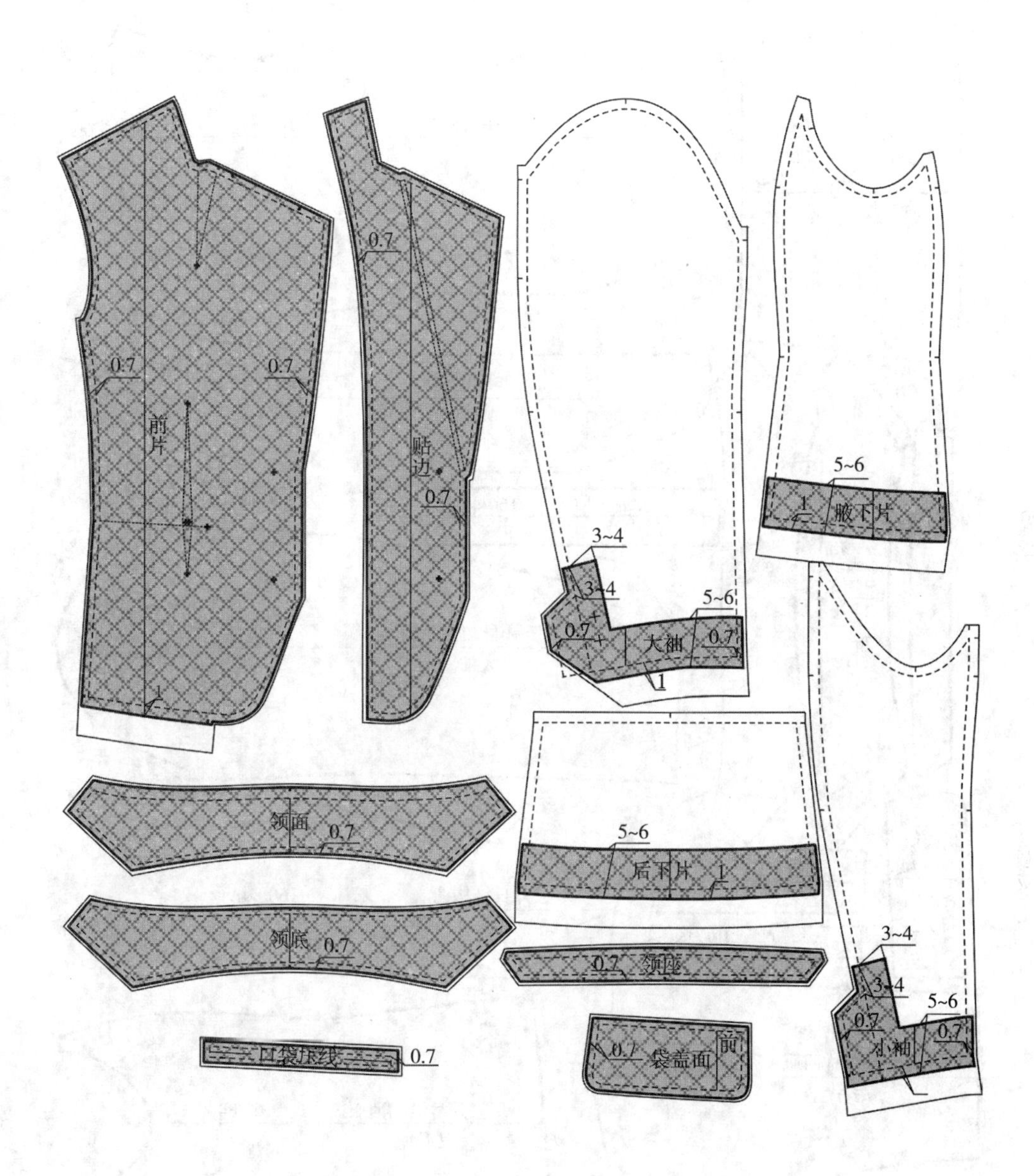

图3-23　三开身结构西服衬板的缝份加放

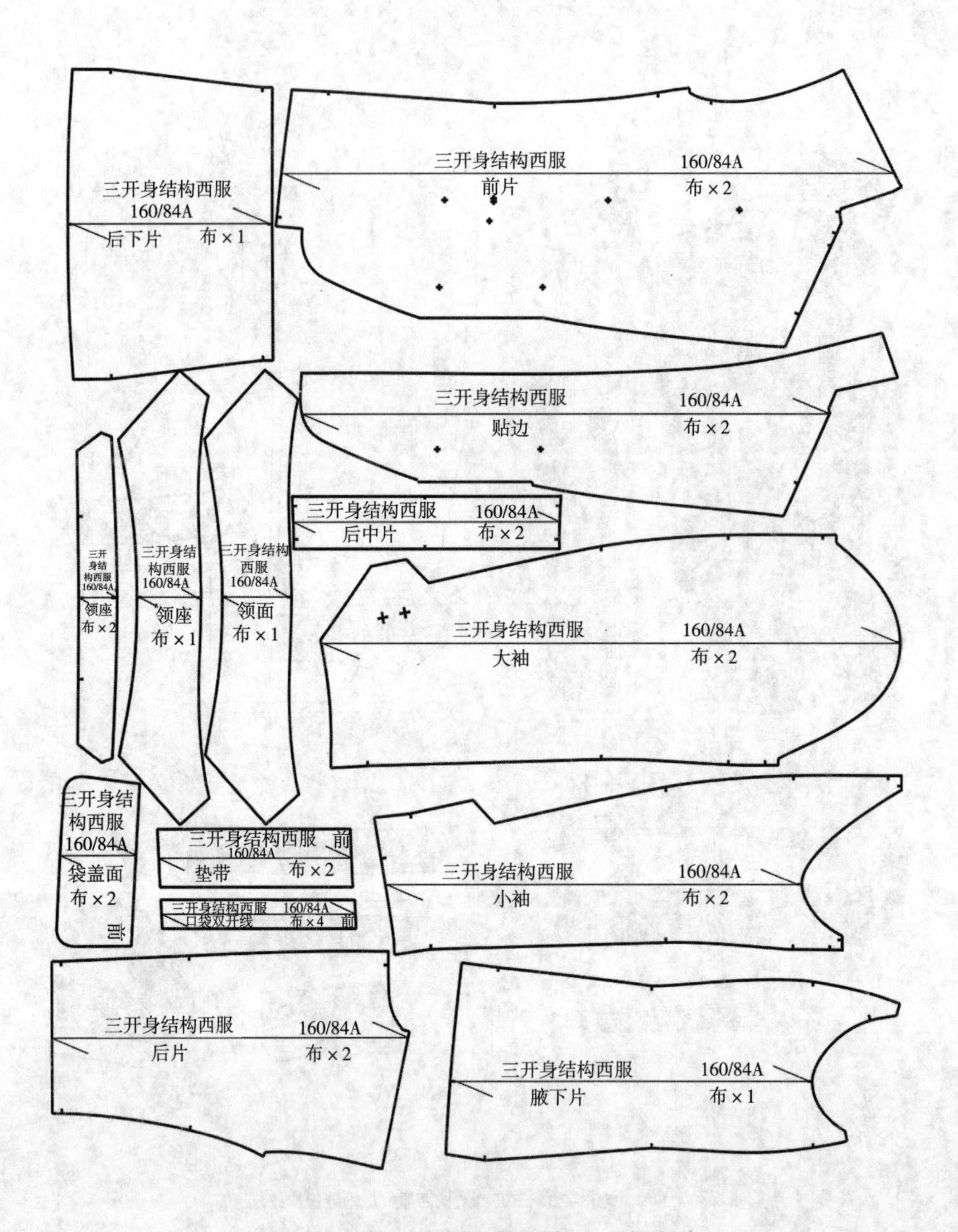

图3-24 三开身结构西服工业板——面板

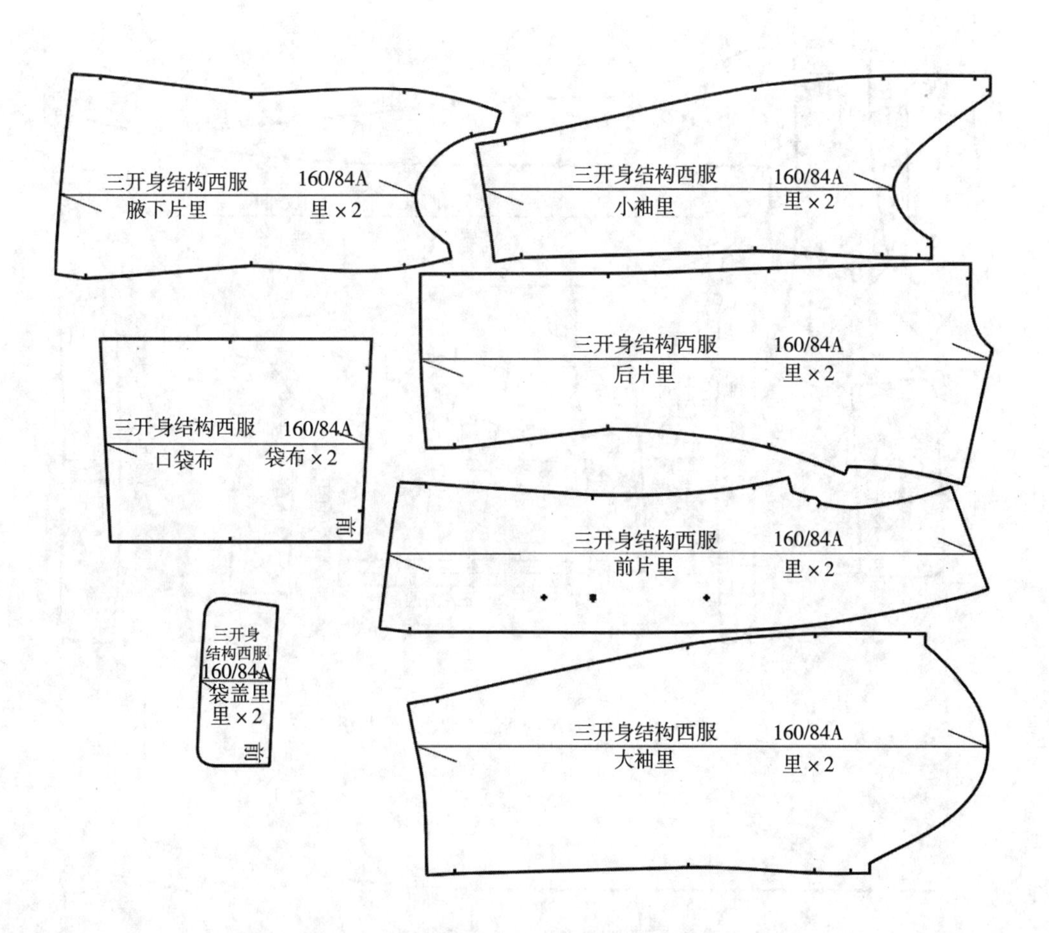

图3-25　三开身结构西服工业板——里板

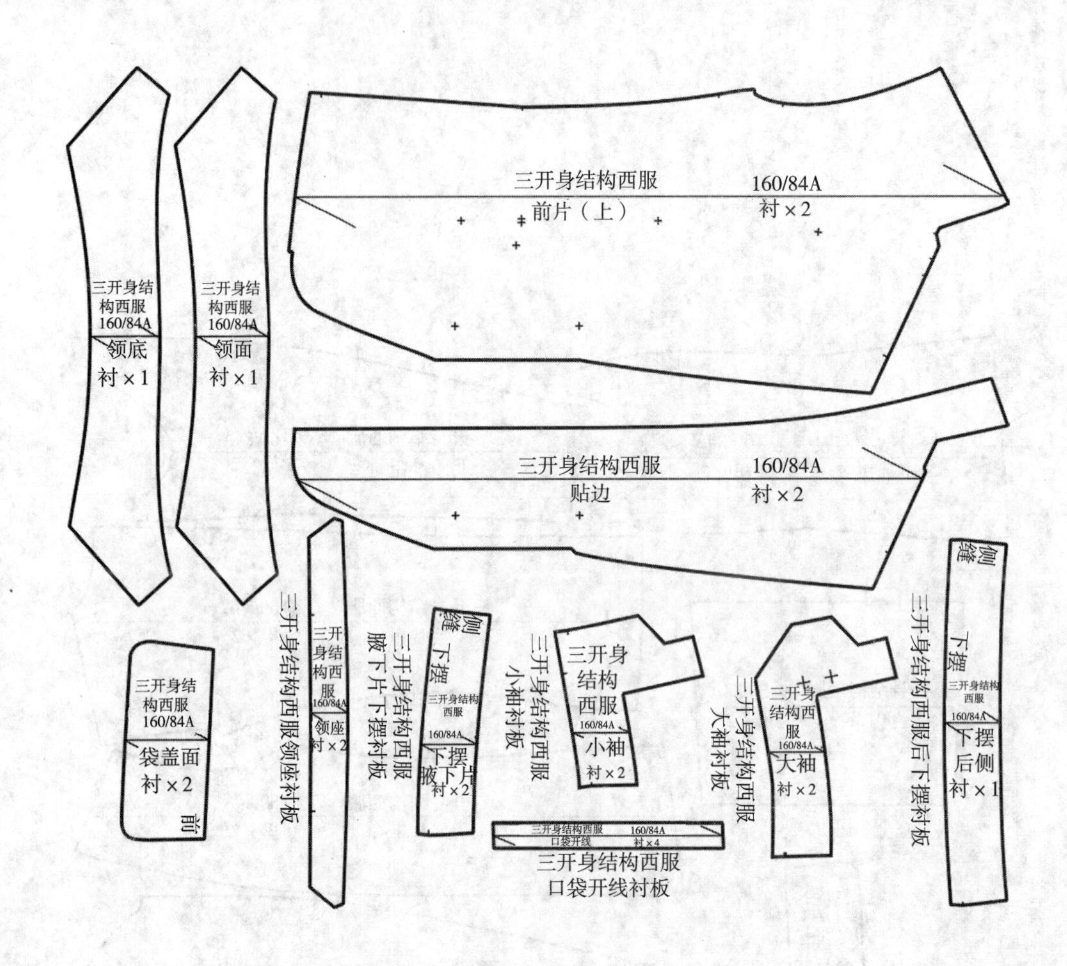

图3-26 三开身结构西服工业板——衬板

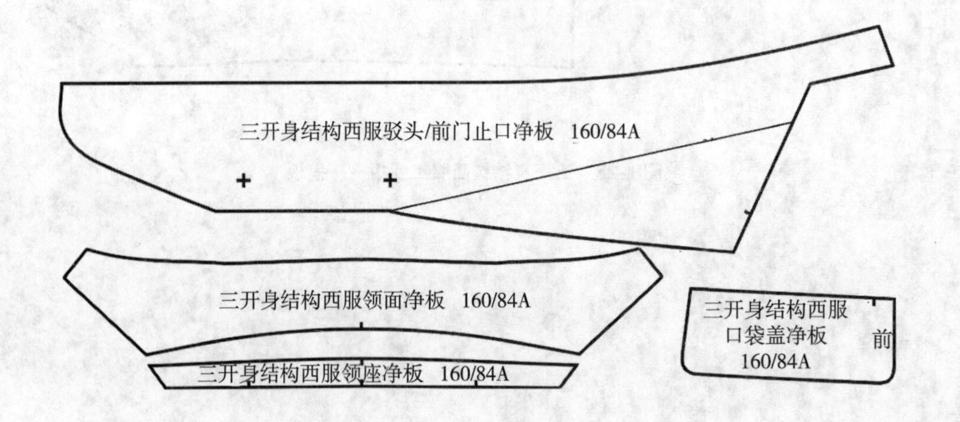

图3-27 三开身结构西服工业板——净板

三、省道结构西服设计

（一）款式说明

本款服装为省道结构的春秋女西服，款式造型较宽松，通过省道进行收腰处理；衣领为一片翻领；肩型为自然肩型；前门襟底摆为直角型，给人端庄、大方之感是本款西服结构设计的重点，如图 3-28 所示。

面料采用羊毛等精纺毛织物及毛涤等混纺织物，也可使用化纤仿毛织物；里料为 100% 醋酸绸；并用黏合衬做成全衬里。

（1）衣身构成：采用三片结构设计，前后腰省的处理起到收腰效果，此方法多用于秋冬套装中的上衣结构。衣长在腰围线以上 5 ~ 10cm。

（2）衣襟搭门：单排扣,下摆为直摆。

（3）领：一片翻领。

（4）袖：两片绱袖，有袖开衩，袖衩为可以开合的设计。

（5）垫肩：1cm 厚的包肩垫肩，在内侧用线襻固定。

（二）面料、里料、辅料的准备

1. 面料

幅宽：144cm、150cm、165cm。

估算方法为：衣长 + 缝份 10cm × 2 或衣长 + 袖长 +10cm，需要对花对格时适量追加。

2. 里料

幅宽：90cm 或 112cm。

估算方法为：衣长 ×3。

3. 辅料

（1）厚黏合衬：幅宽 90cm 或 112cm，

图3-28　关门领省道结构西服效果图、款式图

用作胸衬、领底、驳头的加强（衬）部位。

（2）薄黏合衬：幅宽 90cm 或 120cm（零部件用），用于侧片、贴边、领面、后背、下摆、袖口以及领底部位。

（3）黏合牵条：直丝牵条 1.2cm 宽；斜丝牵条 1.2cm 宽；半斜丝牵条 0.6cm 宽。

（4）垫肩：厚度 1cm，绱袖用 1 副。

（5）袖棉条：1 副。

（6）纽扣：直径 2cm 纽扣 5 个（前搭门用）；直径 2cm 前门襟扣 5 个（前搭门用）；直径 1.2cm 袖口扣 6 个（袖口开衩处用）；直径 1cm 前门襟垫扣 5 个（前搭门用）。

（三）省道结构西服结构制图

1. 确定成衣尺寸

成衣规格：160/84B，依据是我国使用的女装号型标准 GB/T1335.2—2008《服装号型 女子》。基准测量部位以及参考尺寸见表 3–5。

表3–5 成衣系列规格表 单位：cm

规格＼名称	衣长	袖长	胸围	腰围	臀围	袖口	袖肥	肩宽
155/80A（S）	48	54.5	95	82	100	25.5	34	39
160/84A（M）	50	55	99	86	104	26	36	40
165/88A（L）	52	56.5	103	90	108	26.5	38	41
170/92A（XL）	54	58	107	94	112	27	40	42

2. 制图步骤

第一步 建立成衣框架结构：确定胸凸量

（1）确定腰线对位。由款式图分析该款式为宽松型西服，在后中心线上向下取背长值 37cm ~ 38cm，画水平线，即腰围辅助线。将前后腰围线放置在同一水平线上，建立合理刀背西服结构框架，如图 3–29 所示。

（2）确定胸围线。由原型后胸围线画水平线。

（3）确定腰围线。由原型后腰线画水平线，将前腰线与后腰线复位在同一条线上。

（4）确定臀围线。从腰围辅助线与后中心线的交点向下取腰长，画水平线，成为臀围线，三围线是平行状态。

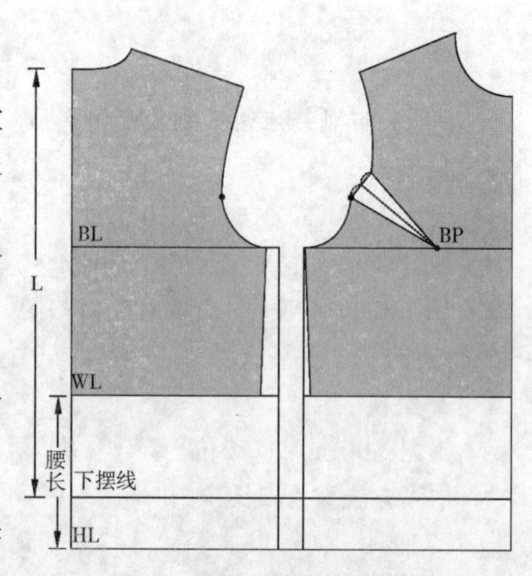

图3–29 省道结构西服结构框架图

（5）确定衣长线。在后中心线上经后颈点向下量取衣长50cm，作水平线，即下摆辅助线，如图3–29所示。

（6）确定胸凸量解决方案。将前片胸凸量二等分，并进行转化，将1/2胸凸量转移至前省缝里，形成撇胸量。

（7）确定前中心线的绘制。由原型前中心线延长至下摆线，成为前中心线。

（8）确定前止口线的绘制。与前中心线平行2 ~ 2.5cm绘制前止口线，搭门的宽度一般取决于扣子的宽度，也可取决于设计宽度，并垂直画到下摆线，成为前止口线。

第二步　建立成衣的框架结构：解决胸腰差比例分配（纵向）

第一步完成后，就要根据款式要求解决胸腰差比例分配，这一步十分重要。

在服装结构制图中胸腰差比例分配采用1/2状态，本款式胸腰差为13cm，因此需要解决6.5cm胸腰差，胸腰差的比例分配方法在工业成衣生产中并无定律，可根据款式需求设计，在实际成衣制作中要考虑人体状态，如人体是圆体或扁体等。

省道结构三片结构套装典型基本纸样，根据该款式需求，胸腰差由四处分解，如图3–30所示。后腰省、后侧缝线、前侧缝线、前腰省的比例分配见表3–6。

表3–6　胸腰差比例分配　　单位：cm

部位 / 尺寸	后腰省	后侧缝线	前侧缝线	前腰省
胸腰差值	2.5	1	1	2
	3.5	0.5	0.5	2
	3	1	1	1.5
	3	0.5	0.5	2.5

（1）确定后胸围放量。在胸围线上由后中心线交点向侧缝方向确定成衣胸围尺寸，该款式胸围加放15cm，在原型的基础上放3cm，不用过多考虑前后片的围度比例分配，在后胸围放1.5cm即可。作胸围线的垂线至下摆线，如图3–30所示。

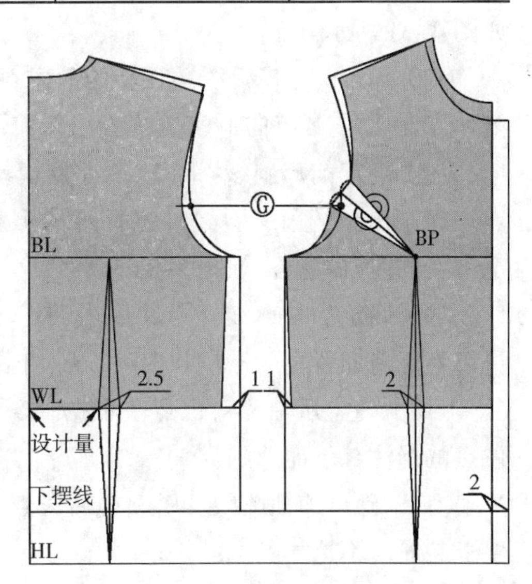

图3–30　省道结构西服胸腰差比例分析

（2）确定后腰省线。按胸腰差的比例分配方法，由后腰节点开始在腰线上取设计量值7 ~ 8cm，取省大2.5cm，由省的中点向上作垂线取设计量省长，分别与两个省边连线，向下作垂线与臀围线连线，如图3–30所示。

（3）确定前腰省线。根据款式的设计要

求，在腰线上由 BP 点作垂线至臀围线确定前腰省的位置，取省大 2cm。由 BP 点分别与两个省边连线；向下作垂线与臀围线连线。

（4）确定后侧缝线。按胸腰差的比例分配方法，由腰线和胸围线的交点收腰省 1cm，后侧缝线的状态要根据人体曲线设置，并测量其长度，如图 3-30 所示。

（5）确定前侧缝线。按胸腰差的比例分配方法，由腰线和胸围线的交点收腰省 1cm，画出新的前侧缝辅助线，前侧缝长要与后侧缝线长相等，如图 3-30 所示。

第三步　衣身作图

（1）确定衣长线。由后中心线经后颈点往下取衣长 50cm，或由原型自腰节线往下 12cm 确定下摆线位置，如图 3-31 所示。

（2）确定胸围。成品胸围为 99cm。在净胸围的基础上需要加放 15cm，由于女式原型中含有 12cm 的放松量，只需在原型的基础上再加放 3cm，在 1/2 胸围的状态下，后胸围加放 1.5cm。

（3）确定领口。本款式为春秋关门领西服套装，分别将后横领宽开宽 1cm，画出新侧颈点，画出新后领口弧线“○”，领深保持不变。

（4）确定后肩宽。在成衣制图中，后肩宽值为水平肩宽值，由后颈点向肩端方向取水平肩宽的一半（40 ÷ 2=20cm）作垂线交于原型的后肩斜线。

（5）确定后肩斜线。在成衣生产中，选择垫肩厚度为 1cm ~ 1.5cm，本款选用的垫肩厚度为 1.2cm，在水平肩宽的垂线上，由原型后肩斜线的交点向上提高 1.2cm 垫肩量，然后由后侧颈点连线画出新后肩斜线“X”，将新的后肩斜线延长 0.7cm，该量在制作中做归拢处理，作为后肩胛凸点吃量，确定出新的后肩端点，如图 3-31 所示。

（6）确定撇胸量。将袖窿处胸凸量分成两部分，按住 BP 点将 1/2 胸凸量转移至前腰省处，撇胸的结构只在胸部合体的平整造型中使用，它的主要作用是使前领口贴伏，如图 3-31 所示。

（7）确定前领口弧线。在新的前肩斜线处由原侧颈点向肩点方向量取 1cm，画出新侧颈点，由原前颈点向下取 2cm 画出新前颈点，画出新前领口弧线“◆”，如图 3-31 所示。

（8）确定前肩斜线。在前片原型肩端点往上提高 0.7cm 的垫肩量，然后由前侧颈点连线画出新的前肩斜线，前肩斜线长度取后肩斜线长度“X”，不含 0.7cm 吃量，确定出新的前肩端点，如图 3-31 所示。

（9）确定后袖窿线。由新后肩端点至腋下胸围点作出新袖窿曲线，新后袖窿曲线可以考虑追加背宽的松量 0.5 ~ 1cm，但不宜过大。

（10）确定后袖窿对位点。根据“G”线的位置确定后袖窿对位点，要注意袖窿对位点的标注，不能遗漏。

（11）确定前袖窿线。由新前肩段点至腋下胸围点作出新袖窿曲线，新前袖窿曲线春夏装通常不追加胸宽的松量。

（12）确定前袖窿对位点。根据“G”线的位置确定前袖窿对位点，不能遗漏。

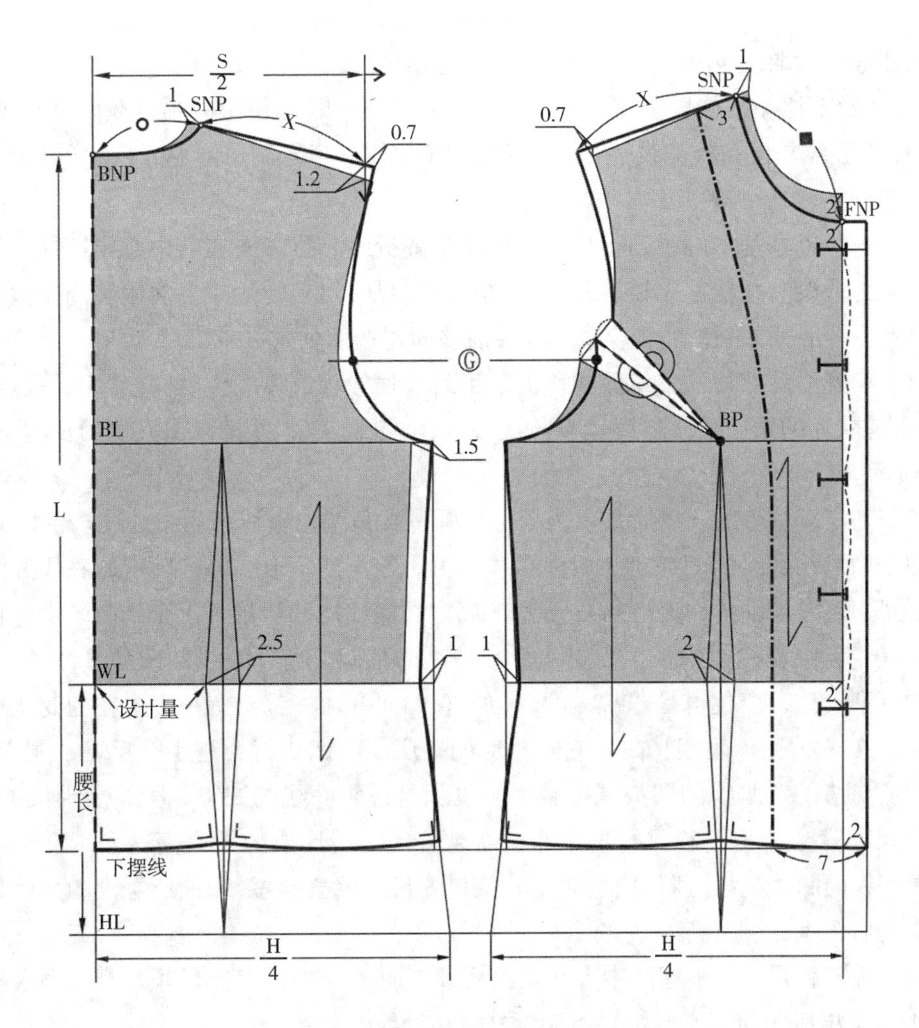

图3-31 省道结构西服衣身结构图

（13）确定后臀围线。在臀围线上从后中心线向侧缝方向量取臀围大尺寸 H/4。

（14）确定前后侧缝线。按胸腰差的比例分配方法，由腰线和胸围线的交点处收腰省 1cm，后侧缝线的状态要根据人体曲线设置，后侧缝线由两部分组成。

① 腰线以上部分：腋下点至腰节点的长度，前后长度要一致。

② 腰线以下部分：由腰节点经臀围点连线至下摆线的长度，前后长度要一致。

（15）确定前后下摆线。为保证成衣下摆圆顺，下摆线与侧缝线需修正成直角状态，下摆线与前后省线需修正成直角状态。下摆起翘量和腰省大小与服装的造型有密切关系，起翘量不宜过大，一般采用 0.3 ~ 0.5cm；侧缝起翘量一般采用 0.5 ~ 1cm。

（16）确定前臀围线。在臀围线上从前中心线向侧缝方向量取臀围大尺寸 H/4。

（17）确定前止口线。前搭门宽 2cm，与前中心线平行 2cm 绘制前止口线，并垂直画到下摆，成为前止口线。

（18）作出贴边线。在肩线上由侧颈点向肩点方向取 3 ~ 4cm，在下摆线上由前门止口向侧缝方向取 7 ~ 9cm，两点连线，作出贴边线。

（19）确定纽扣的位置。本款式纽扣为五粒，第一粒扣位由前颈点在前中心线向下取 2cm，第五粒扣位在腰围线下 2cm，将第一粒扣位与第五粒扣位平分，确定其余扣位。

第四步 领子作图

一片企领也称基本翻领，指后面的领座沿翻折线自然消失在前中心领口处的翻领。这类翻领的造型和结构都比较单一，制图也比较容易，可广泛用于各类服装的领型设计。

设计后领面宽 4cm，后领座高 3cm，前领面宽按照款式需求设计。

（1）确定前后衣片的领口弧线。测量出后衣片的领口弧线长度“○”（后颈点至侧颈点），前衣片的领口弧线长度“◆”（前颈点至侧颈点），并记录出它们的长度，如图 3–32 所示。

（2）确定后中心线。以后颈点为坐标点画一直角线，垂线为后中心线。

（3）确定领底线的凹势。在后中心线上由后颈点向下取 3cm，确定领底线的凹势，画水平线为领口辅助线，如图 3–32 所示。确定领底线的凹势量对于企领制图十分重要，它不仅是企领结构制图的依据，更是企领造型的基础。而领底线的凹势量针对翻领中不同的造型设计，变化也是非常大的。但不管如何变化，都会有一个内在的变化规律。以总领宽 7cm 为例，领座越高，它所对应的领底线的凹势就会越小。反之，领座越低时，它所对应的领脚线的凹势就会越大。也就是说领底线的凹势越大，所形成的领子外领口尺寸就会越长，领面所翻出的量就越多，它所形成的领座高就会越低。反之，就是领底线的凹势越小，所形成的领子外领口的尺寸就会越短，领面所翻出的量就越少，所形成的后领座高就越高。

（4）确定后领面宽。在后中心线上由后颈点向上取 3cm 定出后领座高，画水平线；向上 4cm 定出后领面宽，画水平线为领外口辅助线。

（5）作出领底线。领底线长 = 后领口弧线长度 + 前领口弧线长度 =（○ + ◆），在后领座高水平线上由后颈点取后领口弧线长度“○”，再由该点向领口辅助线上量取前领口弧线长度“◆”，确定出实际前颈点位置。在前领口线靠近前颈点的 1/3 处弧出 0.5cm，使此处与前领口弧线相吻合；最后画顺领底线，如图 3–32 所示。

（6）确定领外口线：在领外口辅助线上，由后中心线交点与前领口线连线画顺。

（7）确定领翻折线：由后领座高和后中心线的交点与前颈点连线，如图 3–32 所示。

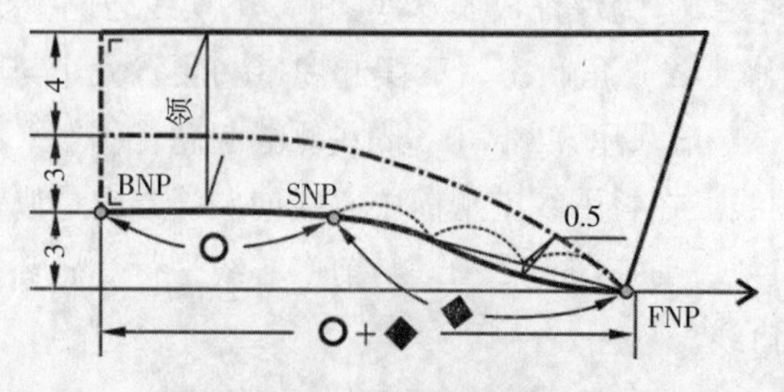

图3–32 省道结构西服领子结构图

第五步 袖子作图

本款袖子采用合体一片袖结构的套装袖，袖口为无袖衩设计，钉三粒装饰扣，可用于较宽松西服套装及大衣等。

（1）确定前袖窿曲线。将前片的袖窿省合并，使前衣身的袖窿曲线复核，绘出新的前袖窿曲线，如图 3-33 所示。

（2）确定落山线（袖肥）、袖山线。腋下点对齐，在袖窿底画出水平线作为落山线，通过腋下点画出垂线作为袖山线。

（3）确定袖山高线。测量前后肩点到袖窿底的垂直尺寸，作前、后肩点水平线交于袖山线，在袖山线上将前、后肩点水平线之间的间距平分，由 1/2 点为起点至腋下点之间的距离平分为 6 等份，取 5/6 作为袖山的高度。

（4）确定前后袖山斜线，如图 3-33 所示。

① 立起卷尺测量前、后袖窿弧曲线长并记录。

② 由袖山点向落山线量取，后袖窿按后 AH+0.7 ~ 1cm（吃势）定出，前袖窿按前 AH 定出。

③ 袖肥合适后，在前袖山斜线上由 G 线向袖山方向取 1cm，平分袖山顶点至 1cm 点之间的距离，确定为“O”，由后袖山斜线经袖山点向下取相同值。

④ 确定袖山基准点。由前袖山斜线靠近袖山点的 1/2 点垂直向上抬升设计量 2cm，前袖山斜线靠近腋下点垂直向内取设计量 1.5 ~ 2.2cm，在后袖山斜线靠近袖山点的点垂直向上抬升设计量 2cm，后袖山斜线与 G 线交点向腋下点方向取 1cm 点，后袖山斜线靠近腋下点垂直向内取设计量 0.7 ~ 1cm。

⑤ 确定袖山弧曲线。由前、后腋下点与袖山基准点用弧线分别连线画顺，确定出袖山弧曲线。

⑥ 测量袖窿弧线长，确定袖山的吃缝量（袖山弧线与衣身的袖窿弧长 AH 的尺寸差），检查是否合适。本款式的吃缝量为 3.5cm 左右。通常情况下，袖子的袖山弧线长都会大于衣身的袖窿弧线长。而这个长出的量就是袖子的袖山吃势。

（5）确定前后袖窿对位点。根据 G 线和衣身对位点位置确定出袖子袖窿对位点，如图 3-33 所示。

（6）确定袖长。袖长：57cm，较实际袖长追加 2cm，作为垫肩的厚度和袖山耸起部分的弥补量，由袖山高点向下量出，画平行于落山线的袖口辅助线，如图 3-33 所示。

（7）确定袖子框架，如图 3-33 所示。

① 由前、后腋下点作垂线到袖口辅助线，确立出袖子框架。

② 确定袖肘线。将袖长二等分，由其 1/2 处向下 2.5cm，画平行于落山线的袖肘线。

（8）确定袖子形态。

① 确定新袖中线。由袖长线与袖口辅助线的交点向前袖缝方向取 2cm，与袖山线与袖长线的交点相连，确定出新袖中线。

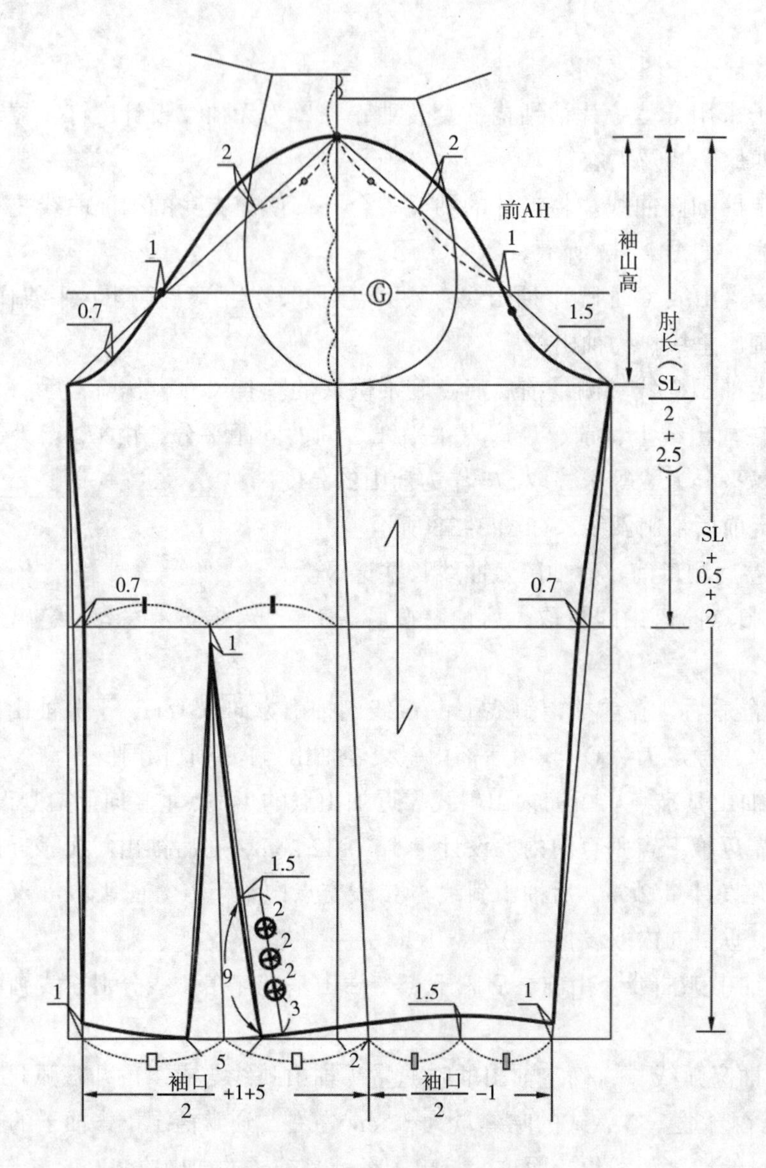

图3-33　省道结构西服袖子结构图

② 确定前、后袖口。由新袖中线与袖口辅助线的交点向前袖缝方向取袖口/2−1cm=12cm，确定前袖口辅助点；由新袖中线与袖口辅助线的交点向后袖缝方向取袖口/2+1cm+5cm（袖口省）=19cm，确定后袖口辅助点。

③ 确定合体一片袖袖缝线。分别将前、后腋下点与前、后袖口辅助点连接，在袖肘线上向内收进0.7cm，用弧线分别连线画顺，画出前、后袖缝线。

④ 确定袖口线。在前袖缝线上由袖口辅助线的交点向落山线方向取1cm，确定点一，将新袖中线与前袖缝线间距平分并上抬1.5 cm，确定点二，将新袖中线与后袖缝线间距平分，确定点三，在后袖缝线上由袖口辅助线的交点向落山线方向取1cm，确定点四。用弧线分别连线点一至点四并画顺，画出袖口线。

⑤ 确定袖口省。在后袖口线上由点二为中线点，画出 5cm 袖口省大，在袖肘线上将后肘线平分并与点二相连，袖口省尖距袖肘线 1cm，由省尖点分别与袖口省大点连线，确定出袖口省。

⑥ 确定袖口扣位。本款西服为三粒装饰袖口扣，袖衩为设计因素，在前袖口省与袖口线交点在前袖口省上画前袖口省的平行线 1.5 ~ 1.7cm，在该线上由袖口向上取 3cm，扣距 2cm，如图 3-33 所示。

（9）一片袖子结构完成图，如图 3-33 所示。

（四）修正纸样

（1）完成结构处理图。完成对领面、前衣片的修正，如图 3-34 所示。

（2）裁片的复核修正。凡是有缝合的部位均需复核修正，如领口弧线、领子、袖窿、下摆、侧缝、袖缝等。

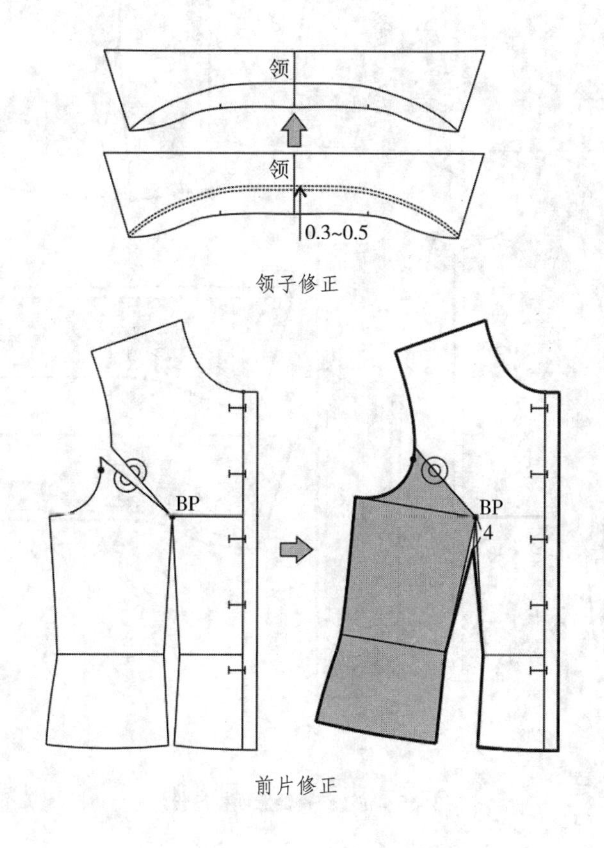

图3-34　省道结构西服纸样的修正

（五）工业样板

本款女西装工业板的制作如图 3-35 至图 3-41 所示。

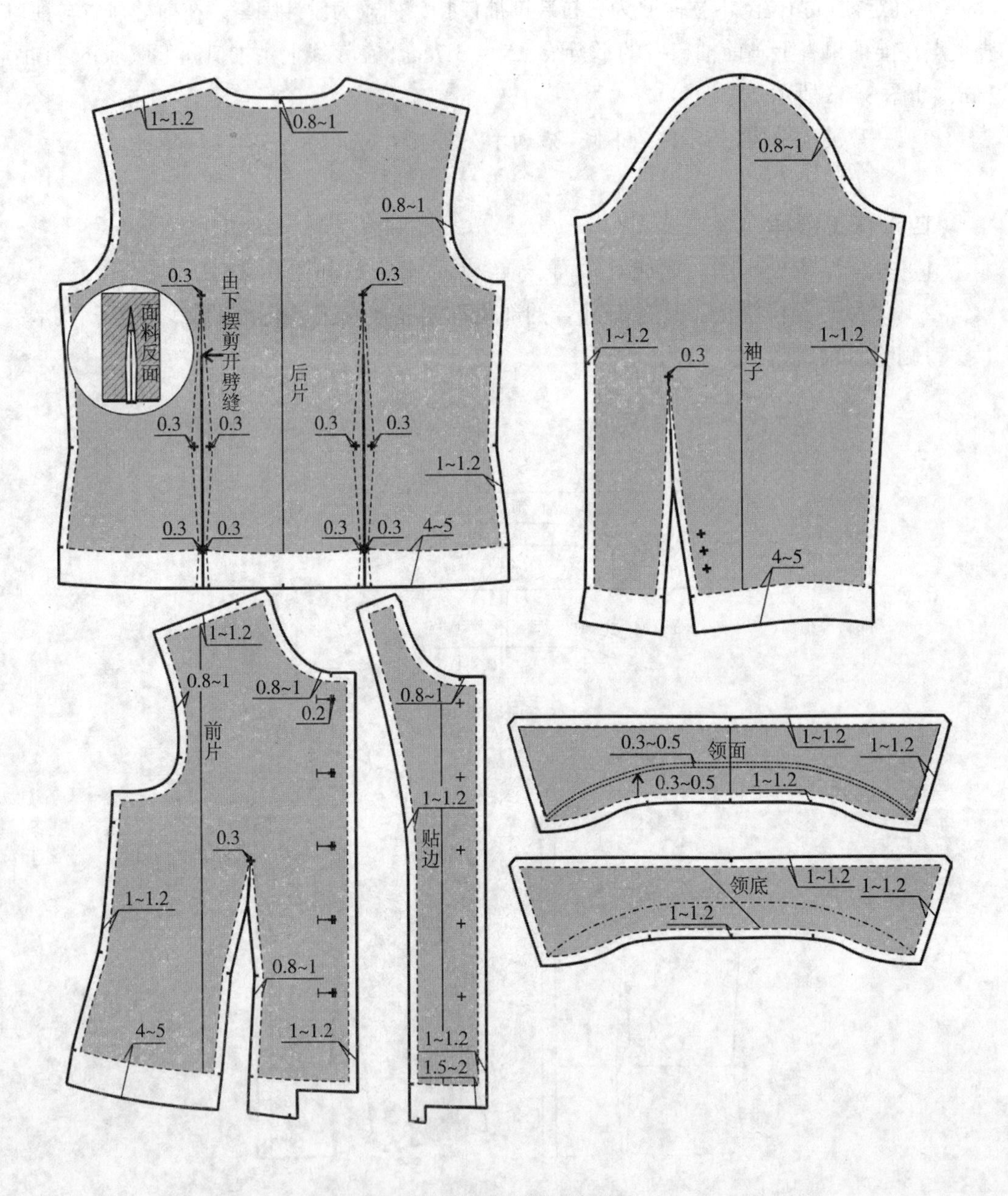

图3-35　省道结构西服面板缝份加放

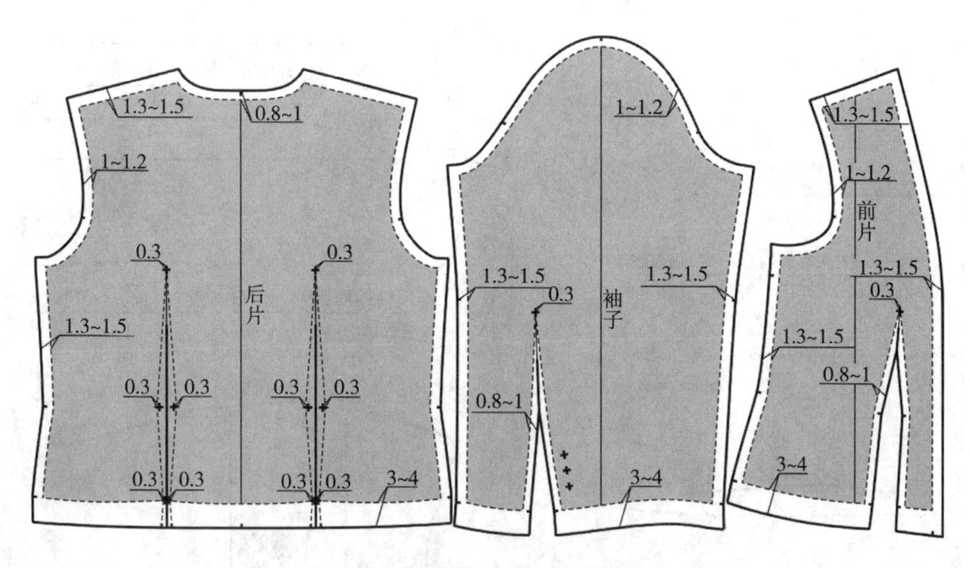

图3-36　省道结构西服里板缝份加放

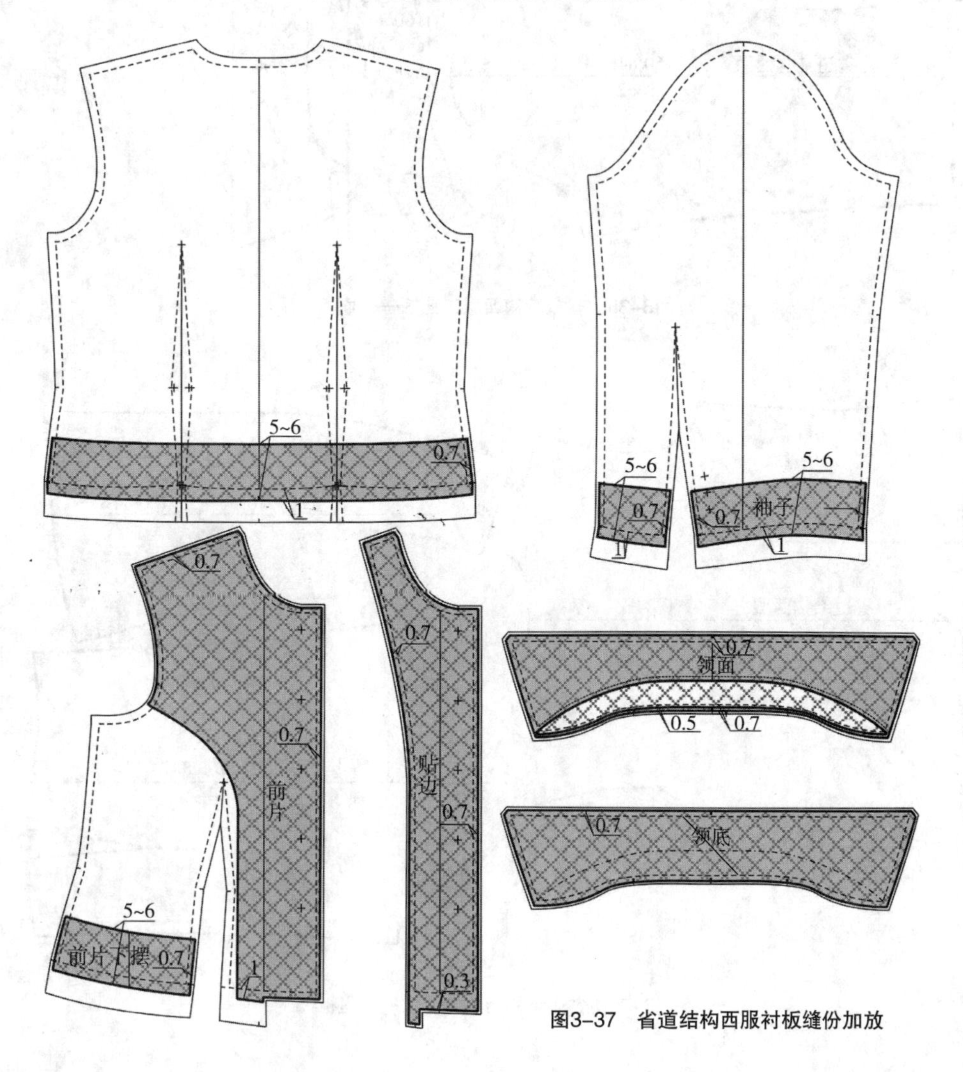

图3-37　省道结构西服衬板缝份加放

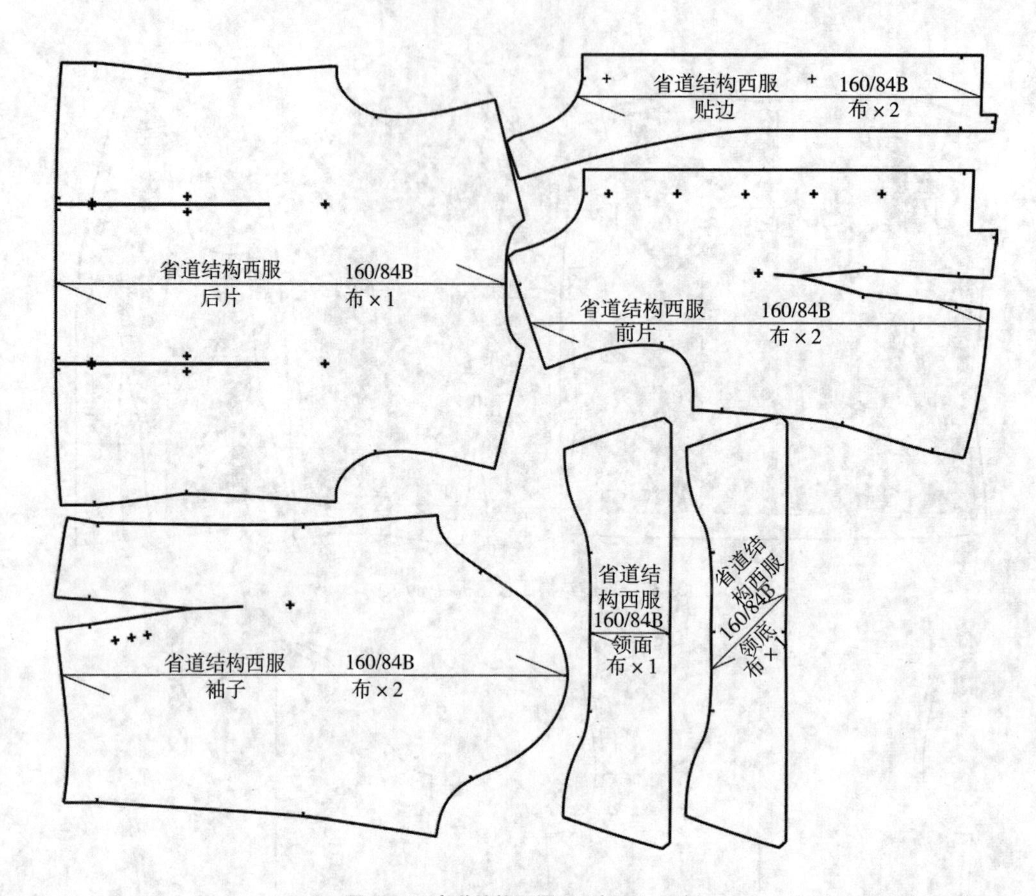

图3-38 省道结构西服工业板——面板

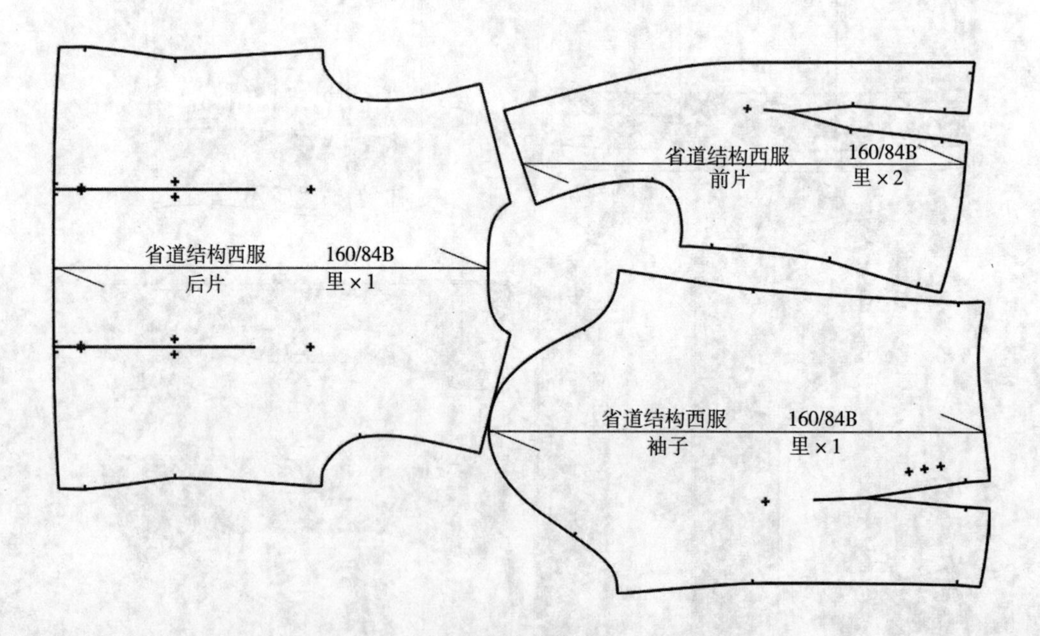

图3-39 省道结构西服工业板——里板

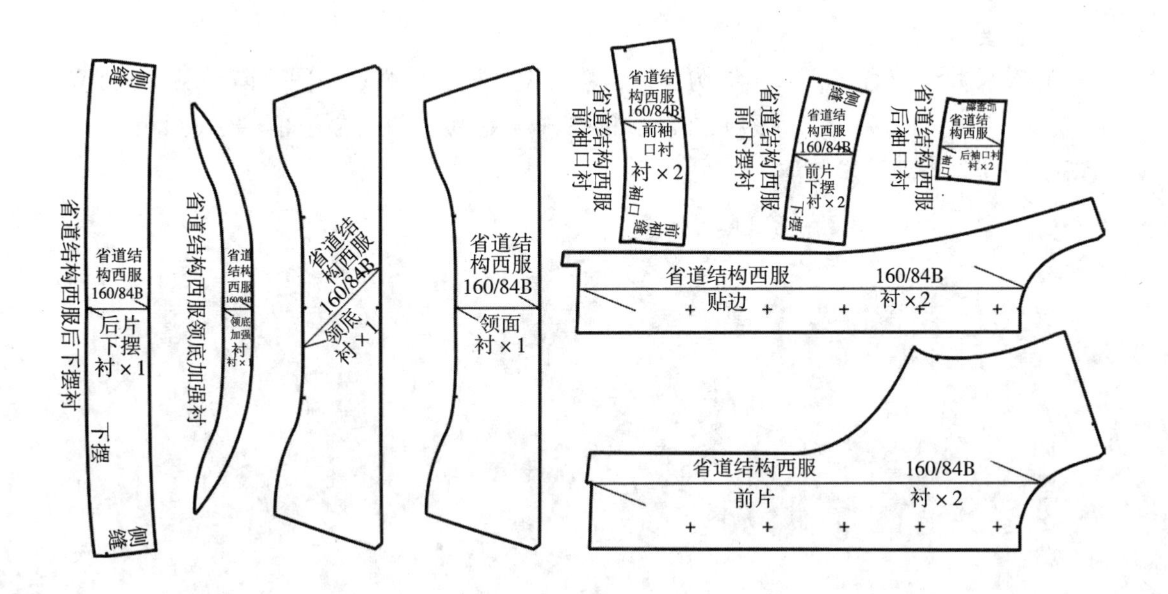

图3-40　省道结构西服工业板——衬板

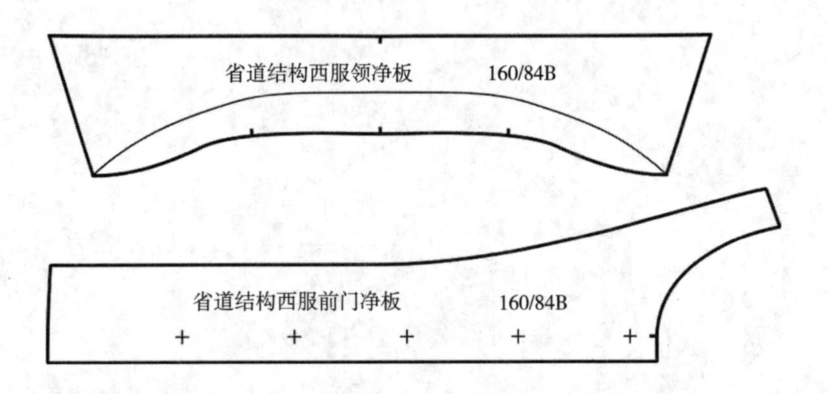

图3-41　省道结构西服工业板——净板

思考题：

1. 结合所学的女西服结构原理和技巧设计一款风衣，要求以1∶1的比例制图，并完成全套工业样板。

2. 课后进行市场调研，认识女西服流行的款式和面料，认真研究近年来女西服样板的变化与发展，自行设计4款流行的女西服款式，要求以1∶5的比例制图，并完成全套工业样板。

绘图要求：

服装尺寸设定合理；制图结构合理；款式设计创意感强；构图严谨、规范，线条圆顺；标识使用准确；尺寸绘制准确；特殊符号使用正确；结构图与款式图相吻合；毛净板齐全，作业要求整洁。

第四章

女马甲结构设计

学习要点：

1. 了解女马甲的分类基本款式。

2. 熟练掌握适体、宽松女马甲套装各部位尺寸的加放方法。

3. 熟练掌握女马甲套装中胸凸量的转移方法和胸腰差量的分配方法。

能力要求：

1. 能根据女马甲套装的具体款式进行材料的选择，并能进行各部位尺寸设计。

2. 能根据具体款式进行女马甲套装的制板以及工业制板。

第一节　女马甲套装概述

一、女马甲的产生与发展

马甲也称为马夹或坎肩，是一种无领无袖，且较短的上衣；一般穿在衬衫和罩衫外、或穿在套装和上装内，作为中层服装穿着。马甲的主要功能是使前后胸区域保温并便于双手活动。

西装马甲起源于欧洲的17世纪后期，为衣摆两侧开口的无领、无袖上衣，长度约至膝，多以绸缎为面料，并饰以彩绣花边，穿于外套与衬衫之间。1780年以后衣身缩短与西装配套穿用。西装马甲现多为单排纽，少数为双排纽或带有衣领。其特点是前衣片采用与西装同面料裁制，后衣片则采用与西装同里料裁制，背后腰部有的还装带襻、卡子以调节松紧。西方马甲的流行也是源于东方，马甲是由伊朗王二世的宫廷前往英国的访问者带来的，其原形是有袖子的，并且长于内衣的服装。1666年10月7日英国国王查理二世将马甲作为皇室服装确定下来，马甲是由黑色面料和白色丝绸里料通过简单的裁剪的前扣式服装。从此马甲的穿着在大众中流行、普及开来。

二、女马甲的分类

女马甲可以根据长度、外轮廓以及放松量等方面进行分类。

1. 按女马甲的长度分类

马甲长度通常在腰线以下臀围线以上，女式马甲有少数长度不到腰线的超短马甲；也有超过臀围线的超长马甲。

（1）短马甲。以原型为基础，其长度在腰节线以下10cm以上的基本款为短马甲，见图4-1。

（2）长马甲。一般马甲品种服装长度最长应不超过臀围线。

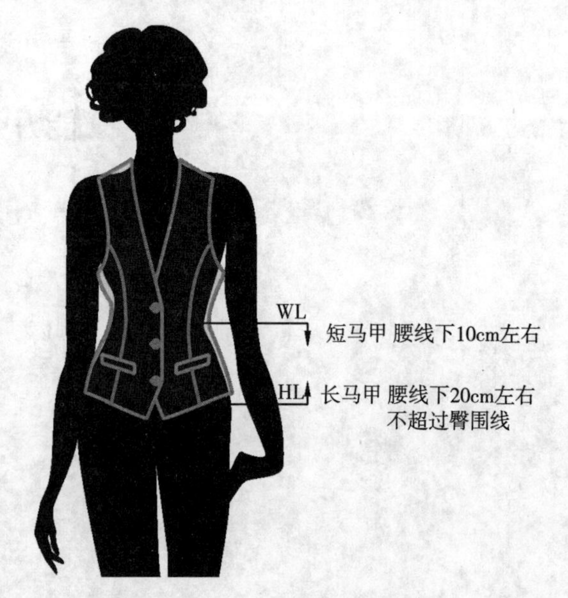

图4-1　马甲按长度分类

2. 按女马甲的外轮廓分类

（1）X型。服装宽肩，收腰，放摆。特点：柔美，纤瘦。

（2）H型。服装的肩、腰、下摆部的宽度相同。特点：庄重，朴实。

（3）Y型。又叫到三角形，上宽下窄。特点：洒脱，威武。

3. 按女马甲的放松量分类

（1）紧身型。紧身型女马甲胸围放松量通常取 6 ~ 10cm。

（2）合身型。合身型女马甲胸围放松量通常取 11 ~ 15cm。

（3）宽松型。宽松型女马甲胸围放松量通常取 16 ~ 25cm。

马甲还可以按领式分有无领、立领、翻领、驳领等；按穿法分有套头式、开襟式等。马甲一般按其制作材料命名，如皮马甲、毛线马甲等。它可做成单的、夹的，也可在夹马甲中填入絮料。马甲按絮料材质分别称棉马甲、羊绒马甲、羽绒马甲等。

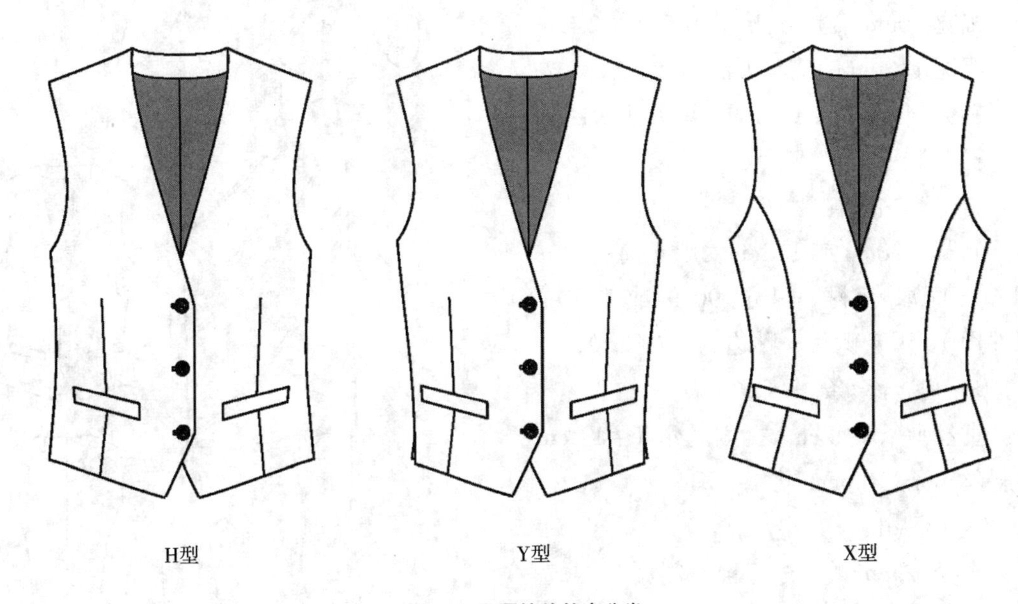

图4-2　马甲按外轮廓分类

第二节　基本款女马甲（V领刀背结构女马甲）结构设计

（一）款式说明

本款服装为薄面料紧身分割线造型春夏女马甲，这种结构的服装衣身造型优美，能很好地体现女性上身的体态。前片及后片带有刀背分割线结构，这样的基本造型，受流行变化影响不大，属于经典款式之一，常用于职业女正装中，如图 4-3 所示。

本款服装面料采用驼丝锦、贡丝锦等精纺毛织物及毛涤等混纺织物，也可使用化纤仿毛织物，并用黏合衬做成全衬里。

（1）衣身构成：是在四片基础上分割线通达袖窿的刀背结构的八片衣身结构，衣长在腰围线以下 5 ~ 10cm。前斜角下摆，前门襟三粒扣。前片衣身两侧腰线下方做两个板式口袋。

（2）衣襟搭门：单排扣。

（3）领：V 形领。

（二）面料、里料、辅料的准备

1. 面料

幅宽：144cm、150cm、165cm。

估算方法为：衣长 + 缝份 10cm 或衣长 + 10cm，需要对花对格时适量追加。

2. 里料

幅宽：90cm 、112cm、144cm、150cm。

幅宽 90cm 估算方法为：衣长 ×2 。

幅宽 112cm 的估算方法为：衣长 ×2 。

幅宽144cm或150cm的估算方法为：衣长。

3. 辅料

（1）厚黏合衬。

幅宽：90cm 或 112cm，用于前衣片。

（2）薄黏合衬。幅宽：90cm 或 120cm（零部件用）。用于侧片、贴边、下摆部位。

（3）黏合牵条。

直丝牵条：1.2cm 宽。斜丝牵条：1.2cm 宽。半斜丝牵条：0.6cm 宽。

（4）纽扣。

直径 1.5cm 的 3 个，前搭门用。

（三）V 领刀背结构女马甲结构制图

1. 确定成衣尺寸

成衣规格：160/84A，依据是我国使用的女装号型标准 GB/T1335.2—2008《服装号型　女子》。基准测量部位以及参考尺寸，如表 4-1 所示。

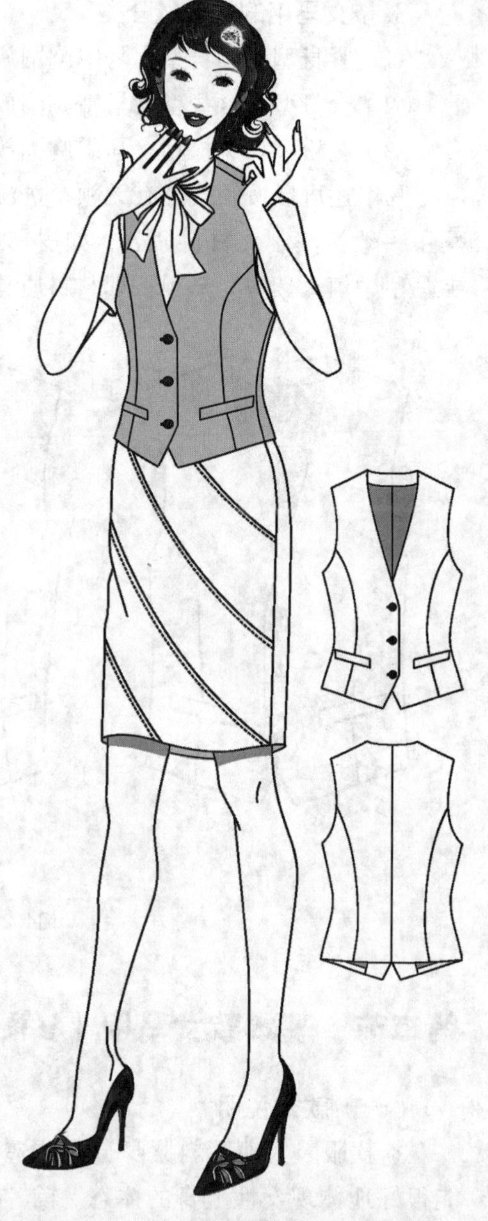

图4-3　V领刀背结构女马甲效果图、款式图

表4-1　成衣系列规格表　　单位：cm

规格＼名称	衣长	胸围	臀围	下摆大	肩宽
155/80A（S）	45	92	96	86	33
160/84A（M）	47	96	100	90	34
165/88A（L）	49	100	104	94	35
170/92A（XL）	51	104	108	98	36

2. 制图步骤

（1）确定衣长。由后中心线经后颈点向下取衣长 47cm，或由原型自腰节线往下 9cm，确定下摆线辅助线位置，如图 4–4 所示。

（2）确定胸围尺寸。胸围的加放量：在净胸围的基础上加放 12cm，在原型的基础上保持不变。

（3）确定新后领口线。后横领开宽 1cm，确定新后侧颈点，将后颈点和新后侧颈点连接画圆顺，形成新的后领口弧线。

（4）确定后肩宽尺寸。由原型肩端点向后颈点方向收进 4cm 并抬升 0.5cm，确定新后肩端点。

（5）确定后肩斜线。连接新后侧颈点，新后肩端点，确定后肩斜线"X"。

（6）确定前止口线。确定前搭门宽为 1.5cm，与前中心线平行 1.5cm 绘制前止口线，并垂直画到下摆，成为前止口线。

（7）确定前领口线。V 字无领结构，前横领开宽 1cm，确定新前侧颈点，在前中心线上由胸围线向下量取 11cm，由该点水平至前止口线确定领口的底点，由新前侧颈点至领口的底点连线，确定新的前领口辅助线，将该线段长度三等分，由靠近新前侧颈点的 1/3 点内凹取 0.7cm 画顺，绘制新的前领口线，如图 4–4 所示。

（8）确定前肩斜线。由新前侧颈点在前肩线上取后肩斜线长度"X"，保证前后肩线长度相同，确定新前肩点，如图 4–4 所示。

（9）确定新后袖窿线。由原型后腋下点向下摆辅助线开深 4cm，再由新后肩端点与新后腋下点作出后袖窿弧线。

（10）确定新前袖窿线。由原型前腋下点向下摆辅助线开深 4cm，由新前肩端点与新前腋下点做出前袖窿弧线。

（11）确定后中心线。按胸腰差的比例分配方法，在后腰线和下摆处分别收进 1cm，再与后颈点至胸围线的中点处连线并用弧线画顺，该线要考虑人体背部状态，呈现女性 S 形背部曲线，在背部体现外弧状态，在腰节体现内弧状态，由腰节点至下摆线画垂线。

（12）确定后刀背线。按胸腰差的比例分配方法，由后腰节点在腰线上取设计量值 8cm，取省大 3cm，由后刀背线省的中点作垂线画出后腰省，在后袖窿线上由新后肩端点取设计量 10.5cm，再在后腰省的基础上画顺袖窿刀背线。绘制后刀背线时需要注意的问题是后刀背线在袖窿位置的确定。后袖窿刀背线在袖窿处要加上袖窿省，这是因为背部的肩胛凸量，在无袖结构上会出现袖窿无法包裹住人体，与人体背部产生较大的空隙量，出现衣服与人体不服帖的问题，容易造成成品的不平服的现象，本款设计后袖窿省 1cm，如图 4–5 所示。

（13）确定后臀围尺寸。本款的衣服下摆线在臀围线以上，为了获得准确的下摆尺寸，在结构设计时需要依据臀围的尺寸获得，在臀围线上从后中心线向前中心线方向量取臀

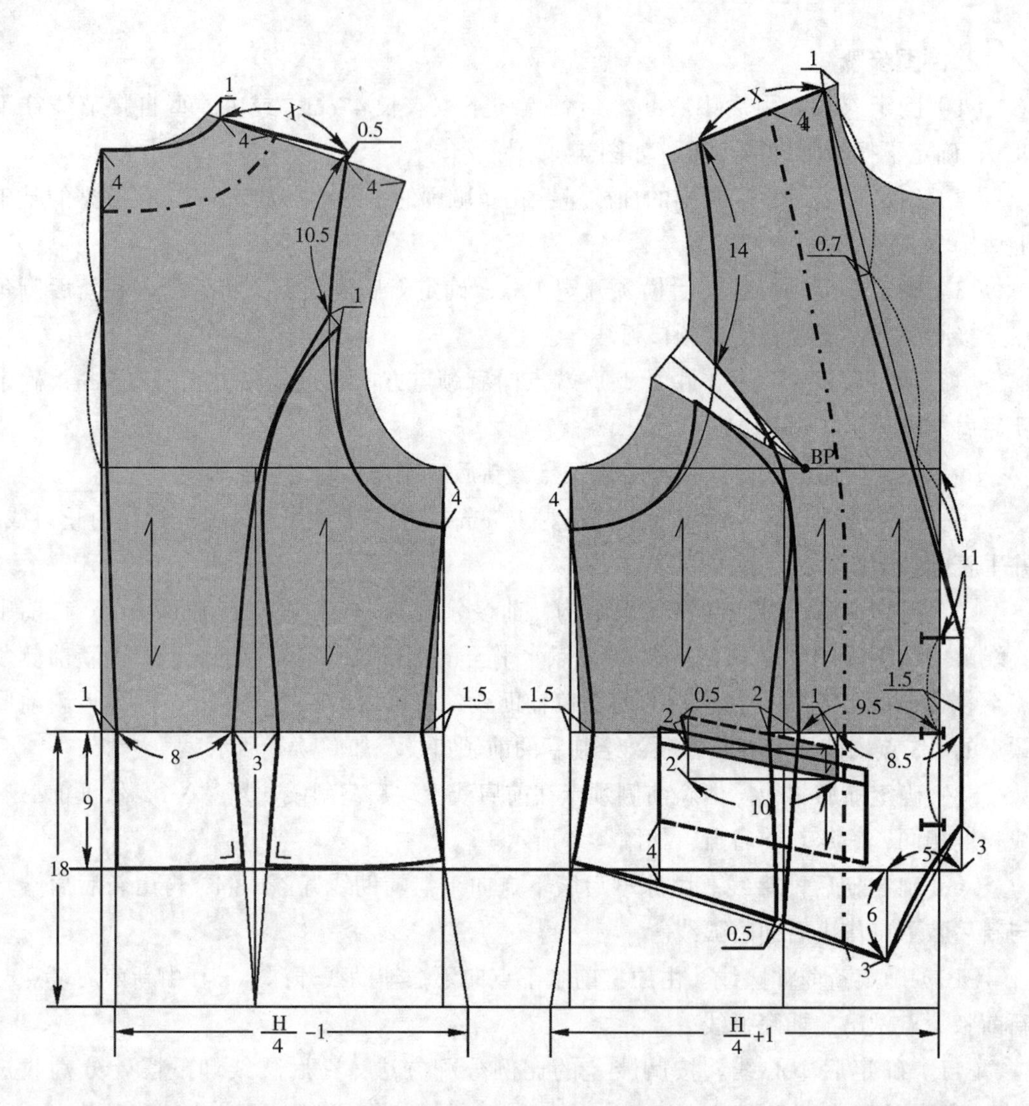

图4-4 V领刀背结构女马甲结构图

围的必要尺寸 H/4-1cm=24cm。

（14）确定后侧缝线。按胸腰差的比例分配方法，由腰线和胸围线的交点收腰省1.5cm，后侧缝线的状态要根据人体曲线设置，后侧缝线由两部分组成，如图 4-4 所示。

① 腰线以上部分：腋下点至腰节点的长度，画好并测量该长度。

② 腰线以下部分：由腰节点经臀围点连线至下摆线的长度，并测量腰节点至下摆点的长度。

（15）确定后下摆线。在后下摆线上，为保证成衣下摆圆顺，下摆线与侧缝线要修正成直角状态。

（16）确定后领贴边线的绘制。在肩线上由后侧颈点向肩点方向取 4cm，在后中心线上由后颈点向下取 4cm，两点连线，画圆顺，绘制出后领贴边线。

（17）确定前刀背线的绘制。在前腰节线由前中心线向侧缝方向取设计量 9.5cm，由该点再向侧缝取省大 2cm，平分省大，该线为省的中心线，分割线在袖窿的位置可以根据款式需求确定，本款在前袖窿线由新前肩峰点取设计量 14cm 确定前刀背线的位置，由腰省点分别开始画出，最后要把袖窿处的全部胸凸量转移至前袖窿刀背线中，刀背线的弧度考虑到工艺制作的需求，弧度尽量不要过大，如图 4-4 所示。

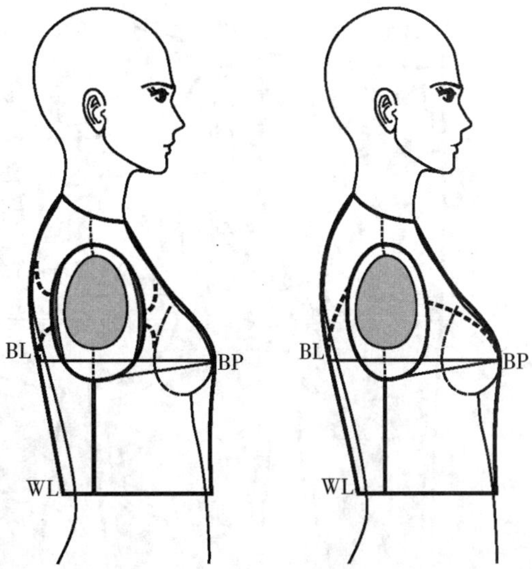

（18）确定前臀围尺寸。在臀围线上从前中心线向后中心线方向量取臀围的必要尺寸 H/4+1cm=26cm。

图4-5　V领刀背结构女马甲袖窿的处理

（19）确定前侧缝线。按胸腰差的比例分配方法，由腰线和胸围线的交点收腰省 1.5cm，长度要与后侧缝线长相等。

（20）确定前下摆撇角。在前止口线上由前下摆辅助线向上量取 3cm，确定点一，在前下摆线上由前止口线水平量进 5cm，再向下延长 6cm，确定点二，连接点一与点二，绘制出前下摆撇角，如图 4-4 所示。

（21）确定前下摆线。由点二与侧缝线上和后侧缝形同长度点连线，再弧进 0.5cm。

（22）确定前领贴边线的绘制。在肩线上由前侧颈点向肩点方向取 4cm，在下摆线上由前下摆撇角点二向侧缝方向取 3cm，两点连线，画圆顺，绘制出前领贴边线。

（23）确定纽扣位置。本款式纽扣为三粒，在前中心线上，第一粒纽扣位为 V 领口线的底点；第三粒纽扣位为确定前下摆撇角的点一；第二粒扣位于第一粒纽扣位与第三粒纽扣位的中点。

（24）确定板式口袋位置、尺寸：距前止口线 8.5cm，由腰线下落 1cm，确定前口袋点，向下取袋宽 2cm。袋口长 10cm，后侧起翘 2cm，口袋口向侧缝延长 0.5cm，口袋布长距衣片下摆 4cm，口袋布宽比袋口两边各宽 2cm，如图 4-4 所示。

（四）工业毛板

本款 V 领刀背结构女马甲工业样板的制作如图 4-6 ~ 图 4-11 所示。

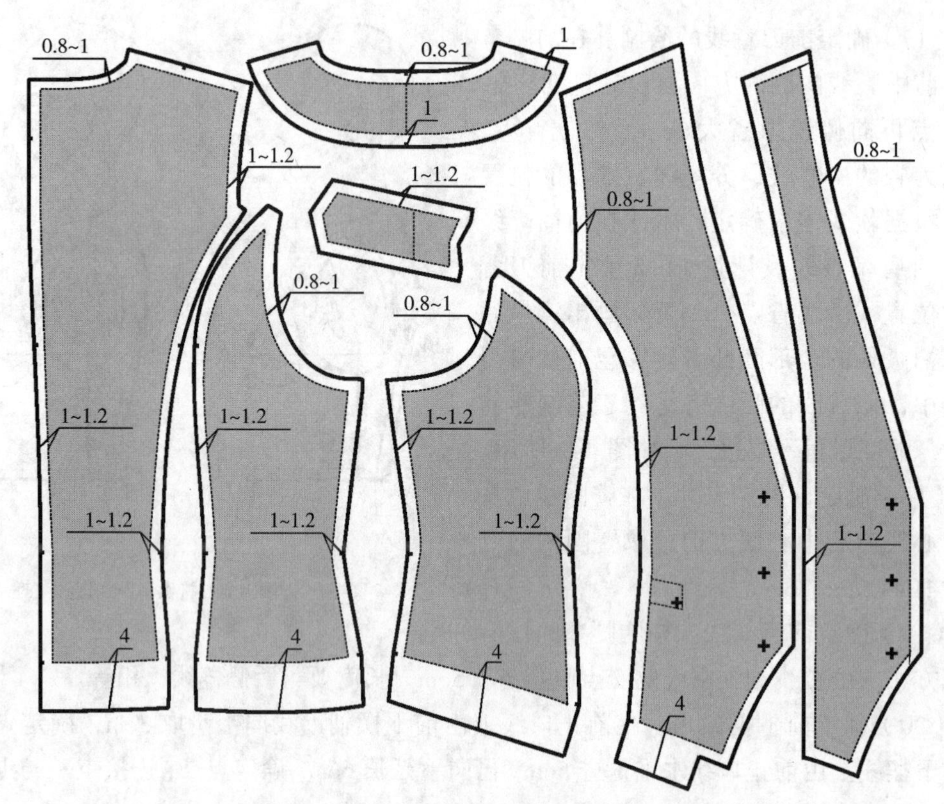

图4-6 V领刀背结构女马甲面板缝份的加放

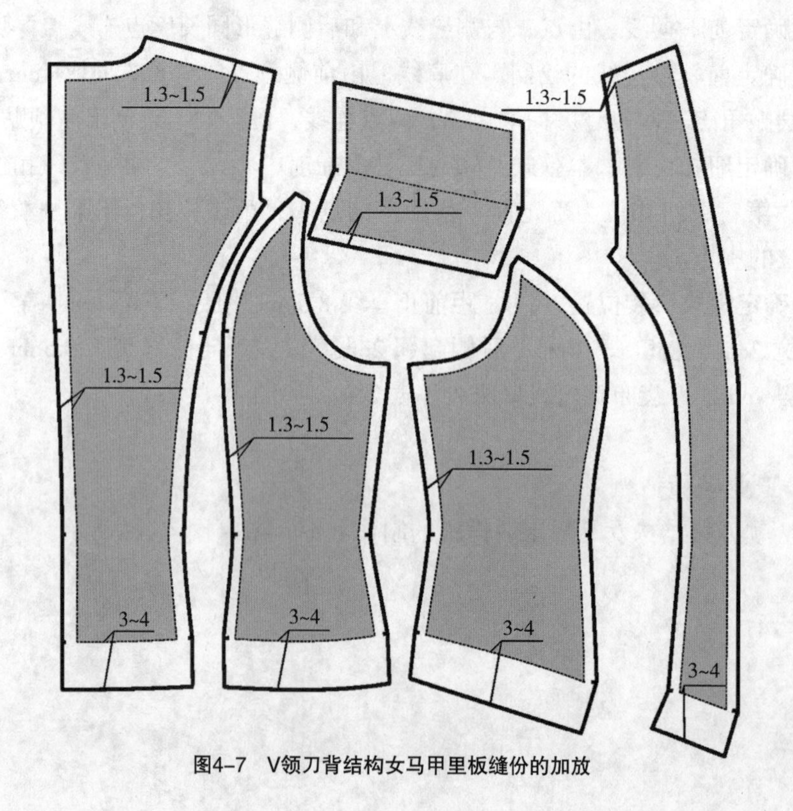

图4-7 V领刀背结构女马甲里板缝份的加放

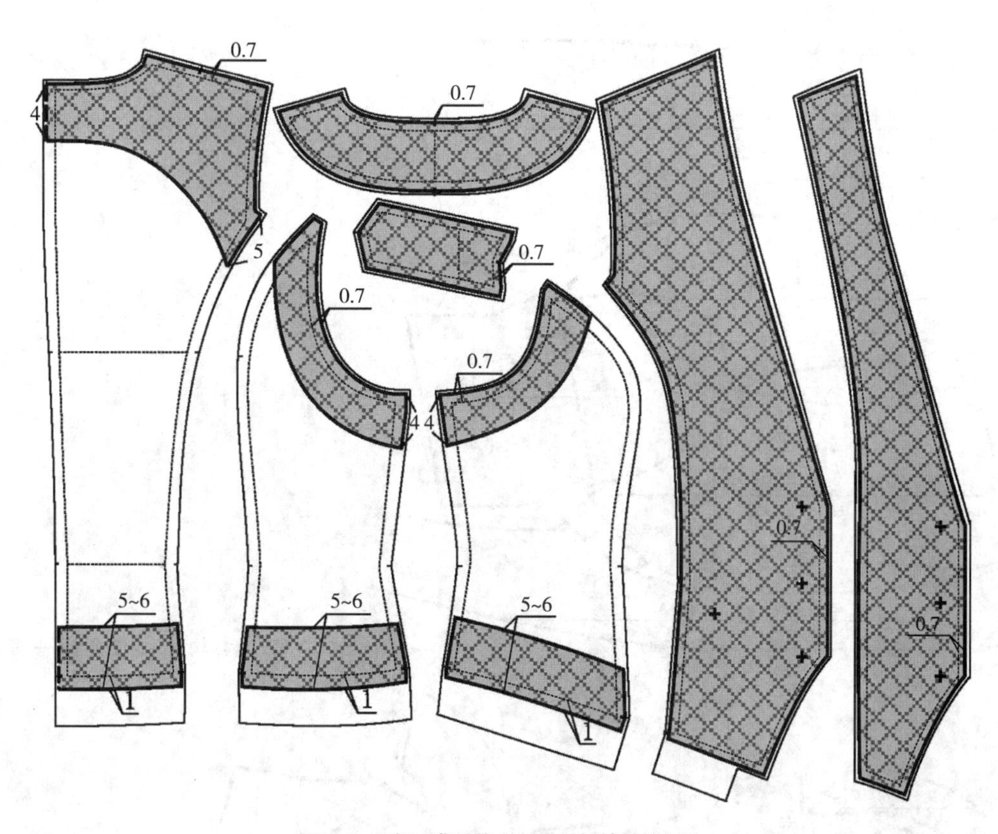

图4-8　V领刀背结构女马甲衬板缝份的加放

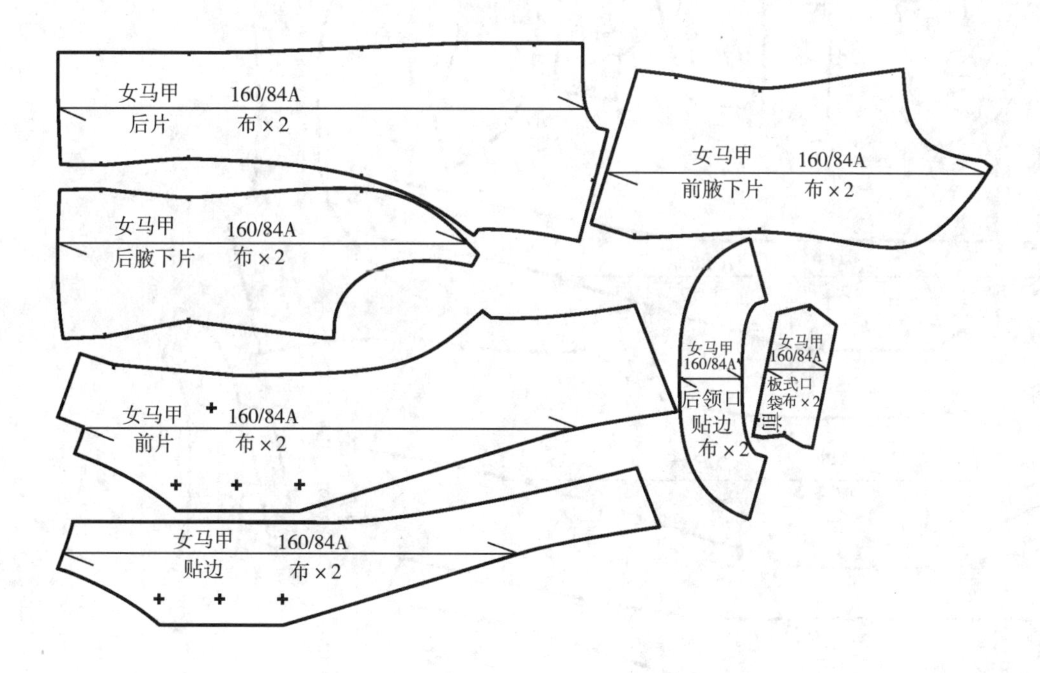

图4-9　V领刀背结构女马甲工业板——面板

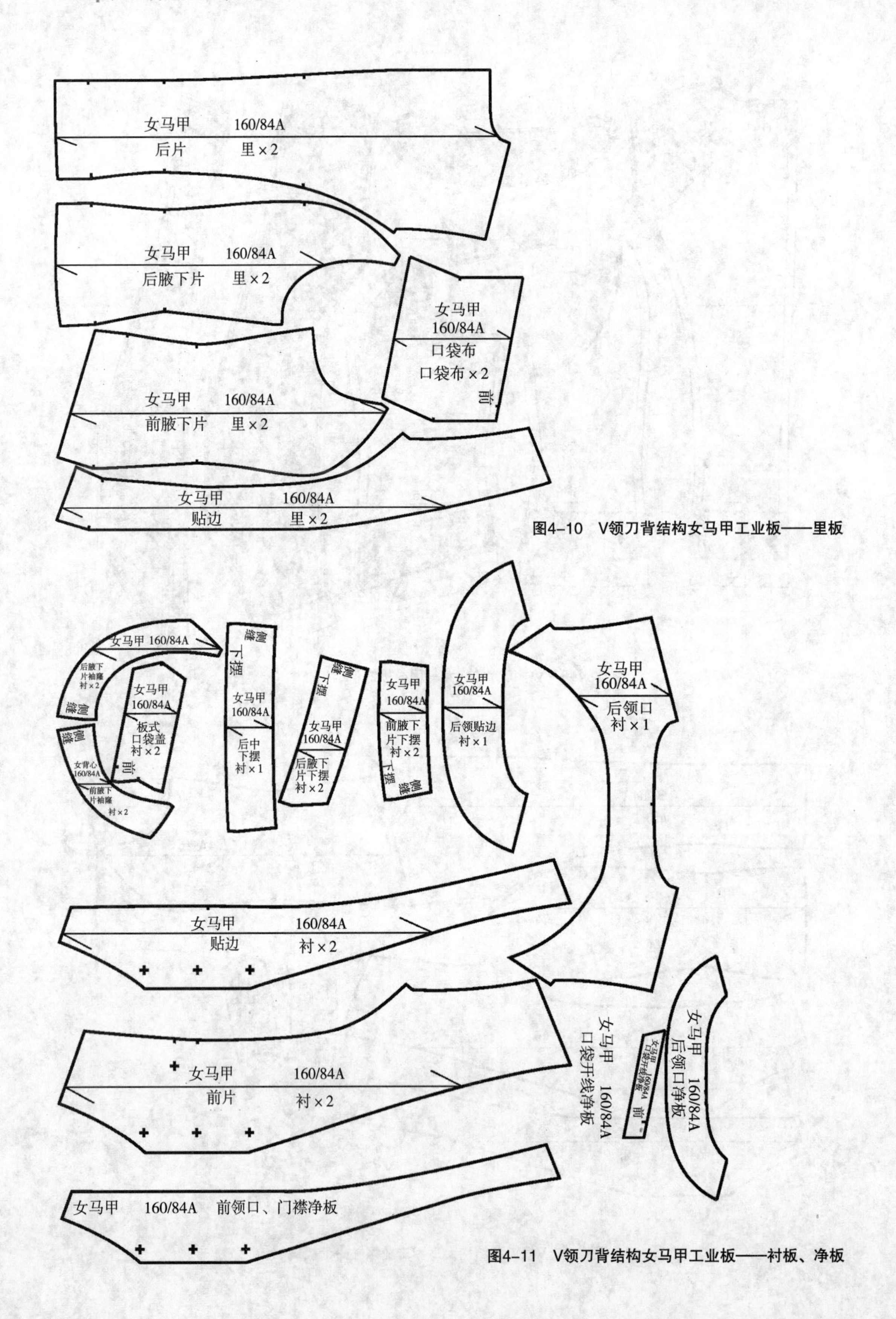

图4-10 V领刀背结构女马甲工业板——里板

图4-11 V领刀背结构女马甲工业板——衬板、净板

第三节　变化款女马甲（三开身双排扣女马甲）结构设计

（一）款式说明

本款服装为三开身双排扣女马甲，这种结构的服装前片为省道、分割线结合的结构设计，后片为刀背结构分割线，本款服装与女套装更好地结为一体，如图4-12所示。

本款式服装面料采用化纤仿毛织物，并用黏合衬做成全衬里。

（1）衣身构成：衣长在腰围线以下15～20cm。前片为V领省道、分割结合的结构，前下摆撇角，前门襟双排二粒扣。后片是分割线通达袖窿的刀背结构衣身结构。

（2）衣襟搭门：双排扣两粒扣。

（3）领：V形领造型。

（二）面料、里料、辅料的准备

1. 面料

幅宽：144cm、150cm、165cm。

估算方法为：衣长＋缝份10cm或衣长＋领长15cm+10cm，需要对花对格时适量追加。

2. 里料

幅宽：90cm、112cm、144cm、150cm。

幅宽90cm估算方法为：衣长×2。

幅宽112cm的估算方法为：衣长×2。

幅宽144cm或150cm的估算方法为：衣长。

3. 辅料

（1）厚黏合衬。幅宽：90cm或112cm，用于前衣片。

（2）薄黏合衬。幅宽：90cm或120cm（零部件用）。用于侧片、贴边、下摆部位、袋盖。

（3）黏合牵条。直丝牵条：1.2cm宽。斜丝牵条：1.2cm宽。半斜丝牵条：0.6cm宽。

（4）纽扣。直径1.5cm的3个，前搭门用。

图4-12　三开身双排扣女马甲效果图、款式图

（三）三开身双排扣女马甲结构制图

1. 确定成衣尺寸

成衣规格：160/84B，依据是我国使用的女装号型标准 GB/T1335.2—2008《服装号型 女子》。基准测量部位以及参考尺寸，如表 4-2 所示。

表4-2 成衣系列规格表 单位：cm

名称 规格	衣长	胸围	下摆大	肩宽
155/80A（S）	52	96	96	28
160/84A（M）	54	100	100	29
165/88A（L）	56	104	104	30
170/92A（XL）	58	108	108	31

2. 制图步骤

（1）确定衣长。由后中心线经后颈点往下取 55cm，或在后原型腰线向下量取 17cm，作水平线绘制下摆辅助线，如图 4-13 所示。

（2）确定胸围松量。在净胸围基础上加放 16cm，在原型的基础上前后胸围放 1cm，作胸围线的垂线至下摆线。

（3）确定后领口线。将后横领宽开宽 2.5cm，确定新后侧颈点，将后颈点向下移动 1cm，确定新后颈点。将新后颈点和新后侧颈点连接画圆顺。

（4）确定后肩宽。在原型后肩宽线上由新后侧颈点取 5cm，确定新后肩点。

（5）确定后肩斜线。连接新侧颈点、新肩点，确定后肩斜线。

（6）确定前止口线。本款为双排扣的搭门设计，由前腰线和前中心线的交点向下 1.5cm，确定水平线，取搭门宽 8cm，绘制前止口线点。

（7）确定前领口线。将前横领宽开宽 2.5cm，确定新前侧颈点。将新前侧颈点和前止口线点连接，由该线中点内凹 1.5cm 画顺前领口线。

（8）确定前肩斜线。由新前侧颈点在前肩线上取后肩斜线相同长度 5cm，确定新前肩点，如图 4-13 所示。

（9）确定后袖窿线。由原型后腋下点向下摆辅助线方向开深 4cm，再由新后肩端点与新后腋下点作出后袖窿弧线。

（10）确定前袖窿线。由原型前腋下点向下摆方向开深 4cm，再由新前肩端点与新前腋下点作出前袖窿弧线。

（11）确定后中心线。按胸腰差的比例分配方法，在腰线和下摆处分别收进 1cm，再与新后颈点至胸围线的中点处连线并用弧线画顺，由腰节点至下摆线画垂线。

（12）确定后中心下摆撇角。在新后中心线和下摆线的交点分别向后颈点方向、侧缝

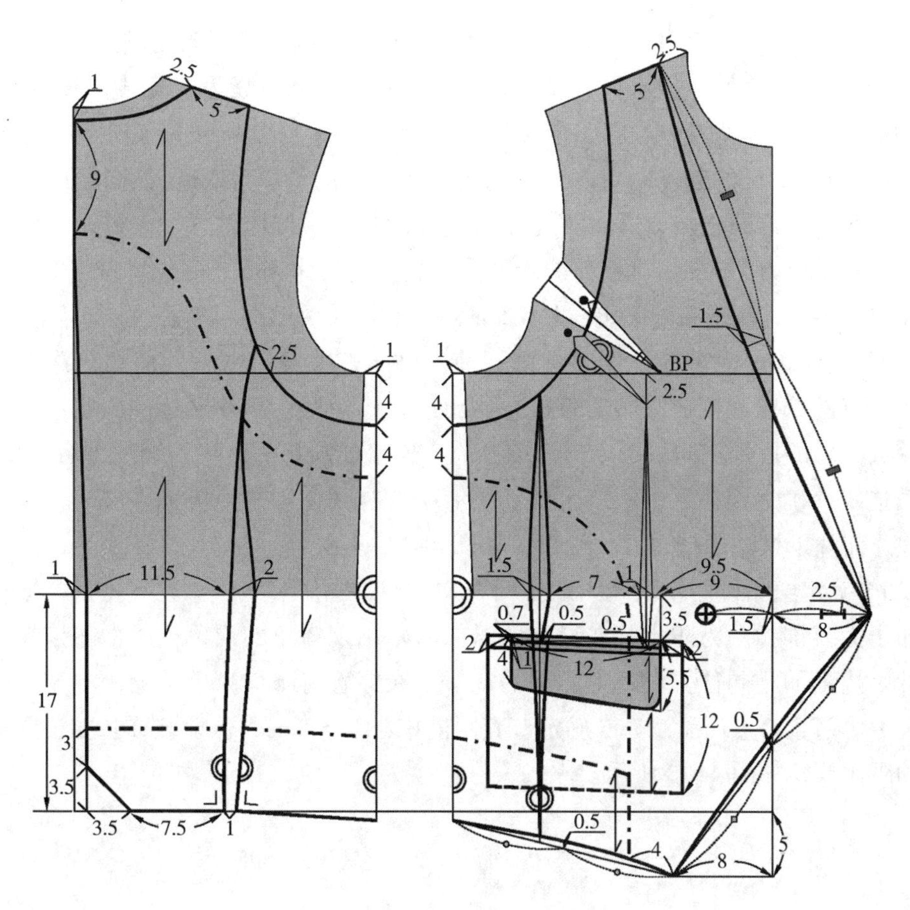

图4-13　三开身双排扣马甲结构图

方向分别量取3.5cm,形成后中心下摆撇角(根据款式而定),该角可以调节臀围尺度的大小。

（13）确定后刀背线。按胸腰差的比例分配方法，由后腰节点在腰线上取设计量值11.5cm，取省大2cm，由胸围线和后袖窿弧线的交点向肩点方向取2.5cm，确定袖窿点，将该点分别与省大点连线。靠近后中的省过腰线与过后中心下摆撇角的7.5cm点连线，由该点向侧缝方向取1cm,将该点与靠近后侧的省连线,形成后刀背线,如图4-13所示。

（14）确定前下摆撇角。在前中心线上由前下摆辅助线向下量取5cm，画平行于前下摆辅助线的水平线，水平向侧缝方向量进8cm，确定点一，将该点与前止口线点连线，形成前下摆撇角。

（15）确定前下摆线。点一与点二点连线由中点弧进0.5cm。

（16）确定胸凸省量、前片腰省。将袖窿处的省量二等分，一份作为胸围的松量留在胸围处，另外一份省量转移至前腰省处，如图4-13所示；在前腰节线由前中心线向侧缝方向取设计量9.5cm，由该点再向侧缝取省大1cm，平分省大，该线为省的中心线，腰线向上的腰省省尖点不要直接指向胸点，距胸点2.5cm，完成第一个腰省；第二个腰省的确定：由第一个腰省边起在前腰节线上向侧缝方向量取设计量7cm，由该点再向侧缝取省大 1.5cm，平分省大，该线为省的中心线，将两省边画顺完成。

（18）确定袋盖位、袋盖长、袋盖宽、口袋布。本款口袋为双开线带袋盖式口袋，由前中心线与腰围线的交点起，向侧缝方向量取 9cm，并由 9cm 点向下摆方向量取 3.5cm，作为袋盖位的起点，由 3.5cm 点起向侧缝方向量取 12cm，并向腰围线方向上翘 0.7cm 为袋盖位的止点，两点相连作为袋盖的长度；按照款式图的要求，将靠近前中心的袋盖宽设为 5.5cm，靠近前侧缝方向的袋盖宽设为 4cm，完成袋盖宽的确定；双开线设定为 1cm；口袋布的确定：长 12cm，宽 16cm，如图 4-13 所示。

（19）确定前、后片、下摆贴边线。前片贴边的确定：由新的前袖窿深点与前下摆的止口点的交点连接成圆顺的弧线绘制出前片贴边线；后片贴边的确定：由新的后袖窿深点与新的后颈点向下摆方向量取 9cm，连接成圆顺的弧线，绘制出后片贴边线；下摆贴边线的确定：在后中心线上由后中心下摆撇角向后颈点方向取 3cm，作下摆线平行线，前片下摆贴边按照后片绘出，如图 4-13 所示。

（20）确定纽扣位。本款式为双排两粒扣，双排扣服装只有一粒实用的扣子，靠侧缝的扣子为装饰扣，为防止其在穿着的时候衣角出现搭角的现象，通常在该粒装饰扣内侧的贴边上的相同位置设计上相同的扣子，在穿着时与里襟反系上，本款实用的扣位点是由前门止口点回量 2.5cm 确定，其距前中心线 5.5cm，保证装饰扣扣位距前中心线上扣距相等，如图 4-13 所示。

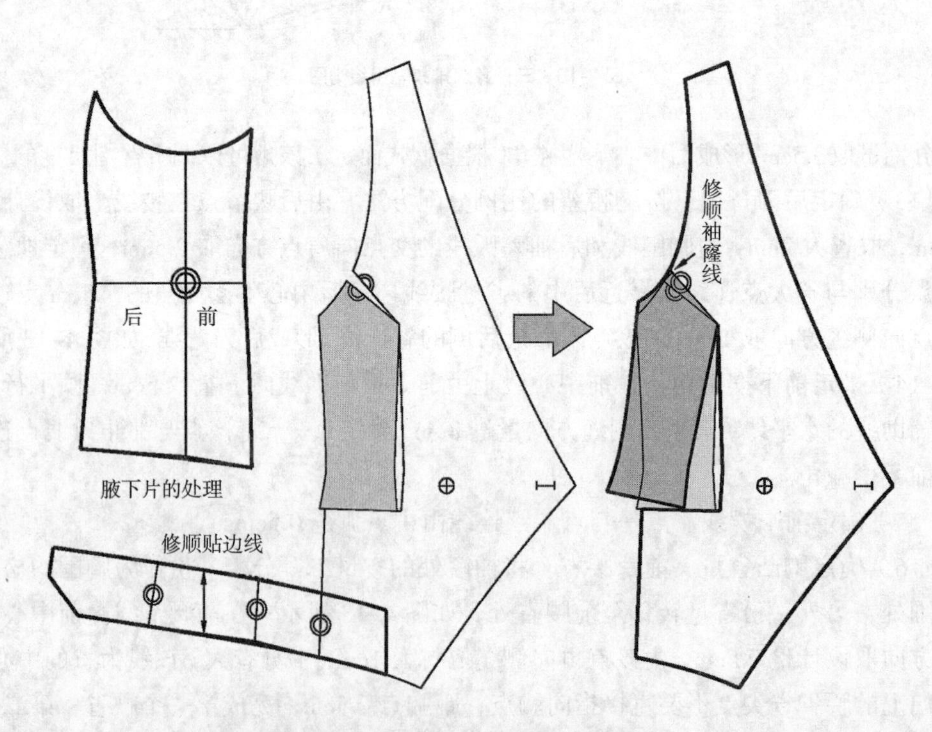

图4-14 三开身双排扣女马甲修正纸样

（四）修正纸样

基本造型纸样绘制之后，就要依据生产要求进行结构处理图的绘制。完成对领口、袖窿弧线的修正、对下摆贴边的修正、腋下裁片的整合以及袖窿处胸凸量的处理，如图 4–14 所示。

思考题：

1. 结合所学的女马甲结构原理和技巧设计变化款女马甲结构图一款，要求以 1∶1 的比例制图，并完成全套工业样板。

2. 课后进行市场调研，认识女马甲流行的款式和面料，认真研究近年来女马甲的变化与发展，自行设计 2 款流行正装女马甲的款式，要求以 1∶5 的比例制图，并完成全套工业样板。

作业要求：

服装尺寸设定合理；制图结构合理；款式设计创意感强；构图严谨、规范，线条圆顺；标识使用准确；尺寸绘制准确；特殊符号使用正确；结构图与款式图相吻合；毛净板齐全，作业要求整洁。

第五章

女衬衫结构设计

学习要点：

1. 掌握女衬衫结构设计中分割线、褶裥的运用。

2. 掌握女衬衫结构纸样中净板、毛板和衬板的处理方法。

能力要求：

1. 能在衬衫设计中灵活运用分割线和各种不同类型的省、褶裥。

2. 能根据衬衫具体款式进行制板，使其既符合款式要求，又符合生产需要。

第一节　女衬衫概述

一、女衬衫的产生与发展

女衬衫又称罩衫，英文中用 blouse 特指女式衬衫，一般是指从肩部到中腰线或到臀围线上下的、妇女穿用的服装的总称。

追本溯源，女衬衫是由两种服装形式演变而来的，一种是从妇女穿用的内衣中变化而来的。在 15 世纪，女衬衫多作为内衣穿着，可以从长袍的领口或袖开口处看到里层作为内衣穿着的白衬衣；另一种是由男衬衫（shirt）演化而来的，这类衬衫保留了男士衬衫的特征，如具有开门襟、男衬衫领、肩部过肩、袖克夫等结构。女衬衫是在 19 世纪末出现的，在这之前，尤其是在 15 世纪到 19 世纪之间，男女服装都极富有装饰性，以豪华、高贵甚至是奢侈的着装风格为时尚。

二、女衬衫的分类

女衬衫可以根据门襟、穿着的效果以及细节分类。

1. 按女衬衫门襟结构分类

按女衬衫门襟结构分类，常见的可分为普通门襟、明门襟、暗门襟三种，如图 5–1 所示。

图5–1　女衬衫门襟分类

（1）普通门襟。通常采用连裁设计，止口不裁开，也有考虑到排料和省料而做裁开设计的。

（2）明门襟。设计方法很多，根据需要也有裁开设计、不裁开设计的多种方法。裁开设计多用于单面印面料、衣身与门襟撞色、特殊拼接的款式设计；不裁开设计多用于条格面料及双面印面料。

（3）暗门襟。纽扣不外露，缝在衣片和贴边之间，设计方法很多，根据需要也有裁开设计、不裁开设计。裁开设计多用于面料较厚的款式设计，如冬季大衣，暗门襟布可采用薄里料；不裁开设计多用于薄面料的款式设计。

2. 按女衬衫的领子结构分类

女衬衫的领子领型样式很多，配套正装的常见款式可分为：不带领座衬衫领、带领座的衬衫领、蝴蝶结领三种，如图 5-2 所示。

图5-2　女衬衫的领子分类

（1）不带领座（底领）的衬衫领。最基本的领型，自然沿颈部一周，因领型较小，故有休闲、轻便的感觉。

（2）带领座（底领）的衬衫领。底领直立环绕颈部一周，翻领拼缝于领底之上的领型，这种领型也叫男衬衫领。

（3）蝴蝶结领。领子呈长条、带状，可结成蝴蝶结。根据所采用的纱向（料纱、经纱）不同，蝴蝶结的视觉效果也不同。

第二节　女衬衫结构设计实例

一、通勤收腰衬衫结构设计

（一）款式说明

本款通勤收腰女衬衫是职业女性首选衬衣，基本衣身特征呈现S型轮廓，打破沉闷的呆板形式；前片的腰围处设有省褶；后片腰围处设有腰省及侧缝省，体现半宽松式着装状态；衣身长度适中；底摆为左右对称的散摆样式；领子是衬衫企领，内有立领座；袖子为长袖，袖口设有袖克夫；门襟是带有贴边处理的形式，本款衬衫可以与裙子、裤子等组合，适合于正式场所穿着，如图 5-1 所示。

本款衬衫的面料选择上，可以选用真丝、纯棉细布、优质纯棉面料、斜纹布、牛仔布、麻、化纤类面料等有一定弹性的面料制作均可。

（1）衣身构成：本款衬衫属于四片分割线造型的四片衣身结构，前、后片的腰围处设有腰褶、腰省及侧缝省，呈S型轮廓；多用于春、秋季上衣结构，衣长在腰围线以下15 ~ 20cm。

（2）衣襟搭门：单排扣，带有贴边形式的门襟，下摆为左右对称的散摆样式。

（3）领：领子由底领和翻领组成，领子采用分裁的结构设计。

（4）袖：一片绱袖，有袖头，袖开衩为普通绲边形式。

（5）前、后片省：后片设有普通式腰省，前片设有腰褶。

图5-3 通勤收腰女衬衫效果图、款式图

（二）面料、辅料的准备

1. 面料

幅宽：幅宽采用144cm或150cm；

估算方法：（衣长 + 缝份10cm）×2或衣长 + 袖长 +10cm，需要对花对格时适量加。

2. 辅料

（1）薄黏合衬。幅宽：90cm或120cm，用于翻领、贴边、袖头等部位。

（2）纽扣。直径为0.5 ~ 1cm的纽扣8个，前搭门以及领子、袖头处用。

（三）通勤收腰衬衫结构制图

1. 确定成衣尺寸

成衣规格为160/84A，依据是我国使用的女装号型GB/T 1335.2—2008《服装号型 女子》。基准测量部位以及参考尺寸，如表5-1所示。

表5-1　成衣系列规格表　　单位：cm

规格＼名称	衣长	袖长	胸围	臀围	肩宽
155/80A（S）	56	55	94	100	39
160/84A（M）	58	56	98	104	40
165/88A（L）	60	57	102	108	41
170/92A（XL）	62	58	106	112	42
175/96A（XXL）	64	59	110	116	43

2. 制图步骤

女衬衫结构属于四片结构的基本纸样，这里将根据图例分步骤进行制图说明。

第一步　建立衬衫的前、后片框架结构

（1）确定衣长。

① 确定后衣长：由款式图分析该款式为半宽松式衬衫，将后中心线垂直交叉作出腰围线，放置后身原型，由原型的后颈点在后中心线上向下取衣长，作出水平线（下摆辅助线），后衣长为58cm，如图5-4所示。

② 确定前衣长：作后下摆线辅助线反方向的延长线交于前止口，即前衣长。

（2）确定胸围线。

① 由原型后胸围线作出水平线，在后片原型的胸围线上向侧缝外放出0.5cm，并

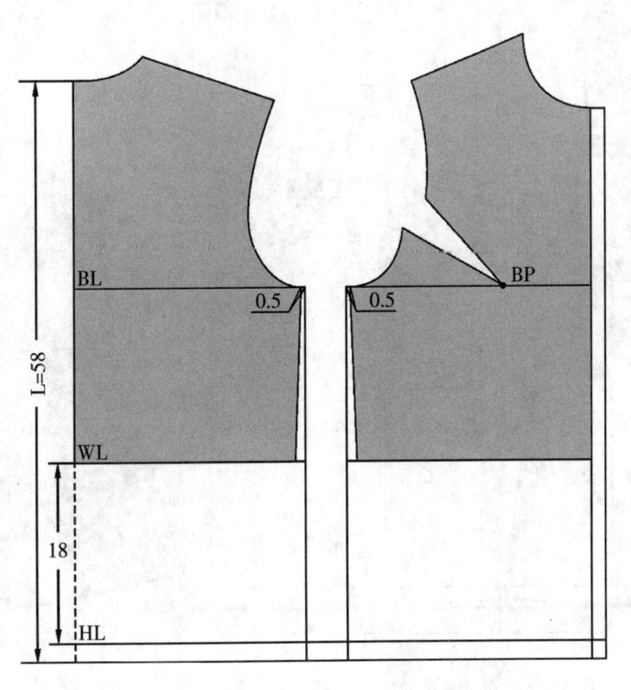

图5-4　建立合理的通勤收腰女衬衫结构框架图

作后胸围线的垂线至下摆辅助线上。

② 在胸围线上由前中心线与胸围线的交点向侧缝外放出 0.5cm，并前胸围线的垂线至下摆辅助线上。

（3）确定腰围线。由原型后腰围线作出水平线，将前腰围线与后腰围线复位在同一条线上。

（4）确定前止口线的绘制。与前中心线平行 1.5cm 绘制前止口线，并垂直交到下摆辅助线，成为前止口线。搭门的宽度一般取决于扣子的宽度和厚度，也可取决于款式设计的宽度。

（5）确定前、后下摆线辅助线。在后中心线上量取后衣长作水平线即为后片下摆线辅助线；作后下摆线辅助线反方向的延长线交于前止口，即前下摆辅助线。

（6）确定胸凸量。将前片袖窿处胸凸量平均分配成三等份，其中 2/3 胸凸量作为胸围的放松量，1/3 胸凸量转移至腰围处作为腰围的腰褶量存在。

第二步　衣身作图

（1）确定衣长。后中心线垂直交叉作出腰围线，放置后身原型，由原型的后颈点在后中心线上量取衣长 58cm，作出水平线（下摆辅助线），如图 5-5 所示。

（2）确定胸围线。胸围的松量一般是在原型的基础上追加放量的。衬衫胸围一般

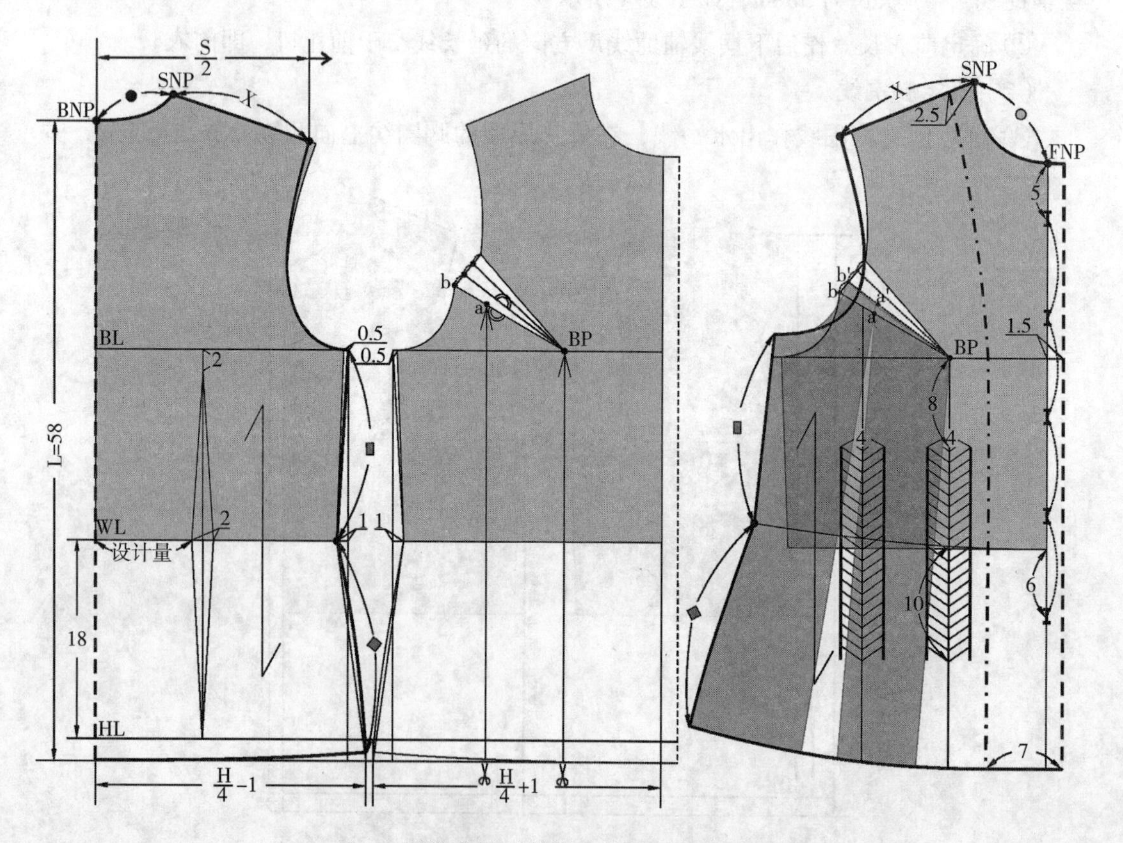

图5-5　通勤收腰女衬衫衣身结构图和结构处理图

的松量为 12 ~ 15cm 左右，属于较合体的状态。如果追求更高的合体度，也可以将胸围松量减少到 8 ~ 10cm；若选用弹性面料，则可取更小的胸围松量，为 4 ~ 6cm。本款通勤收腰衬衫以原型为基准，按照成衣胸围尺寸，胸围放松量不够，因此在后胸围加入放松量 0.5cm，前胸围加入放松量 0.5cm 来达到成衣胸围的尺寸。

① 在原型后片的胸围线上向外放出 0.5cm，作垂线至下摆辅助线上，即后侧缝辅助线。

② 在原型前片胸围的线上向外放出 0.5cm，作垂线至下摆辅助线上，即前侧缝辅助线。

（3）确定腰围。根据款式的要求，按照衬衣的成品腰围和胸腰差的比例分配，在衬衫的后片腰部设有省道，省量为 2cm；前腰省形式区别于后腰省形式，前腰设定褶裥，褶裥量分别是 4cm，如图 5–5 所示。

（4）确定肩宽。

① 后肩宽：从原型后中心线水平向原型肩线量取肩宽（S/2=20cm）为后肩宽。

② 前肩宽：取后侧肩宽的实际长度等于前侧肩宽。肩部没有任何吃缝量，因此前侧肩宽长度取后侧肩宽长度。

（5）确定领口。后领口和前领口同原型一样，保持不变。

（6）确定肩斜线。

① 后肩斜线：由后侧颈点连线作出后肩斜线，以“X”表示。

② 前肩斜线：由前侧颈点连线画出，长度取后肩斜线长度“X”，保证前后肩线长度相同。

（7）确定前后袖窿深线。前后袖窿深同原型袖窿深一样，保持不变。

（8）确定前后侧缝省。根据胸腰差比例分配方法，在前后腰节线上各收 1cm。

（9）确定前后侧缝线的绘制。按胸腰差的比例分配方法，量取后侧缝长等于前侧缝长，前后侧缝均等，如图 5–5 所示。

① 按胸腰差的比例分配方法，由腰围线和胸围线垂线的交点收腰省 1cm，后侧缝线的状态要根据人体曲线设置，并测量其长度。

② 按胸腰差的比例分配方法，由腰围线和胸围线垂线的交点收腰省 1cm，前侧缝线的状态同样要根据人体曲线设置，并根据后侧缝长由腰线向上取后侧缝长。

（10）绘制前后下摆。为保证成衣下摆圆顺，下摆线与侧缝线需修正成直角状态，侧缝起翘量不宜过大，一般采用 0.5cm ~ 1cm，最后将下摆线平缓画顺。

（11）确定门襟。设计门襟宽 1.5cm，即：前搭门宽为 1.5cm，以前中心线为中心，绘制平行于前中心线 1.5cm 门襟线，并垂直画到下摆线。

（12）确定纽扣位。前门襟为六粒扣，其中第一粒位于底领上，其他五粒位于门襟上；第二粒扣是由前颈点向下 5cm，最后一粒扣是前腰节向下 6cm，剩余扣位则是第一粒扣与最后一粒扣作平分作出纽扣的位置。

（13）确定眼位。衬衫前门襟的纽扣共五粒，眼位为竖眼；底领、袖口的眼位为横眼。

（14）作出贴边线。在肩线上由新侧颈点向肩端点方向量取 2.5cm，在下摆线上由前门止口向侧缝方向取 7 ~ 9cm，两点连线作出贴边线，贴边为连裁设计。

第三步　翻领作图（领子结构设计制图及分析）

领子为翻领，应先设定后底领高为 3cm，翻领高为 4cm。

（1）确定前后衣片的领口弧线。确定后衣片的领口弧线长度“●”（后颈点至侧颈点），前衣片的领口弧线长度“○”（前颈点至侧颈点），并分别测量出它们的长度，如图 5–6 所示。

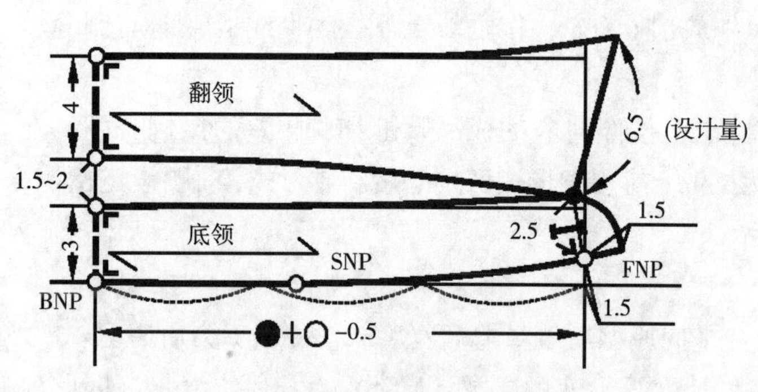

图5–6　通勤收腰女衬衫领子结构制图

（2）作出直角线。以后颈点为坐标点画一直角线，垂线为后中心线。

（3）确定底领。

① 作后中心线的垂线为领底辅助线，在辅助线上由后颈点取后领弧线长 + 前领弧线长 –0.5cm，定为点一；由点一向上抬升 1 ~ 1.5cm 为点二；点二与后颈点相连画顺，由后颈点在新的领口弧线上取后领口弧线长 + 前领口弧线长：● + ○，确定前颈点，顺延领底线 1.5cm 为搭门量。

② 由颈点在后中心线上取领底高 3cm，由前颈点作领底线的垂线取 2.5cm，为翻领的绱领口中点，将 3cm 处与 2.5cm 点处相连画顺，为底领的领绱口线，底领角造型可根据款式设计需求而定。

（4）确定翻领。由底领与后中心线的交点向上抬升 1.5 ~ 2cm，通过此点再向上取后领宽 4cm，前领宽 6.5cm，并作翻领外口线造型，领外口的状态根据款式设计需求而定。

第四步　袖子作图（一片袖结构制图及分析）

袖子结构设计制图方法和步骤说明如下图 5–7 所示：

（1）确定基础线的绘制。十字基础线：先作一垂直十字基础线。水平线为落山线，垂直线为袖中线。

（2）确定袖长。袖长 = 成品袖长 –3cm（袖头宽））=53cm。

（3）确定袖山高。衬衣袖山高根据袖子款式设计给出定量 10 ~ 12cm。

（4）确定前后袖山斜线。前袖山斜线按前 AH–0.3cm 定出，后袖山斜线按后 AH–0.3cm 定出。袖子的袖山总弧长应等于或小于前后袖窿弧长的总和（成品衬衣的袖窿缝份倒向衣身袖窿）。

（5）确定前后袖山弧线。前袖山斜线二等分，后袖山斜线二等分，然后按图画出。

（6）确定袖口开衩位。从后袖口宽进 5cm ~ 6cm 开始画出，袖口开衩长为 6 ~ 7cm。

（7）确定袖口褶。本款袖口褶设计一个，宽度为 4cm，由袖开衩向袖中线方向分别量取 2cm 作为褶的一边，再向袖中线方向量取褶大 4cm 作为褶的另一边。

（8）确定袖头、袖衩绲条。袖头长度按照手腕围 +3 ~ 4cm（手腕的松量）+3cm（搭门量），袖口宽为 3cm。作出长方形，按图画出即可。按照袖开衩的长度确定袖开衩绲边长度，长度为袖口开衩长 ×2，约为 12 ~ 14cm，宽度为 2cm。

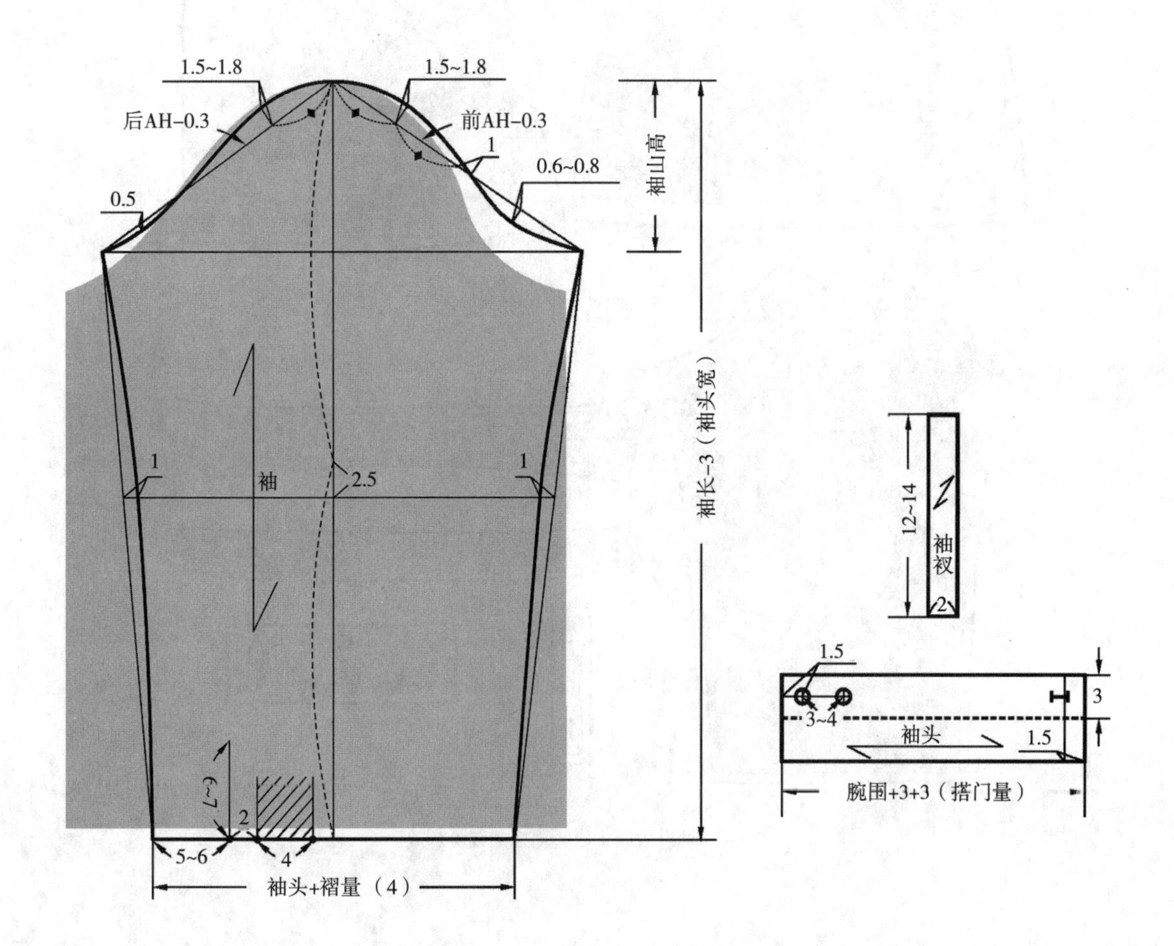

图5-7　通勤收腰女衬衫袖子结构图

（四）工业毛板

本款通勤收腰女衬衫工业样板的制作如图 5-8 ~ 图 5-11 所示。

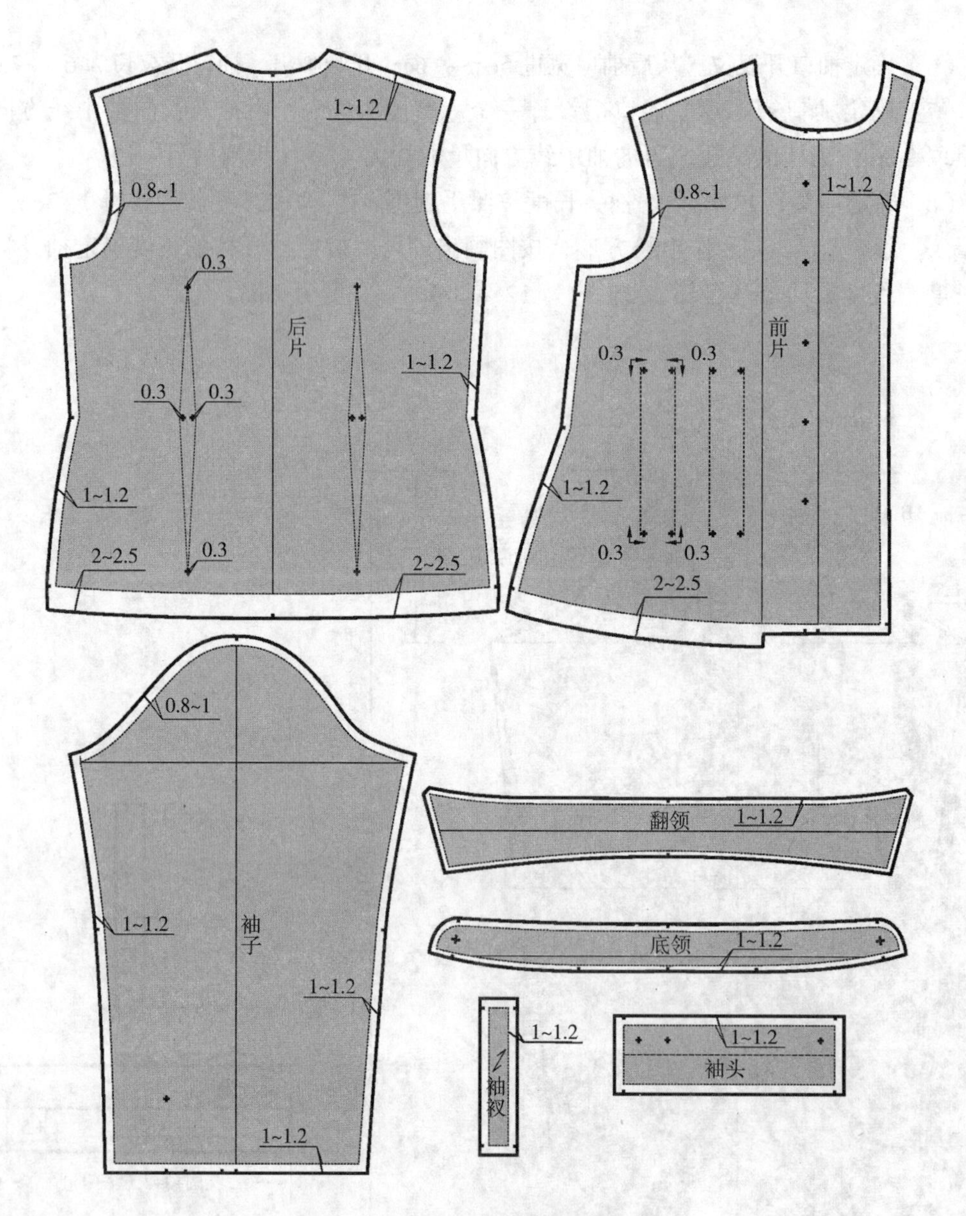

图5-8　通勤收腰女衬衫面板的缝份加放

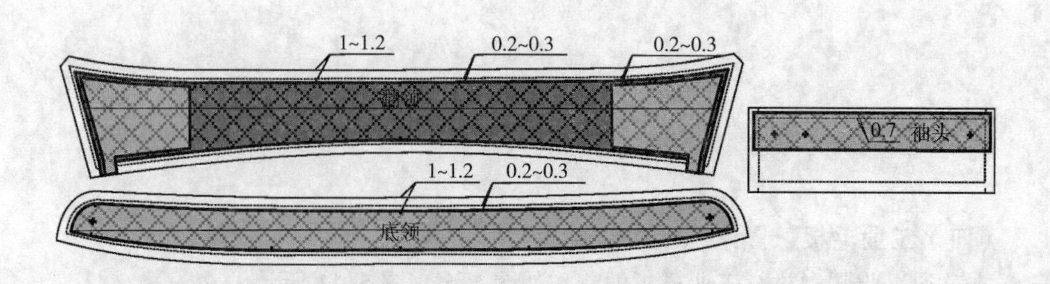

图5-9　通勤收腰女衬衫衬板的缝份加放

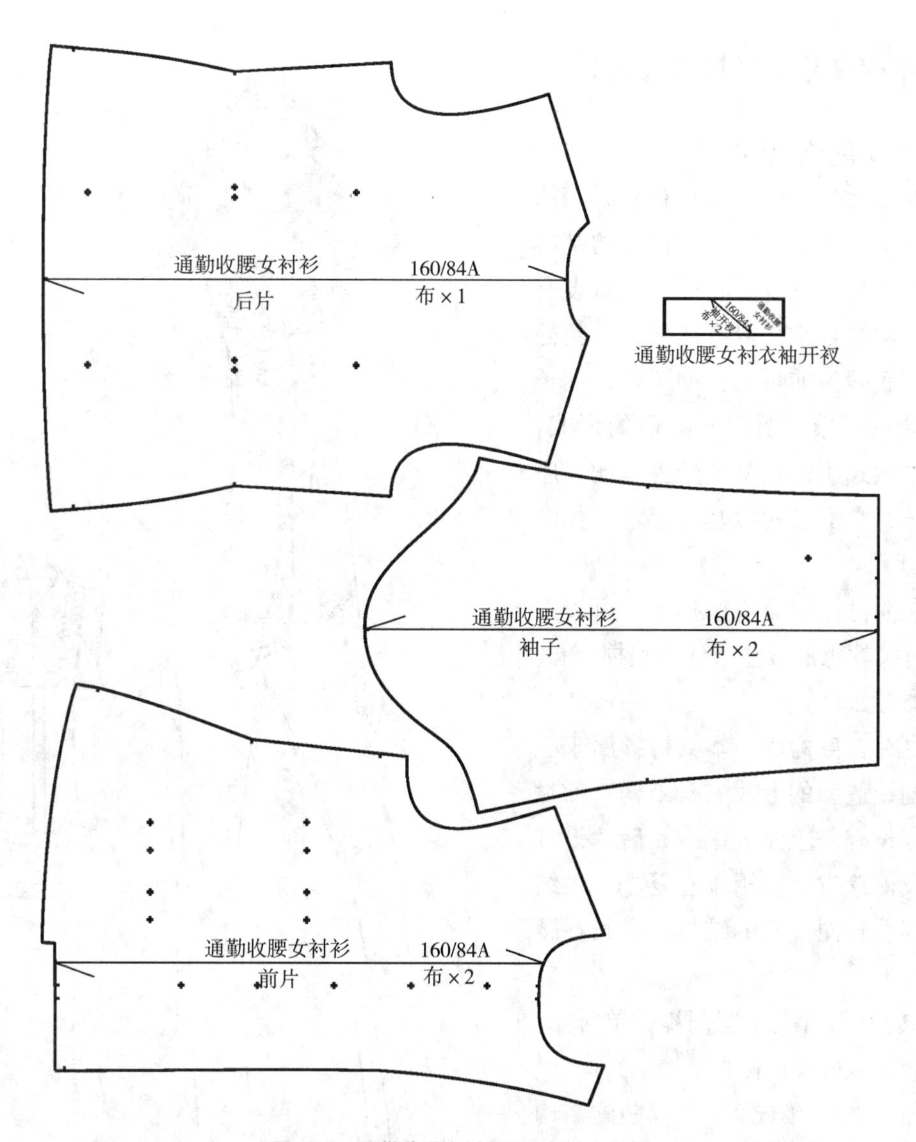

图5-10　通勤收腰女衬衫工业板——面板

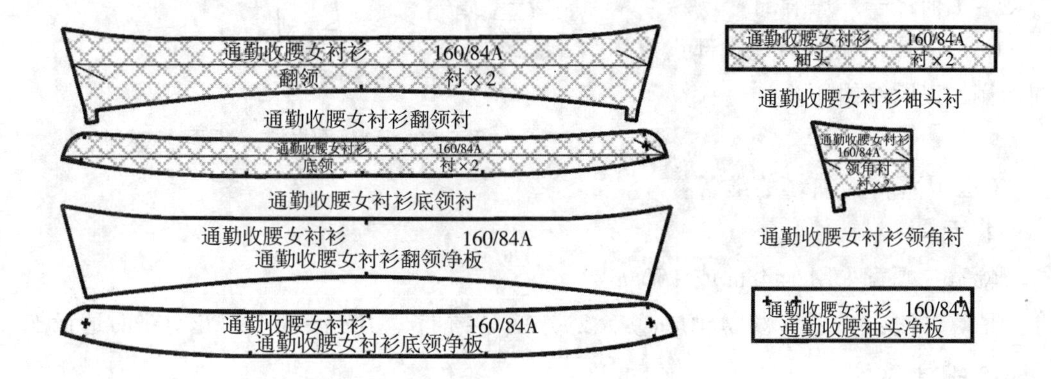

图5-11　通勤收腰女衬衫工业板——衬板、净板

二、压褶风琴女衬衫结构设计

（一）款式说明

本款女衬衫是一款具有温柔感的压褶风琴女衬衫，此款女衬衫的基本特征是衣身呈现S型轮廓，前身设有公主分割线且胸部设有压褶，后腰处收省；底摆为前短后长的圆摆；袖子为短袖；门襟是明门襟处理的形式，由于本款式压褶风琴式给人华丽、庄重之感，常配套西服套装穿着，如图5-12所示。

本款衬衫的面料选择上，可以选用具有柔软感的真丝、优质纯棉、麻、化纤类等面料。

（1）衣身构成：本款衬衫属于三片分割线造型的七片衣身结构，前片的腰围设有公主型分割线，后片设有腰省及侧缝省；多用于春夏季上衣结构或春秋轻便上衣的结构，衣长在腰围线以下15 ~ 20cm。

（2）衣襟搭门：明门襟，单排扣，下摆为前短后长的圆摆。

（3）领：领子为一片翻领的结构设计。

（4）袖：一片短绱袖。

（5）前片褶裥：前片胸部设有横向褶裥，以明线缉压。

图5-12 压褶风琴女衬衫效果图、款式图

（二）面料、辅料的准备

1. 面料

幅宽：幅宽采用144cm或150cm。

估算方法：（衣长 + 缝份10cm）×2或衣长 + 袖长 +10cm，需要对花对格时适量加。

2. 辅料

（1）薄黏合衬。幅宽：90cm或120cm，用于蝴蝶结领、贴边等部位。

（2）纽扣。直径为 0.5 ～ 1cm 的纽扣 5 个，前搭门处用。

（三）压褶风琴女衬衫结构制图

1. 确定成衣尺寸

成衣规格为 160/84A，依据是我国使用的女装号型 GB/T 1335.2—2008《服装号型　女子》。基准测量部位以及参考尺寸，如表 5–2 所示。

表5–2　成衣系列规格表　　单位：cm

规格＼名称	衣长	袖长	胸围	臀围	肩宽
155/80A（S）	56	20	92	96	37
160/84A（M）	58	21	96	100	38
165/88A（L）	60	22	100	104	39
170/92A（XL）	62	23	104	108	40
175/96A（XXL）	64	24	108	112	41

2. 制图步骤

女衬衫结构属于三片结构的基本纸样，这里将根据图例分步骤进行制图说明。

第一步　建立衬衫的前、后片框架结构

（1）确定衣长线。

① 后衣长：由款式图分析该款式为适体型衬衫，将后中心线垂直交叉作出腰围线，放置后身原型，由原型的后颈点在后中心线上向下取衣长，作出水平线（下摆辅助线），后衣长为 58cm，如图 5–13 所示。

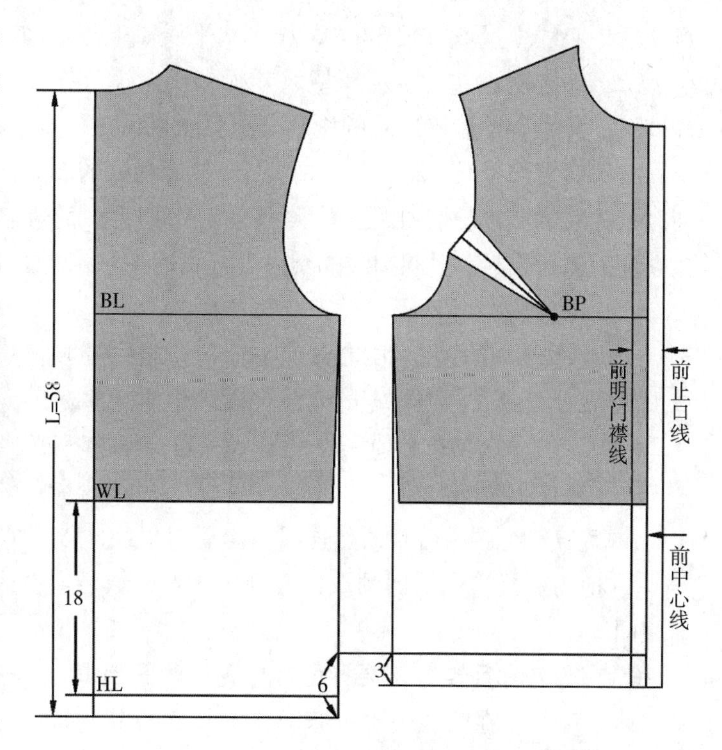

图5–13　建立合理的压褶风琴女衬衫结构框架图

② 前衣长：由后下摆线向上 6cm 作水平线并交于前侧缝线，再由前侧缝线垂直

向下 3cm 作水平线交于前止口，即前衣长。

（2）确定胸围线。

① 由原型后胸围线作出水平线，在后片原型的胸围线上作后胸围线的垂线至下摆辅助线上，同原型的后胸围相同。

② 在胸围线上由前中心线与胸围线的交点作前胸围线的垂线至下摆辅助线上。

（3）确定腰围线。由原型后腰围线作出水平线，将前腰围线与后腰围线复位在同一条线上，如图 5-13 所示。

（4）绘制前止口线。与前中心线平行 1.5cm 绘制前止口线，并垂直交到下摆辅助线，成为前止口线。搭门的宽度一般取决于扣子的宽度和厚度，也可取决于款式设计的宽度。

（5）绘制前明门襟线。在前衣片上与前中心线对称明门襟线，以前中心线为中心，绘制平行于前中心线 1.5cm 门襟线，并垂直交到下摆辅助线，成为前明门襟线。如图 5-13 所示。

（6）作出前后下摆线辅助线。在后中心线上量取后衣长作水平线即为后片下摆线辅助线；作后下摆线辅助线反方向的延长线交于前止口，即前下摆辅助线，如图 5-13 所示。

第二步　衣身作图

（1）确定衣长线。后中心线垂直交叉作出腰围线，放置后身原型，由原型的后颈点在后中心线上量取衣长 58cm，作出水平线（下摆辅助线），如图 5-14 所示。

（2）确定胸围线。本款压褶风琴衬衫不考虑放松量的追加，同原型的前后胸围一样即可。分别作前后胸围线的垂线至下摆辅助线上，即前后侧缝辅助线。

（3）确定腰围线。根据款式的要求，按照衬衣的成品腰围尺寸和胸腰差的比例分配，在衬衫的后片腰部分收省，省量大为 3cm，前片腰部分设有分割线，省量大为 2cm，并且在前后侧缝线与前后腰围线的交点处各收进 1.5cm，如图 5-11 所示。

（4）确定肩宽。

① 后肩宽：从原型后中心线水平向原型肩线量取肩宽（S/2=19cm）为后肩宽。

② 前肩宽：取后侧肩宽的实际长度等于前侧肩宽。

（5）领口。后领口和前领口同原型一样，保持不变。

（6）确定肩斜线。

① 后肩斜线：由后侧颈点连线作出后肩斜线，以“X”表示。

② 前肩斜线：由前侧颈点连线画出，长度取后肩斜线长度“X”，保证前后肩线长度相同。

（7）确定前后腰省。腰省位置作为一个设计量，根据款式而定，距后中心较近，显得体型瘦长；在腰线上确定省的中心线，与其垂直，并按照腰围的成衣尺寸和胸腰差的比例分配方法作出前后腰差。

① 在后片腰节线上收取省大 3cm，将其平分并作垂线，省的上端尖点应在胸围线

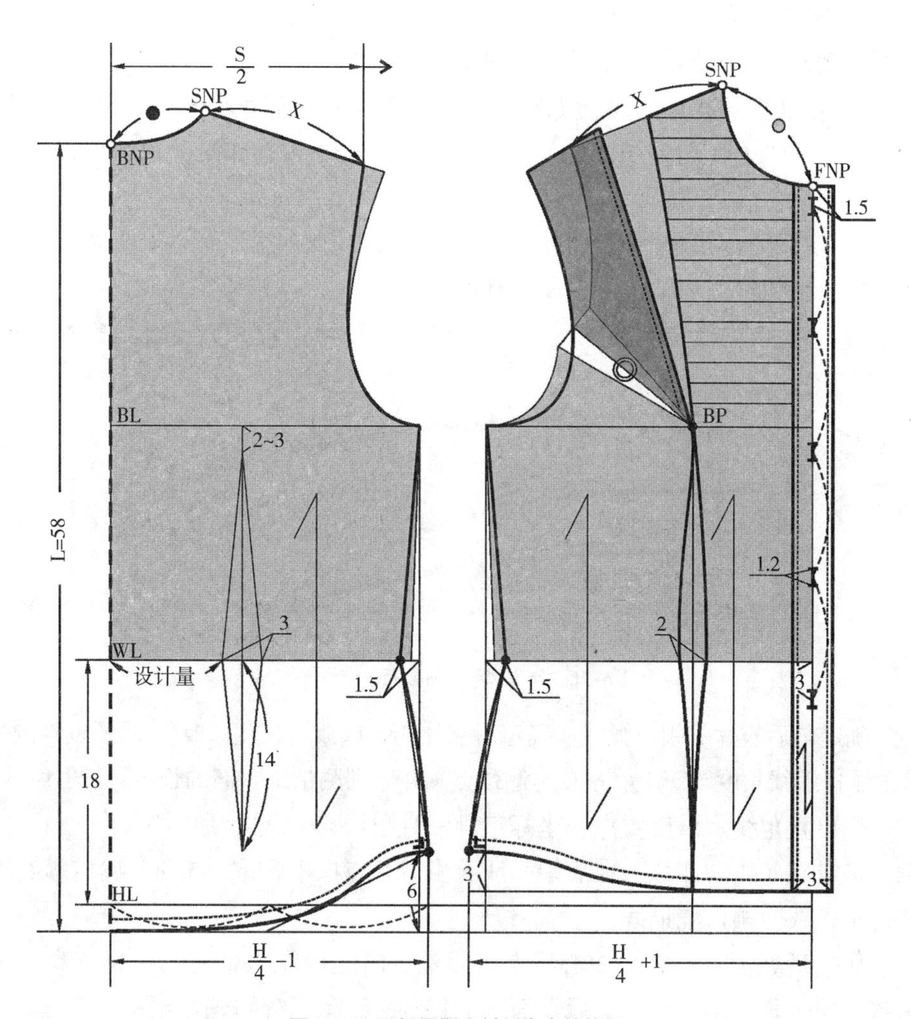

图5-14　压褶风琴女衬衫衣身结构图

向下 2 ~ 3cm（设计量），由省量大的中点再向下延长省的长度 14cm（设计量）；后中心线与腰线交点距省边可根据款式进行结构设计，如图 5-14 所示。

② 由肩点绘制公主线，并剪开到 BP 点，合并 1/2 袖窿胸凸省量，将其转化为肩上的胸凸省量；由 BP 点做垂线至下摆线，该线为省的中心线，在腰线上通过省的中心线取省大 2cm，分割线在肩线的位置要根据后肩线的取值需求而定，由腰省点分别开始画出，延长至下摆处，最后把袖窿胸凸省转移至前公主线中，如图 5-14 所示。

（8）确定前后袖窿深线。后袖窿深同原型袖窿深保持一致不变。

（9）确定前后侧缝省。根据胸腰差比例分配法，在前后腰节线上各收腰 1.5cm。确定前后侧缝线、下摆线。

① 按照胸腰差比例分配方法，将前后腰围线和胸围线垂线的交点各收省量大 1.5cm，前后侧缝线的状态要根据人体曲线设置，并取其前后侧缝线等长。

② 前后下摆与前后侧缝线交点分别向上 6cm 和 3cm，再与下摆线连斜线画顺，下

摆曲线要平缓画顺，侧缝线和下摆曲线保持直角。

（10）确定纽扣位。前门襟为五粒扣，第一粒扣是由前颈点向下 1.5cm，最后一粒扣是前腰节向下 3cm，剩余扣位则是第一粒扣与最后一粒扣作平分而得出，如图 5–14 所示。

（11）确定眼位。衬衫前门襟的纽扣共五粒，眼位为竖眼，眼长 1.2cm。

第三步 翻领作图（领子结构设计制图及分析）

领子为企领，应先设定后底领高为 3cm，翻领高为 4cm，前领面宽按照款式需求设计。

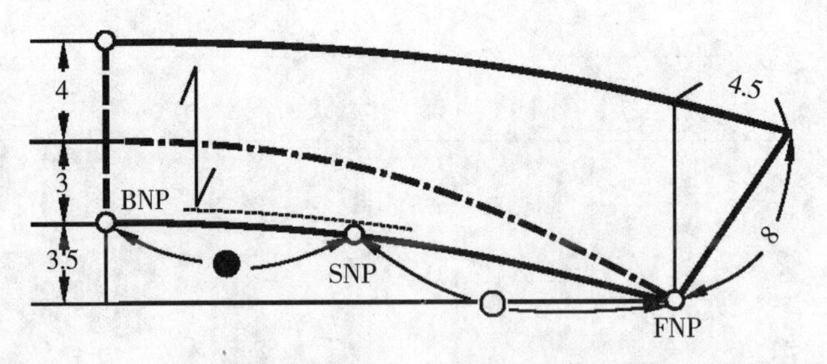

图5–15 压褶风琴女衬衫领子结构制图

（1）确定前后衣片的领口弧线。确定后衣片的领口弧线长度“●”（后颈点至侧颈点），前衣片的领口弧线长度“○”（前颈点至侧颈点），并分别测量出它们的长度，如图 5–15 所示。

（2）作出直角线。以后颈点为坐标点画一直角线，垂线为后中心线。

（3）确定领底线的凹势。在后中心线上由后颈点向下量取 3.5cm，确定领底线的凹势，作出水平线为领口辅助线。

（4）作出后领面宽。在后中心线上由后颈点向上量取 3cm 定出后领座高，作出水平线；接着向上量取 4cm，定出后领面宽，作水平线为领外口辅助线。

（5）确定领底线。领底线长 = 后领口弧线长度 + 前领口弧线长度：● + ○，取后领口弧线的长度与前领口弧线的长度。在后领座高水平线上由后颈点取后领口弧线长度“●”，再由该点向领口辅助线上量取前领口弧线长度“○”，确定前颈点，画顺前、后领底线。

（6）确定领外口线。在领外口辅助线上，由后中心线的交点与前绱领口点连接画顺。领外口的状态根据款式设计需要而定。

（7）确定领翻折线。由后领座高和后中心线的交点与前颈点连线。

第四步 袖子作图（一片袖结构制图及分析）

袖子结构设计制图方法和步骤说明，如图 5–16 所示：

（1）确定原型的摆放位置。将袖子原型摆放好位置。

（2）绘制基础线。十字基础线：先作一垂直十字基础线。水平线为落山线，垂直线为袖中线，如图 5–16 所示。

（3）确定袖长。袖长 = 成品袖长 =21cm，如图 5–13 所示。

（4）确定袖山高。衬衣袖山高根据袖子款式设计给出定量 10 ～ 13cm。

（5）前后袖山斜线。前袖山斜线按前 AH−0.3cm 定出，后袖山斜线按后 AH−0.3cm 定出。袖子的袖山总弧长应等于或小于前后袖窿弧长的总和。

（6）前后袖山弧线。将前袖山斜线二等分，后袖山斜线二等分，然后按图画出。

（7）确定袖宽。袖口的宽度为上臂围 +4cm（设计量），如图 5-16 所示。

（四）纸样的制作

修正纸样，完成结构处理图。

基本造型纸样绘制之后，就要依据生产要求对纸样进行结构处理图的绘制，修正女衬衫前片压褶部分，如图 5-17 所示。

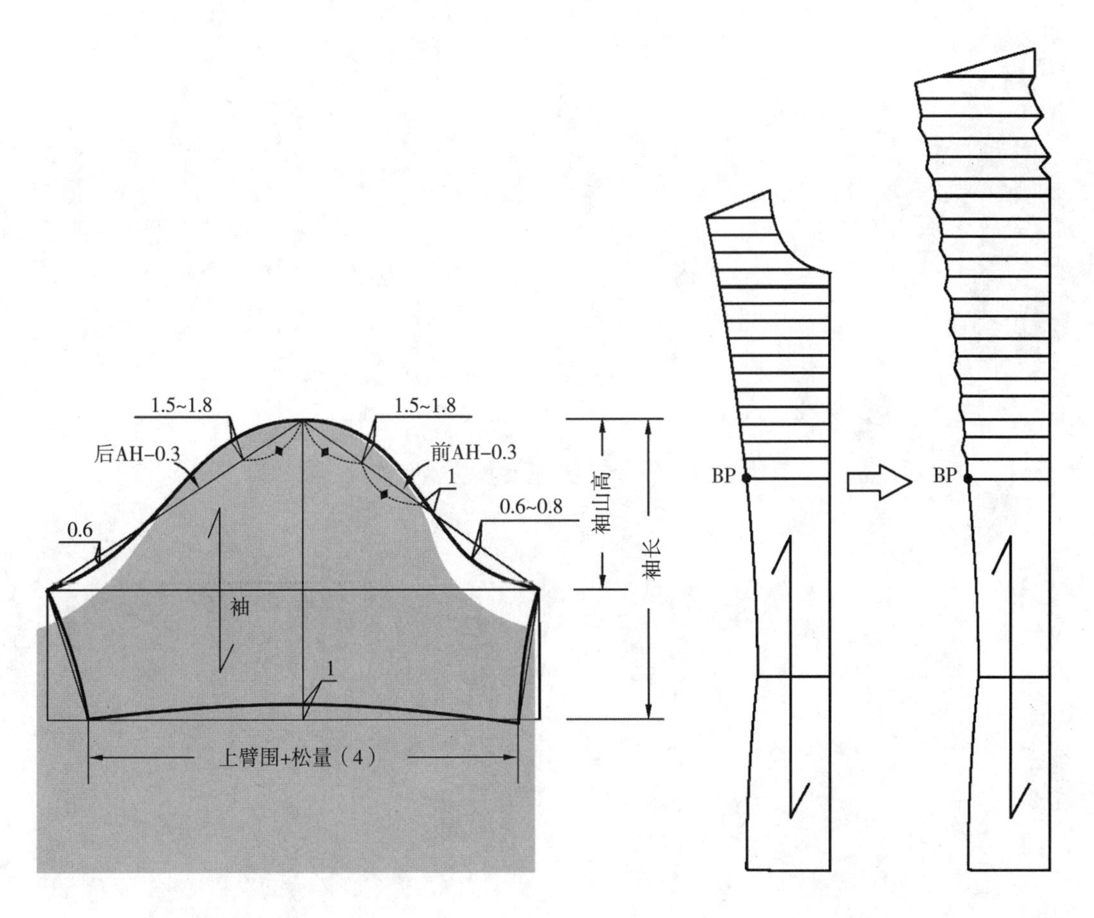

图5-16　压褶风琴女衬衫袖子结构图

图5-17　压褶风琴女衬衫前片压褶处理图

思考题：

1. 结合所学的女衬衫结构原理和技巧绘制一款翻立领、合体修身一片袖衬衫结构图，要求以 1∶1 的比例制图，并完成全套工业样板。

3. 绘制一款直立领、公主线、合体直身一片袖衬衫结构图，要求以 1∶5 的比例制图，并完成全套工业样板。

3. 课后进行市场调研，认识女衬衫流行的款式和面料，认真研究近年来女衬衫的变化与发展，自行设计 2 款流行女正装衬衫的款式，要求以 1∶5 的比例制图，并完成全套工业样板。

作业要求：

服装尺寸设定合理；制图结构合理；款式设计创意感强；构图严谨、规范，线条圆顺；标识使用准确；尺寸绘制准确；特殊符号使用正确；结构图与款式图相吻合；毛净板齐全，作业要求整洁。

第六章

女正装裙结构设计

学习要点：

1. 了解人体下半身体态特征，掌握裙摆与步距之间的关系。

2. 掌握正装裙型的设计原理及变化技巧。

3. 掌握裙子的基本裙型设计方法、设计规律及变化技巧。

4. 掌握正装裙子工业纸样的处理方法。

能力要求：

1. 能根据具体人体进行裙子各部位尺寸设计。

2. 能正确运用原型进行裙子结构设计。

3. 能根据人体体型特点进行裙子的结构制图。

4. 能根据裙子的具体款式进行制板，要求既符合款式要求，又符合制作需要。

第一节　正装裙款式特征

19世纪末，女性开始穿西装，但穿着的场合并不是去上班，而是去骑马、打球或郊游。配穿的裙长及脚踝，款式为多裥造型。第二次世界大战后，西方社会一直以女性着裙为正式的样式，短裙比长裙更正式。20世纪40年代，大批女性走向社会，形成第一次大规模穿用职业女装的高潮，西装套裙被作为职业女装中的经典样式固定下来，成为配套正装基本裙型，款式随着流行产生细节部位的变化，最初的套装裙裙长过膝约15cm，现今套装裙裙长普遍在膝盖以上5cm处。

一、女正装裙的分类

西装裙的分类区别于其他裙装款式的千变万化，但也能从不同的角度进行不同的分类。

1. 按裙子的长度分类

西装裙根据长度分类，裙子可分为露膝短裙、及膝短裙、过膝裙、中长裙，如图6-1所示。

2. 按裙子的外部廓型分类

按裙子的外部廓型可分为紧身裙、适身裙、半适身裙等，如图6-2所示。

3. 按裙子的内部结构分类

（1）按分割线结构分：竖线分割裙、横线分割裙、斜线分割裙等。

（2）按褶裥结构分：暗褶裙、倒褶裙等，如图6-3所示。

图6-1　正装裙型按长度分类

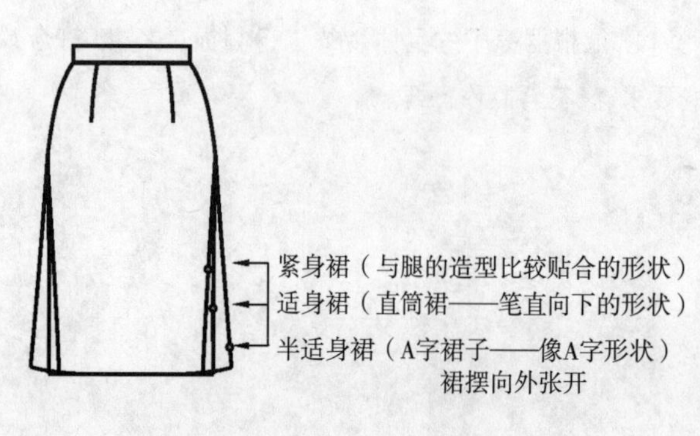

图6-2　裙子按外轮廓形态分类

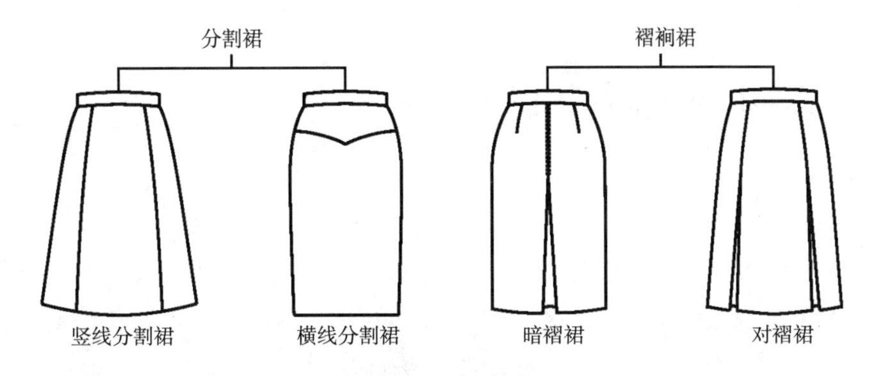

图6-3　裙子按内部结构分类

二、正装裙的各部位名称

以直筒裙为例进行说明，如图 6-4 所示。

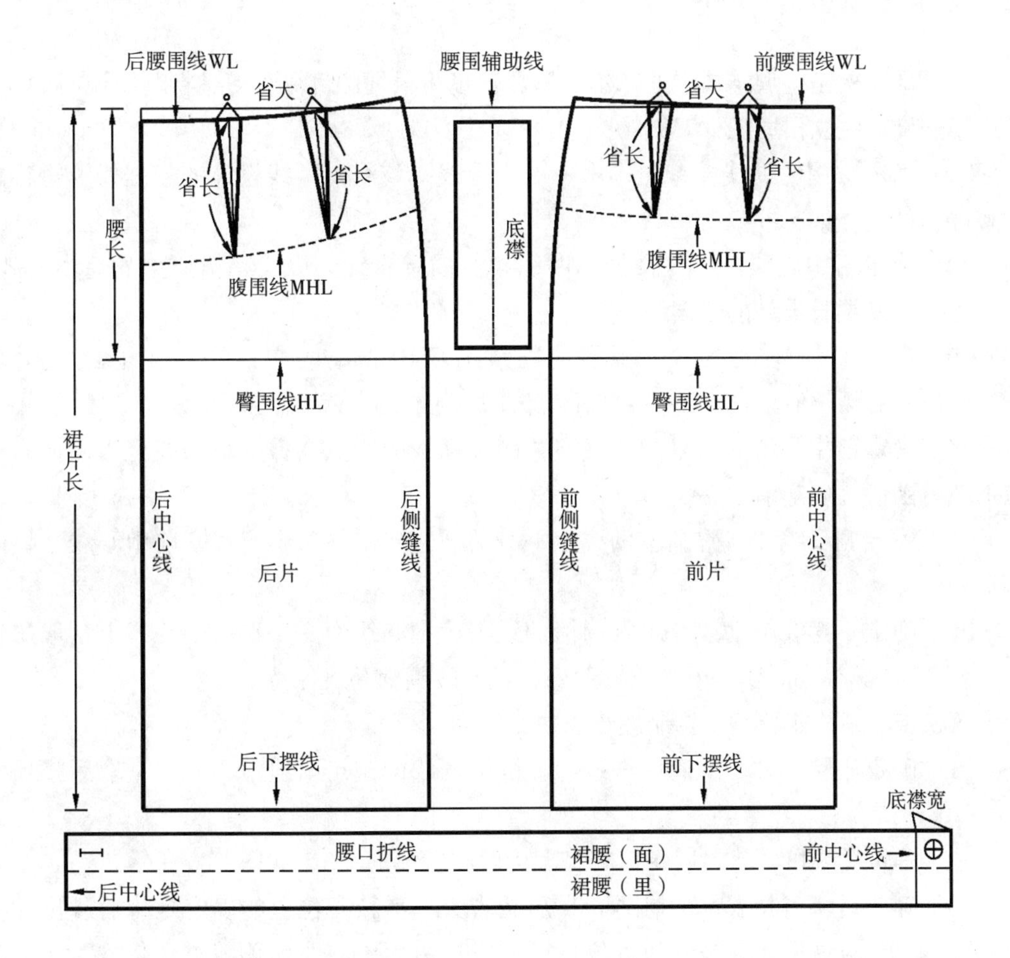

图6-4　直筒裙各部位名称

第二节　基本款正装裙结构设计

一、基础裙原型的尺寸制定

以人体160/68A号型规格为标准的参考尺寸，依据是我国使用的女装号型GB/T1335.2—2008《服装号型　女子》。基本测量部位以及参考尺寸，如表6-1所示。

表6-1　成衣规格　　单位：cm

规格＼名称	裙长（不含腰宽）	腰围	臀围	下摆大	腰长
160/84A	60	70	94	94	18～20

二、基础裙原型结构制图

裙原型结构是裙型结构中的基本纸样，这里将根据图例分步骤进行制图说明。

第一步　建立裙原型框架结构

（1）确定腰围辅助线。首先作出一条水平线，该线为腰线设计的依据线，也称之为腰围辅助线，如图6-5所示。

（2）确定后中心线。作与腰围辅助线相交的垂直线。该线是裙原型的后中心线，同时也是成品裙长设计的依据线。

（3）确定臀围辅助线。由腰围辅助线与后中心线的交点在后中心线上量取18～20cm的腰长值，且作18～20cm点的水平线，此线为臀围辅助线。

（4）确定前中心线。由后中心线与臀围辅助线的交点在臀围辅助线上由左向右量取H/2臀围值，确定前中心线。

（5）确定侧缝线。在臀围辅助线上平分H/2值作出与后中心线、前中心线平行的侧缝线。

（6）确定下摆线辅助线。由腰围辅助线与后中心线的交点在后中心线上量取裙片长=裙长+1cm=61cm作为下摆线辅助线，且与腰围辅助线保持平行。

第二步　建立裙原型结构制图步骤

（1）确定后腰尺寸。从后中心线与腰围辅助线的交点向前中心方向量取后腰尺寸W/4=70/4=17.5cm。

（2）确定后腰口劈势。后腰口劈势大为臀腰差值的1/3，如图6-6所示。

（3）确定后腰省位置、后腰省长、后腰省大。后腰省位置的确定是将后腰尺寸与臀腰差的2/3的总尺寸3等分为省位；后腰省长由后中心线向侧缝方向依次为11cm、

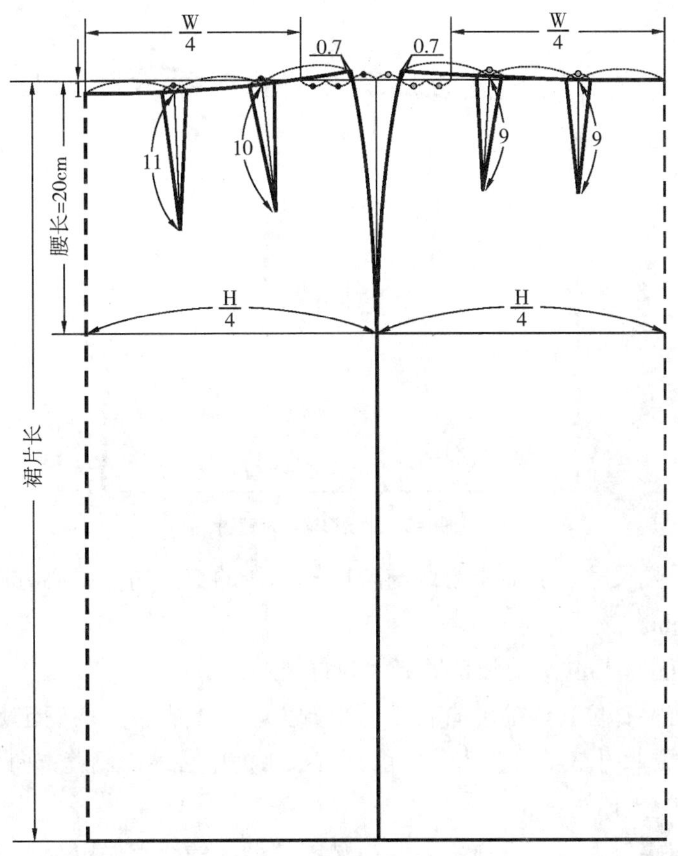

图6-5　基础裙原型结构图

10cm；后腰省大为臀腰围差的 1/3。

（4）确定后腰口弧线。由后中心线与腰围辅助线的交点在后中心线下落 1cm 确定点一，在这里需要说明的是：后中心线腰口比前中心线腰口低落 1cm 左右，是由女性的体型所决定的。侧观人体，可见腹部前凸，而臀部略有下垂，致使后腰至臀部之间的斜坡显得平坦，并在上部略有凹进，腰际至臀底部处呈 S 型。导致腹部的隆起使得前裙腰向斜上方移升，后腰下部的平坦使得后腰下沉，致使整个裙腰处于前高后低的非水平状态。在后中心线腰口下落 1cm，就能使裙腰部处于良好状态，至于下落的幅度，一般在 1cm 左右，具体应根据体型及合体程度加以调节。沿后腰口劈势处起翘 0.7cm 确定点二，在这里需要说明的是：起翘 0.7cm 的目的是为了满足人体的侧缝弧线长度，由于人体臀腰差的存在，使裙侧缝线在腰口处出现劈势，因劈势的存在，使起翘成为必然。因为侧缝有劈势使得前后裙身拼接后，在腰缝处产生了凹角。劈势越大，凹角也越大，而起翘的作用就在于将凹角得到填补。将点一和点二连成圆顺的后腰口弧线。

（5）确定裙片后中心线。在后中心线上由点一作垂线取裙长 60cm，垂直延长到下摆辅助线，本款为裙基本板，裙长不含裙腰宽，由于裙子后中心线腰口低落 1cm 左右，因此裙片长要加上该设计量。

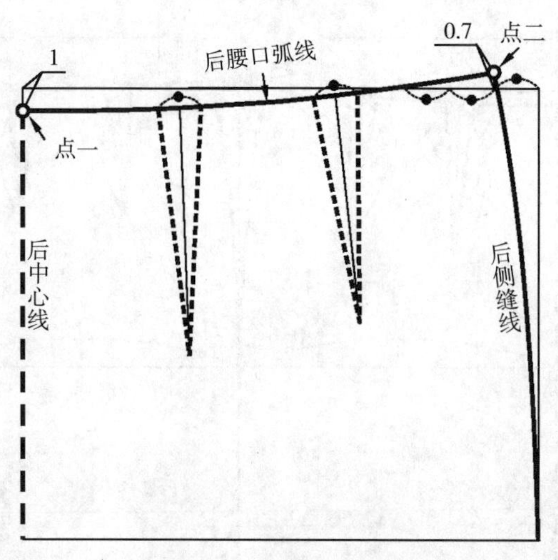

图6-6　后腰口劈势示意图

（6）确定前腰尺寸。从前中心线与腰围辅助线的交点向后中心方向量取前腰尺寸W/4=70/4=17.5cm。

（7）确定前腰口劈势。前腰口劈势大为臀腰差的 1/3。

（8）确定前腰省位置、前腰省长、前腰省大。前腰省位置的确定是将前腰尺寸与臀腰差的 2/3 的总尺寸 3 等分为省位；前腰省长由前中心线向侧缝方向依次为 9cm；前腰省大为臀腰围差的 1/3。

（9）确定前腰口弧线。由前中心线与腰围辅助线的交点确定为点三，沿前腰口劈势处起翘 0.7cm 确定点四，将点三和点四连成圆顺的前腰口弧线。

（10）确定裙片前中心线。由点三作垂线，垂直延长到下摆辅助线。

（11）确定后侧缝线。在侧缝线上把后臀围宽与腰长的交点确定为点五，将后腰口劈势 0.7cm 点与点五连成外凸弧线并垂直延长到下摆辅助线。

（12）确定前侧缝线。在侧缝线上把前臀围宽与腰长的交点确定为点五，前腰口劈势 0.7cm 点与点五连成外凸弧线，垂直延长到下摆辅助线。

（13）确定前后下摆线辅助线。在下摆辅助线由后中心线向侧缝连接后下摆线。在下摆辅助线由前中心线向侧缝连接前下摆线。由此基础裙原型结构制图完成。

第三节　正装裙结构设计实例

一、紧身裙结构设计

（一）款式说明

紧身裙是目前西装裙最常见的款式，紧身裙又称霍布尔裙，即蹒跚走路的样子，这是法国设计师保罗 · 布瓦列特于 1911 年发布的一款新装。其式样为适体腰身，膝部以下收窄，裙口非常狭小，以致无法大步走路，穿这种裙子的女士行走时步履蹒跚。虽引起争议，但这种优雅的全新样式在第一次世界大战前后成为女性们追求的时尚。

为了便于步行方便，设计师在收小的裙摆上做了开衩处理，这是西方服装史上第一次在女裙上做开衩。膝部以下的收紧和开衩，不仅是一种性感的表现，而且还预示了未来女装设计的重点将向腿部转移。

紧身裙在众多的裙装造型中，呈现的是一种特殊状态，因为它恰到好处在贴身的极限，如西装套裙、紧身裙从腰部到臀部贴身合体，而从臀部至下摆呈收摆状态。裙身为三片结构，裙前片为整片结构，后片的后中心线破开。前后腰部收省，装腰头。在紧身裙中有两个重要的功能性设计：一是考虑到裙子的穿脱方便要在后中缝的腰口或侧缝处的腰口安装拉链，二是为了便于行走则要在后中缝下摆处或两边侧缝的下摆做开衩处理。

这种裙子可分别用作单件的或用作裙套装的裙子款式。

本款紧身女裙款式雅致大方，挺括端庄；因此裙料要求身骨挺括，富有弹性，如各色薄型毛料、涤毛混纺料、中长花呢、纯涤纶花呢、针织涤纶面料、罗缎等，根据身份不同可选用各种档次的面料，如图 6–7 所示。

图6–7　紧身裙效果图、款式图

（1）裙身构成：紧身裙裙身分为两种功能性结构方式处理：一是裙身前、后片均为整体的两片结构，在裙身侧缝处安装拉链，且在裙身下摆两侧开衩，但是由于人体体态在侧缝处臀腰差较大的缘由造成侧缝是弧线形结构，同时为了行走方便使得两侧裙缝处还要设置开衩结构，但是这种结构方式在工艺制作中不宜处理，一般不采纳；二是裙身结构为三片结构，裙前片为整片结构，后片后中缝破开，后中心线下摆处做开衩处理，由于人体后中心线处呈直线状态，而且为行走方便的两侧开衩处理转换到后中心线处开衩，这样的结构方式易于工艺制作的处理，因此这样的结构方式是为多数人所采取的。

（2）腰：前后腰部各收2个省，装腰头，右搭左，并且在腰头处锁扣眼，装纽扣。

（3）后中缝：后片后中心线破开，在后中心线上装拉链。

（4）开衩：后中心线下摆处开衩。

（5）拉链：装于后中心线腰口处，普通拉链，长度约为15 ~ 18cm，在臀围线向上3cm作为拉链止点，拉链颜色应与面料色彩保持一致。

（6）纽扣或裤钩：直径为1 ~ 1.5cm的纽扣或裤钩一个（用于腰口处）。

（二）面料、里料、辅料的准备

1. 面料

幅宽：112cm、144cm、150cm、165cm。

估算方法为：裙长 + 缝份5cm，需要对花对格时适量追加。

2. 里料

幅宽：144cm或150cm，估算方法为：1个裙长。

3. 辅料

① 厚黏合衬。幅宽为90cm或112cm，用于裙腰里。

② 薄黏合衬。幅宽为90cm或120cm（零部件用），用于裙腰面、开衩处和前、后裙片下摆、底襟部件。

③ 拉链。缝合于后中心线拉链，长度约为15 ~ 18cm左右，颜色应与面料色彩保持一致。

④ 纽扣。纽扣直径为1cm的1个（用于裙腰里襟）或裤钩1副。

（三）紧身裙结构制图

1. 确定成衣尺寸

成衣规格：160/68A。依据是我国使用的女装号型GB/T1335.2—2008《服装号型 女子》。基准测量部位以及参考尺寸，如表6-2所示。

表6-2 成衣系列规格表 单位：cm

规格 \ 名称	裙长	腰围	臀围	下摆大	腰长	腰宽
155/80A（S）	50	67	90	84	18 ~ 20	3
160/84A（M）	52	70	94	88	18 ~ 20	3
165/88A（L）	54	73	98	92	18 ~ 20	3
170/92A（XL）	86	76	102	96	19 ~ 21	3

2. 制图步骤

紧身裙结构属于裙型结构中典型的基本纸样，这里将根据图例分步骤进行制图说明。

第一步　建立紧身裙框架结构（基础裙原型框架）

（1）确定后腰围辅助线。首先作出一条水平线，该线为腰线设计的依据线，也称之为腰围辅助线，如图 6-8 所示。

（2）确定后中心线。作与腰围辅助线相交的垂直线。该线是裙原型的后中心线，同时也是成品裙长设计的依据线。

（3）确定后臀围辅助线。由腰围辅助线与后中心线的交点在后中心线上量取 18cm ~ 20cm 的腰长值，且作 18cm ~ 20cm 点的水平线，此线为后臀围辅助线。

（4）确定后臀围宽。在臀围辅助线上由后中心线与臀围辅助线的交点向后侧缝方向量取后臀围宽 /4=94cm/4=23.5cm。

（5）确定后侧缝辅助线。由后中心线与臀围辅助线的交点量出后臀围宽后，作平行于后中心线的垂直线即后侧缝辅助线。

（6）确定后下摆线辅助线。由腰围辅助线与后中心线的交点在后中心线上量取裙

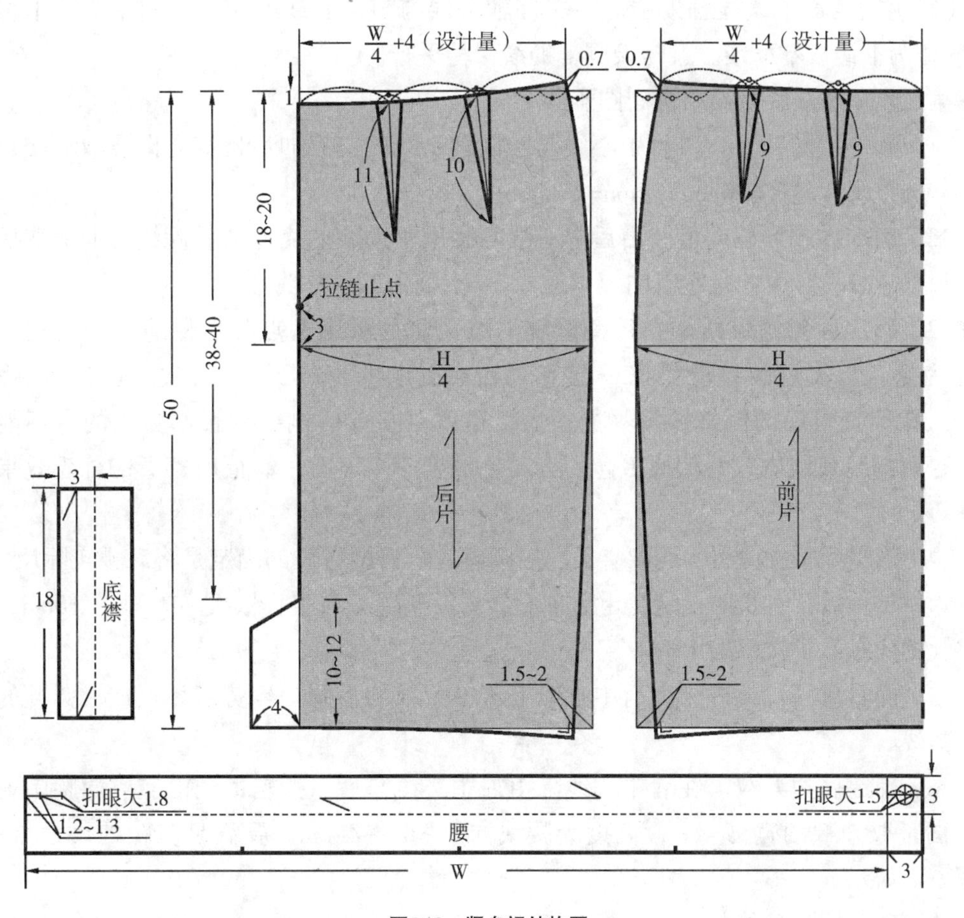

图6-8　紧身裙结构图

片长 50cm 作为下摆线辅助线，且与腰围辅助线保持平行。成品裙长是指裙后中心线的长度，裙片长的确定要考虑两个因素，一是裙腰宽，二是后中心线腰口下落设计量（1cm）。本款裙长为 52cm，其腰宽为 3cm，其裙片长即为裙长 – 腰宽 + 后中心线腰口下落量 =52–3+1cm=50cm。

（7）确定前腰围辅助线。首先作出一条水平线，该线为腰线设计的依据线，也称之为腰围辅助线，如图 6–8 所示。

（8）确定前中心线。作与腰围辅助线相交的垂直线。该线是裙原型的前中心线，同时也是成品裙长设计的依据线。

（9）确定前臀围辅助线。由腰围辅助线与后中心线的交点在前中心线上量取 18 ~ 20cm 的腰长值，且作 18 ~ 20cm 点的水平线，此线为前臀围辅助线。

（10）确定前臀围宽。在臀围辅助线上由前中心线与臀围辅助线的交点向前侧缝方向量取前臀围宽 /4=94cm/4=23.5cm。

（11）确定前侧缝辅助线。由前中心线与臀围辅助线的交点量出前臀围宽后，作平行于前中心线的垂直线即前侧缝辅助线。

（12）确定前下摆线辅助线。由腰围辅助线与前中心线的交点在前中心线上量取 60cm 作为下摆线辅助线，且与腰围辅助线保持平行。

第二步 建立紧身裙结构制图步骤

（1）确定后腰尺寸。由后中心线与腰围辅助线的交点向后侧缝方向量取后腰尺寸 W/4+4cm（设计量）=70cm/4+4cm=21.5cm。

（2）确定后腰口起翘值。由后中心线与腰围辅助线的交点向后侧缝方向量取后腰实际尺寸定点后，由此点垂直向上量取 0.7cm，将 0.7cm 作为点一。

（3）确定后侧缝弧线。在后侧缝辅助线上将后臀围宽点与后侧缝辅助线的交点确定为点二，将后腰口劈势点一与点二连成圆顺的外凸弧线。在这里需要说明的是：从腰部到臀围的侧缝弧度不能太大，也就是在前后侧缝的腰部劈去的量不能太多，否则侧缝弧线中容易形成鼓包，为工艺制作带来不方便，同时穿着的外观效果不美观。

（4）确定后腰省位置、后腰省长、后腰省大。后腰省位的确定是将后腰实际尺寸 3 等分为省位；后腰省长的确定是由后中心线向后侧缝方向省长依次为 11cm、10cm；后腰省大的确定是臀腰差的 1/3。

（5）确定后腰口弧线。由后中心线下落 1cm 点与后腰口劈势起翘点连成圆顺的后腰口弧线。

（6）确定底边开衩。在后中心线上由后中心线与后下摆辅助线的交点向腰围辅助线方向量取开衩的宽度 4cm，高度为腰线向下 38 ~ 40cm，要满足步距的尺寸需求，如图 6–8 所示。

（7）确定后中心线拉链长。拉链不宜过长，不要超过臀围线，由臀围线与后中心线交点在后中心线上向腰围辅助线方向量取 3cm，作为拉链止点，3cm 点与后中心线低落 1cm 点的距离为拉链的长度。

（8）确定裙片后中心线。由后中心线低落 1cm 点在后中心线上向下垂直延长到底边开衩高度为止，确定出裙片的后中心线。

（9）确定后裙片下摆线。在后下摆辅助线与后侧缝辅助线的交点向后中心线方向量取 1.5 ～ 2cm 作为辅助点三，由开衩宽点 4cm 处通过辅助点三和后侧缝线连顺，且后下摆与后侧缝线的交点处要保持 90°，这样才能保证前后裙片的下摆线程 180° 水平线，如图 6–8 所示。

（10）确定前腰口尺寸。由前中心线与腰围辅助线的交点向前侧缝方向量取前腰尺寸 W/4+4cm（设计量）=70cm/4=21.5cm。

（11）确定前腰口起翘值。由前中心线与腰围辅助线的交点向前侧缝方向量取前腰实际尺寸定点后，由此点垂直向上量取 0.7cm，将 0.7cm 点作为点四。

（12）确定前侧缝弧线。在前侧缝辅助线上将前臀围宽点与前侧缝辅助线的交点和点四连接成圆顺的外凸弧线。

（13）确定前腰省位置、前腰省长、前腰省大。前腰省位的确定是将其前腰实际尺寸 3 等分为省位；前腰省长的确定由前中心线向侧缝方向省长均为 9cm；前腰省大的确定为臀腰围差的 1/3。

（14）确定前腰口弧线。由前中心线与腰围辅助线的交点和点四连成圆顺的前腰口弧线。

（15）确定裙片前中心线。由前中心线辅助线与腰围辅助线的交点垂直向下延长到下摆辅助线，确定裙片的前中心线。

（16）确定前下摆线。在前下摆辅助线与前侧缝辅助线的交点向前中心线方向量取 1.5 ～ 2cm 作为辅助点五，由前中心线与前下摆辅助线的交点处通过辅助点五和前侧缝线连顺，且前下摆与前侧缝线的交点处要保持 90°，这样才能保证前后裙片的下摆线呈 180° 水平线，如图 6–8 所示。

（17）确定底襟的长度、宽度。根据拉链长度确定底襟的长度，底襟的长度要盖住拉链，本款为 18cm，底襟宽度设计量本款取 3cm。

（18）完成腰头制图。根据腰围尺寸，确定腰长为：腰围尺寸 + 底襟宽度 = 70cm+3cm=73cm；腰宽尺寸为设计量，在女装中常用的腰宽尺寸为 2 ～ 4 cm，本款采用 3cm，如图 6–8 所示。

（四）工业毛板

紧身裙工业样板的制作，如图 6–9 ～图 6–16 所示。

开衩的处理：开衩止点以上的缝份劈开，开衩部分向后片右侧烫倒。裙左后片向上折，用回针缝固定。开衩部分的缝份沿着裙右后片的折边缭缝。

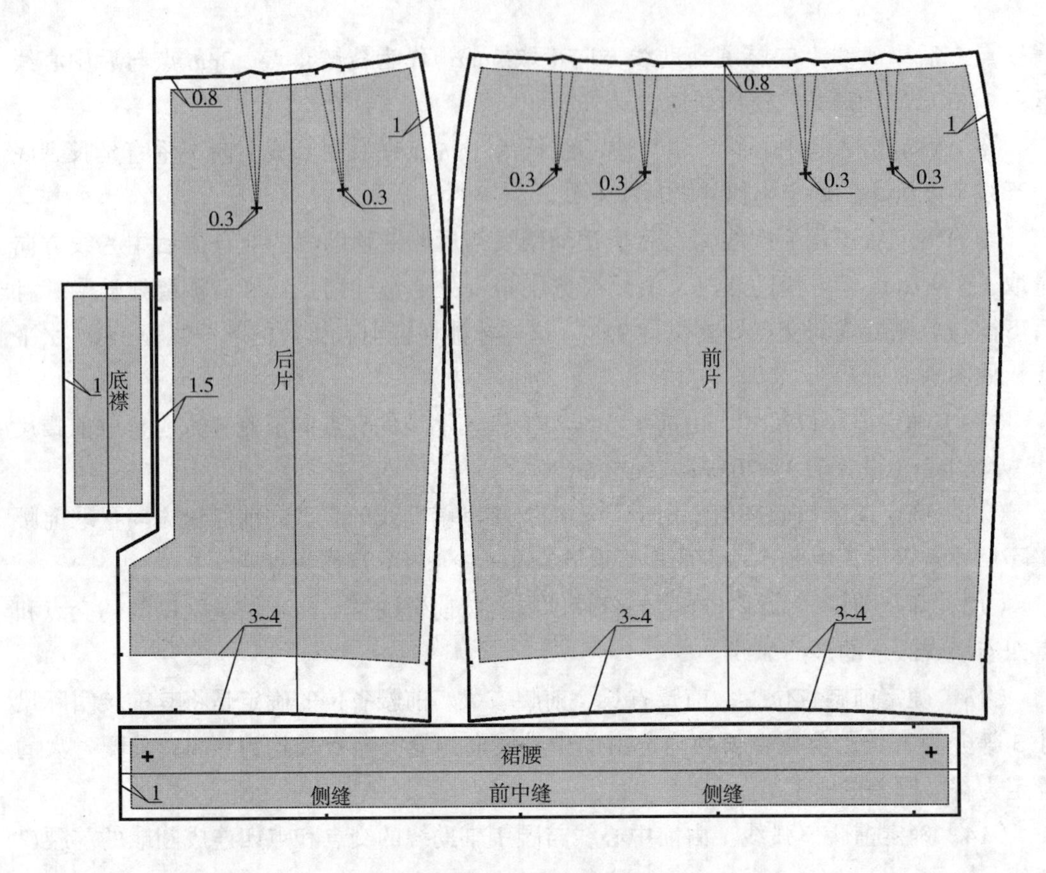

图6-9 紧身裙面板的缝份加放

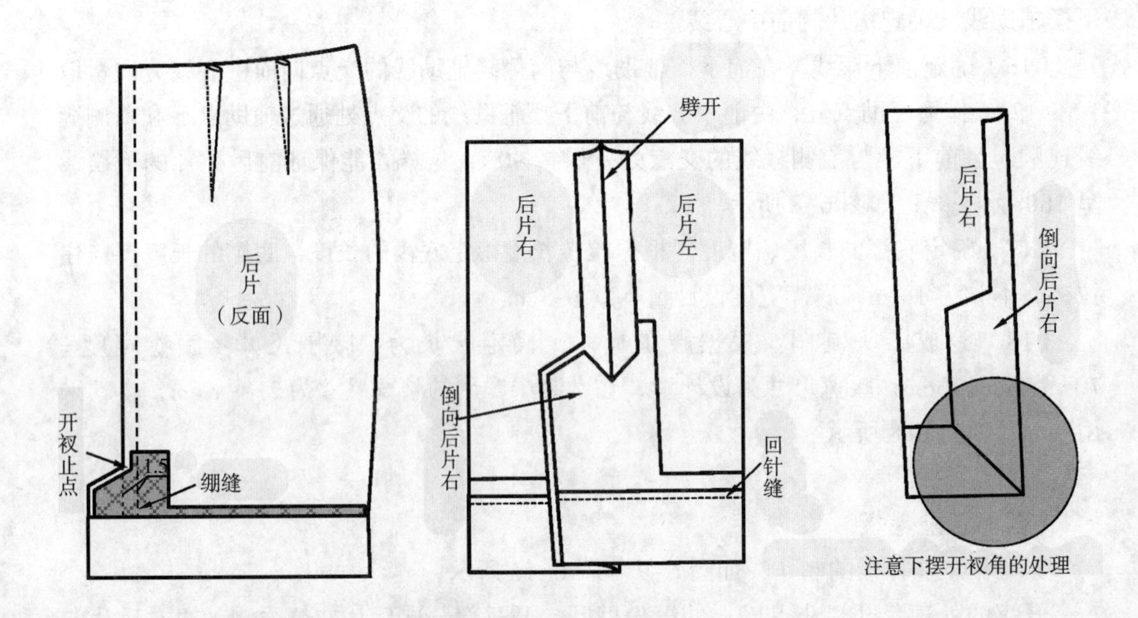

图6-10 开合设计开衩的示意图

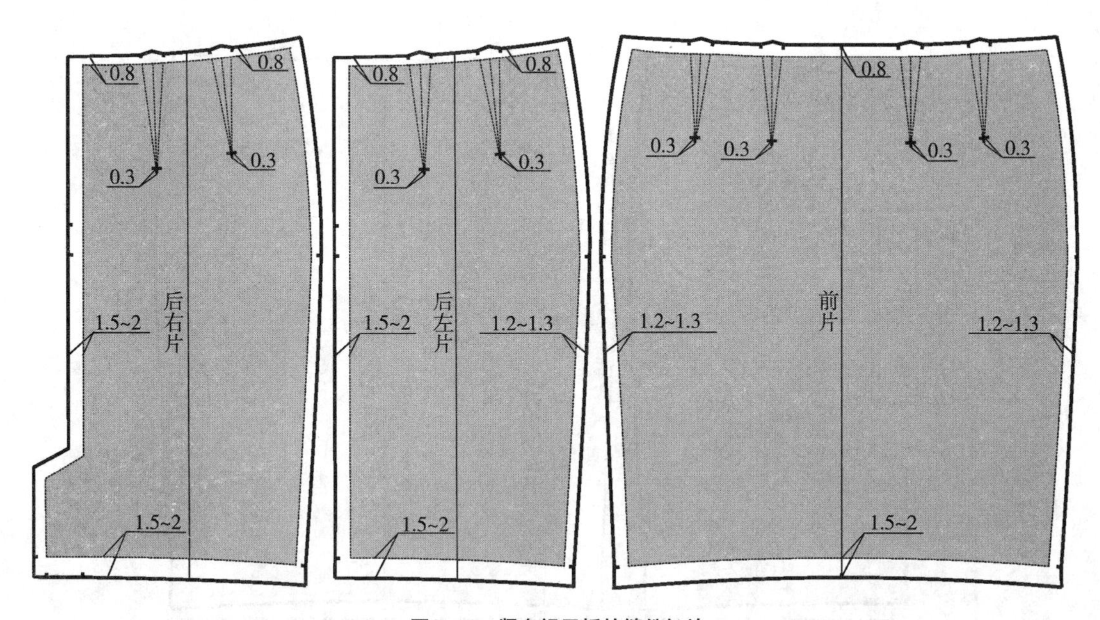

图6-11　紧身裙里板的缝份加放

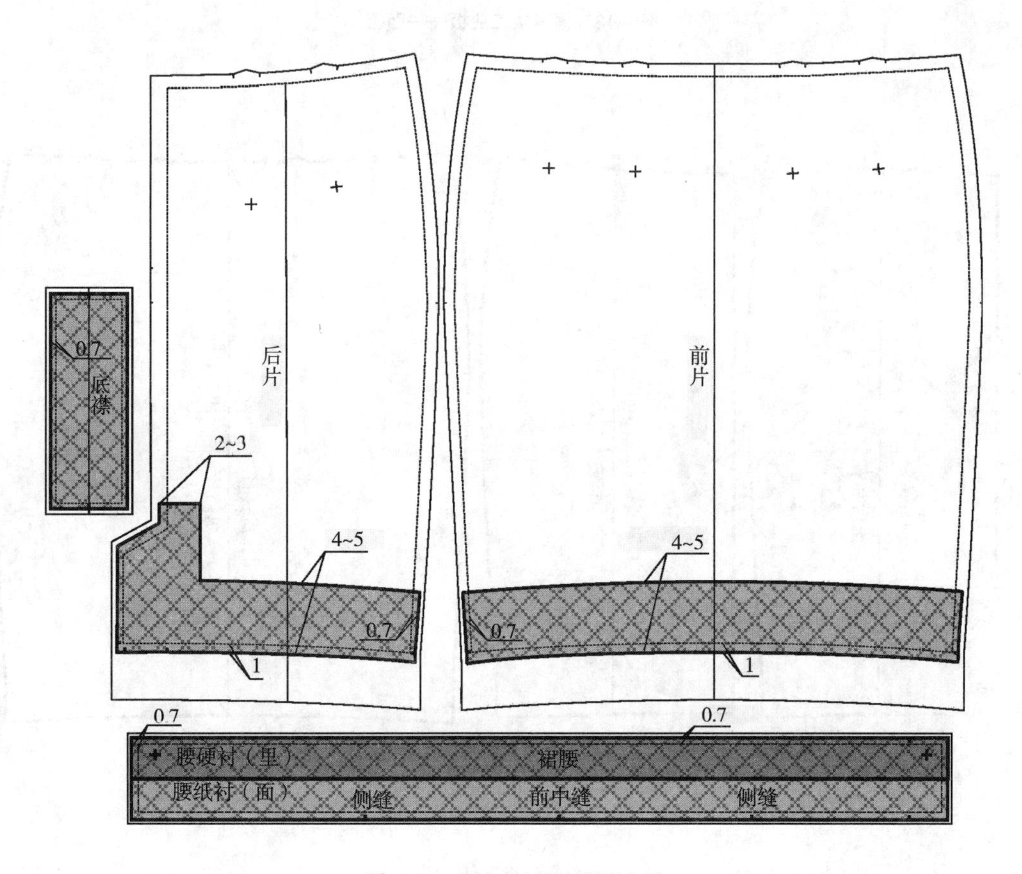

图6-12　紧身裙衬板的缝份加放

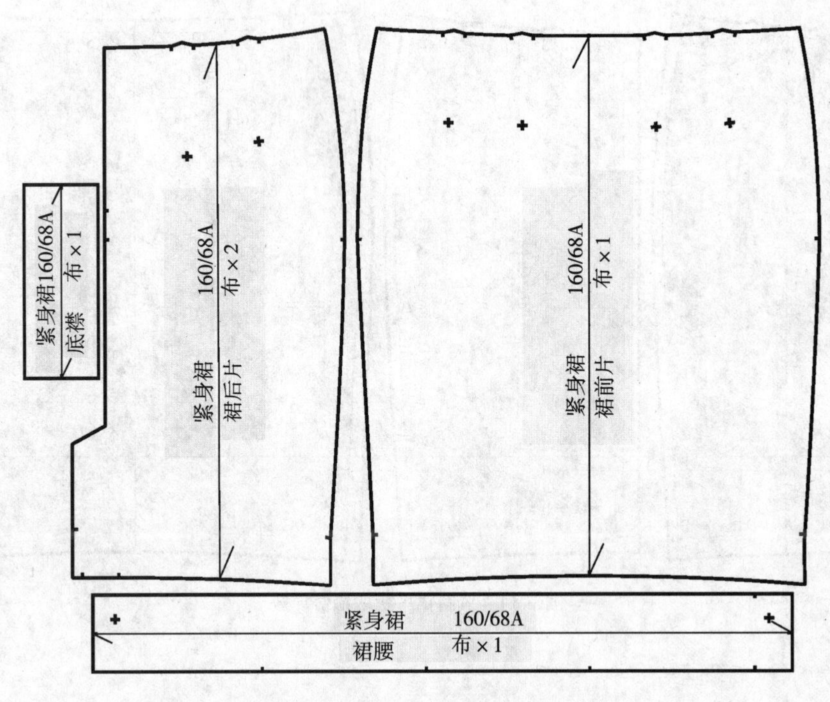

图6-13 紧身裙工业板——面板

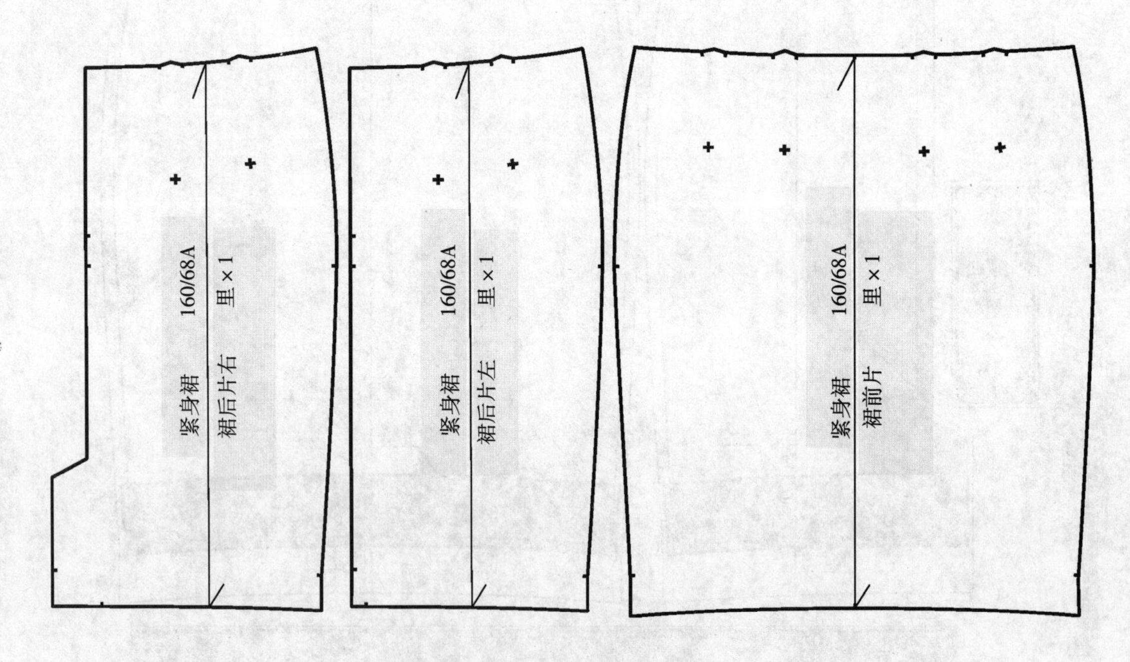

图6-14 紧身裙工业板——里板

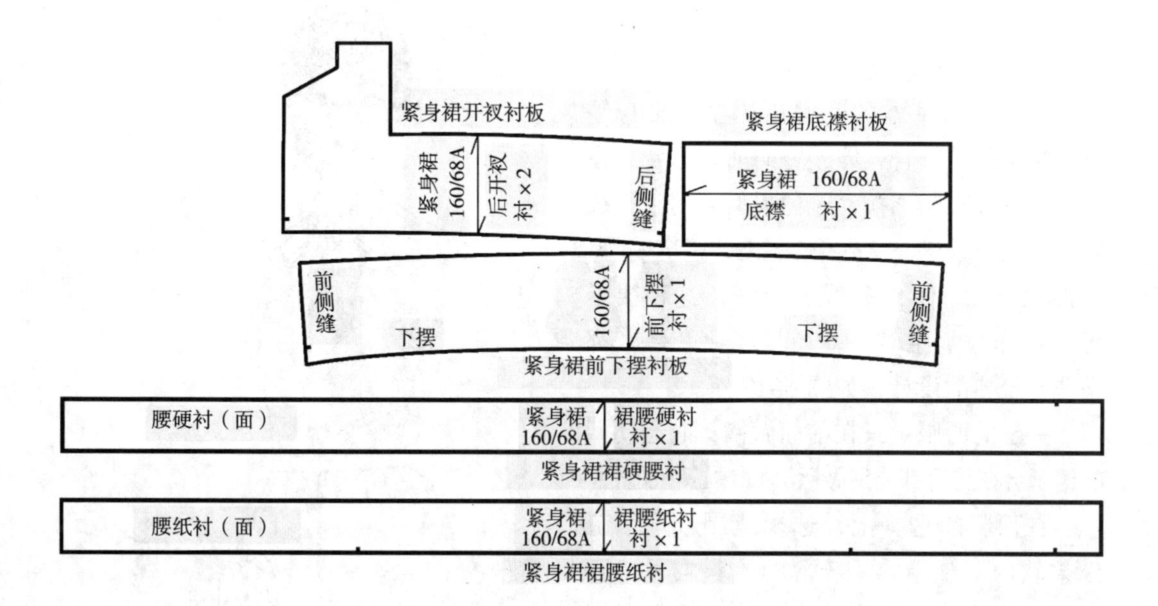

图6-15　紧身裙工业板——衬板

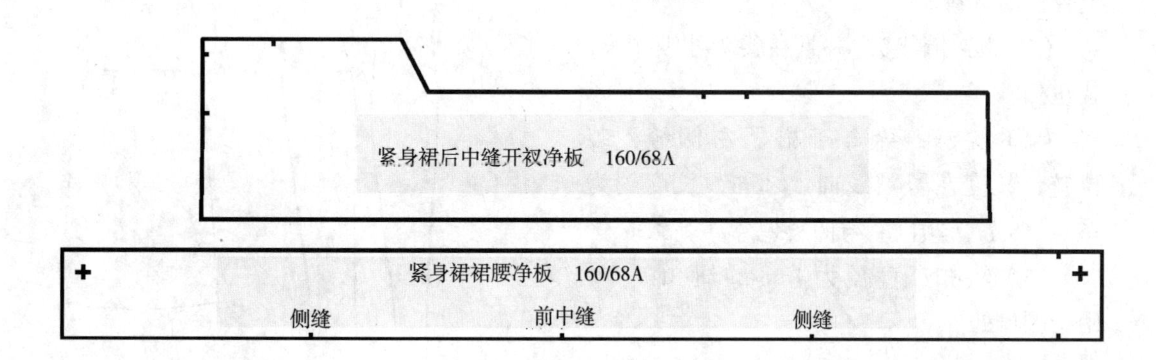

图 6-16　紧身裙工业板——净板

二、暗褶裥结构设计

（一）款式说明

这是一款基本的西服裙裙型，裙身平直，裙上部是符合人体腰臀的曲线形状，在前中片处设有暗褶裥，这种裙型多用于传统裙套装的设计中。从外形看，腰部紧窄贴身，臀部微宽，外形线条优美流畅。这种裙子无论是作为学生套装，还是职业套装，都是非常经典的设计，如图 6-17 所示。

一般的西服裙只在前面做褶，而运动型的裙子会在前后都分别做褶，以增强其机能性。

在面料的选择上，选择范围较广，疏松柔软的，较厚的、较薄的原料均可；宜选用较有质感，挺实的中、薄型毛料和易于烫褶的化纤及毛涤混纺的面料等。且根据身份的不同可选用各种档次的面料。

（1）裙身构成：在两片裙身结构基础上，前中片处设有按褶裥，后片设有后腰省。

（2）裙里：款式、裙面的厚薄以及透明度对裙里的要求也不同，可选择具有一定弹性的里料。

（3）腰：绱腰头，并且在腰头处锁扣眼，装纽扣。

（4）拉链：缝合于裙子右侧缝，装拉链，长度在臀围线向上 3cm，长度约为 15 ~ 18cm，颜色应与面料色彩相一致。

（5）纽扣：直径为 1cm 的纽扣一个，用于腰口处。

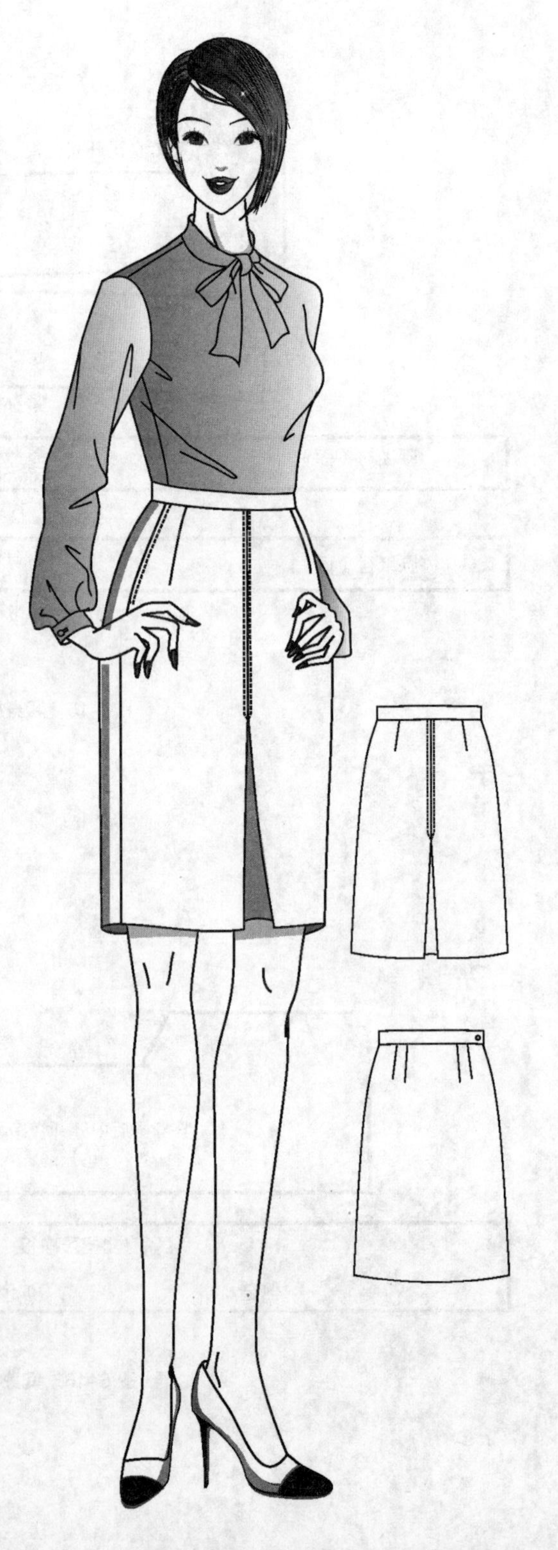

图6-17　西服裙效果图、款式图

（二）面料、里料、辅料的准备

1. 面料

幅宽：144cm、150cm、165cm。

估算方法为：裙长 + 缝份 5cm，需要对花对格时适量追加。

2. 里料

幅宽：144cm 或 150cm，估算方法为：1 个裙长。

3. 辅料

（1）厚黏合衬。幅宽为 90cm 或 112cm，用于裙腰里。

（2）薄黏合衬。幅宽为 90cm 或 120cm 幅宽（零部件用），用于裙腰面、裙片底摆、底襟部件。

（3）拉链。缝合于右侧缝的拉链，长度约为 15 ～ 18cm，颜色应与面料色彩一致。

（4）纽扣。直径为 1cm 的纽扣 1 个，用于裙腰里襟。

（三）西服裙结构制图

1. 确定成衣尺寸

成衣规格：160/68A。依据是我国使用的女装号型 GB/T1335.2—2008《服装号型　女子》。基准测量部位以及参考尺寸，如表 6-3 所示。

表6-3　成衣系列规格表　　单位：cm

规格＼名称	裙长	腰围	臀围	下摆大	腰长	腰宽
155/80A（S）	60	67	90	118	18～20	3
160/84A（M）	62	70	94	122	18～20	3
165/88A（L）	64	73	98	126	18～20	3
170/92A（XL）	66	76	102	130	19～21	3

2. 制图要点

西服裙前片中心线位置设有暗褶裥，其设计和 A 字裙一样，都是为了增加裙摆的尺度，满足人体步距最基本的围度。

西服裙前片暗褶裥纸样处理借助基本纸样进行设计，在前片臀围线与前中心线的交点向前中心方向延长 10cm，下摆辅助线向前中心方向延长 10cm，（此量均是设计量，可根据款式需求和设计要求来确定）。再按照纸样生产符号中暗褶的设计方式将其补充完整。

在工艺处理上，暗褶裥有两种缝合形式，一种是不通腰暗褶裥，另一种是通腰暗褶裥，这两种暗褶裥的结构制图方法在图 6-18 中可见。

西服裙在拉链的使用上通常采用材质较软的尼龙拉链，可采用普通树脂拉链或隐形拉链，图 6-19 为西服裙拉链制作。

3. 制图步骤

西服裙结构裙子是在适身裙的基础上增加暗褶裥的宽度来完成的纸样，如图 6-20 所示。

第一步　建立裙子的框架结构步骤

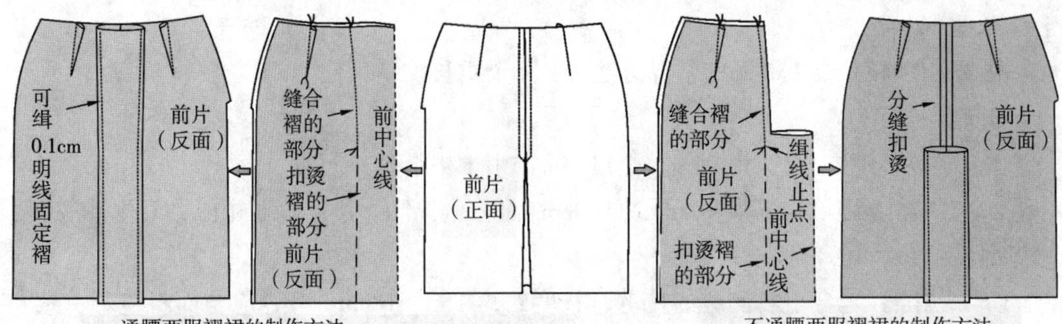

图6-18 西服裙制作褶裥的示意

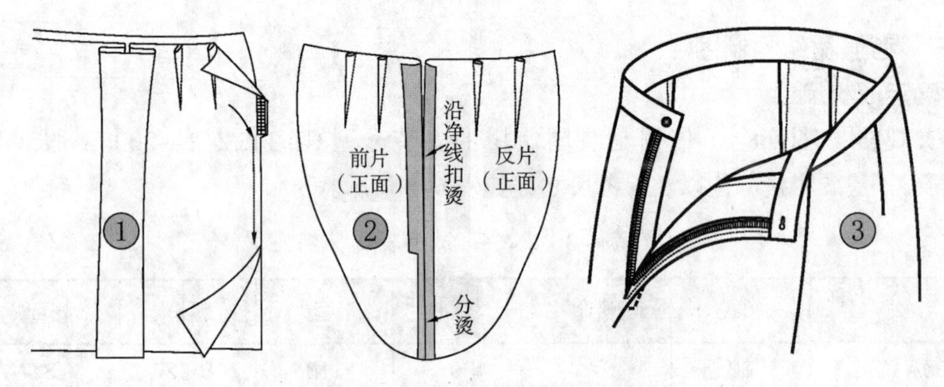

图6-19 西服裙拉链制作的示意图

（1）上平线。首先作出水平线，该线为腰线设计的依据线。

（2）后中心线。与上平线相交垂直作出的基础垂线。该线是裙基型的后中心线，同时也是成品裙长设计的依据线。

（3）后腰长。由上平线与后中心线的交点在后中心线上下量18～20cm作为后腰长，由此定出的水平线也是后臀围线。

（4）后臀围宽。在臀围线上由后中心线与臀围线的交点量向侧缝方向量出后臀围宽H/4−0.75cm=94/4−0.75cm=22.25cm。

（5）后侧缝辅助线。由后中心线与臀围线的交点量出后臀围宽点之后，作垂直于后中心线的垂线即后侧缝辅助线。

（6）前中心线。作与上平线垂直相交的基础垂线。

（7）前腰长。由上平线与前中心线的交点在前中心线上下量18～20cm作为前腰长，由此定出的水平线也是前臀围线。

（8）前臀围宽。在臀围线上由前中心线与臀围线的交点向侧缝方向量出前臀围宽H/4+0.75cm=94/4+0.75cm=24.25cm。

（9）前侧缝辅助线。由前中心线与臀围线的交点量出前臀围宽点之后，作垂直于前中心线的垂线即前侧缝辅助线。

（10）前、后下摆线辅助线。由上平线与后中心线的交点在后中心线下量60cm作为下摆线，平行于上平线。由上平线与前中心线的交点在前中心线下量 60cm 作为下摆线，平行于上平线。

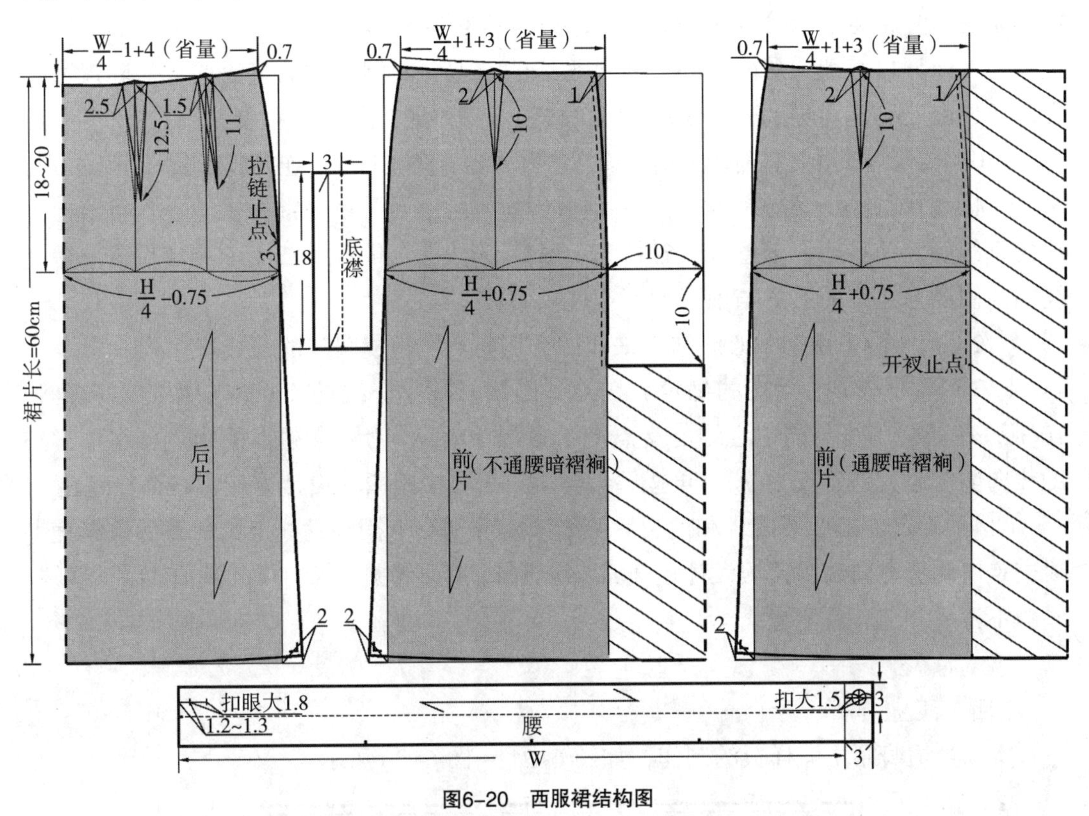

图6-20　西服裙结构图

第二步　建立裙子的结构制图步骤

（1）后腰尺寸。从后中心线与上平线的交点向后侧缝方向量出后腰尺寸按 W/4-1cm（前后腰差）+4cm（设计量）=70/4-1cm+4cm=20.5cm。

（2）后腰口起翘。从后中心线与上平线的交点向后侧缝方向量出后腰实际尺寸定点之后，由此点垂直向上量出 0.7cm 点，作为点一，即后腰口起翘点。

（3）后侧缝弧线。从后侧缝辅助线与后臀围线的交点垂直向上 3cm，作为点二。将点一与点二连接成圆顺的外凸弧线。

（4）后腰省位。将后臀围宽尺寸 3 等分，靠近后中心线 1/3 臀位宽点作垂直上平线的垂线，即第一个后腰省位；将靠近后侧缝 1/3 臀位宽点作垂直上平线的垂线，即第二个后腰省位。

（5）后腰省长、省大。在第一个后腰省位上取后腰省长为 12.5cm，省大为 2.5cm（平分省量）；在第二个后腰省长取后腰省长为 11cm，省大为 1.5cm。

（6）后腰线。由后中心线下落 1cm 点与点一连成圆顺的后腰口弧线。

（7）裙片后中心线。由腰围辅助线与后中心线的交点在后中心线上量取裙片长 60cm 作为下摆线辅助线，且与腰围辅助线保持平行。本款裙长为 62cm，其腰宽为

3cm，其裙片长即为裙长－腰宽＋后中心线腰口下落量：62-3+1cm=60cm。

（8）前腰尺寸。从前中心线与上平线的交点向前侧缝方向量出后腰尺寸按W/4+1cm（前后腰差）+3cm（设计量）=70/4+1+3=21.5cm。

（9）前腰口起翘。从前中心线与上平线的交点向前侧缝方向量出前腰实际尺寸定点之后，由此点垂直向上量出0.7cm点，作为点三，即前腰口起翘点。

（10）前侧缝弧线。将前侧缝辅助线与前臀围线的交点与点三连接成圆顺的外凸弧线。

（11）前腰省位、省长、省大。将前臀围宽尺寸2等分，由前臀围宽点作垂直上平线的垂线确定前腰第一个省位，省长为10cm，省大为2cm；第二个前腰省位由前中心线向前侧缝方向偏进1cm与前面褶裥相连顺而成。

（12）前腰线。由前中心线与上平线的交点与点三连成圆顺的前腰口弧线。

（13）裙片前中心褶裥的确定。在前臀围线与前中心线的交点向前中心方向延长10cm，在前臀围线与前中心线的交点向下量取10cm作为缝合褶裥的止点，在下摆辅助线向前中心方向延长10cm。再按照纸样生产符号中暗褶的设计方式将其补充完整。

（14）确定前、后下摆线和前、后侧缝线。分别在下摆辅助线上由前、后侧缝辅助线交点向侧缝方向放出裙摆设计量2cm，并与前、后侧缝弧线相连，起翘前、后下摆线，画顺下摆线和前、后侧缝线。

（四）工业样板

本款半适身裙工业样板的制作，如图6-21～图6-30所示。

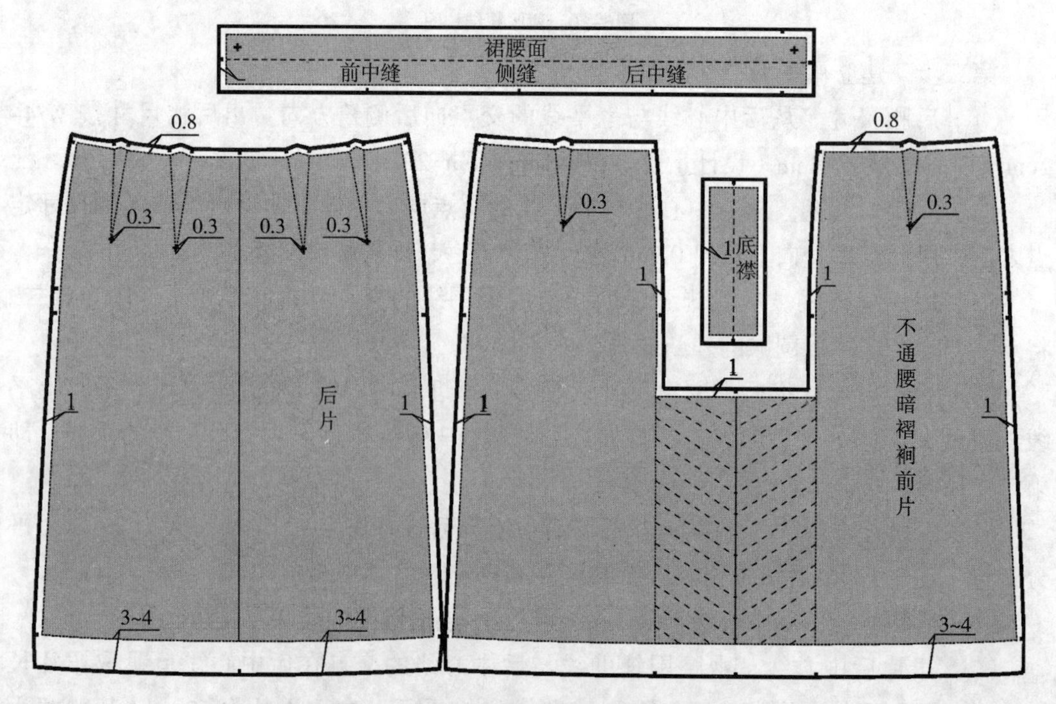

图6-21 西服裙（不通腰暗褶）面板的缝份加放

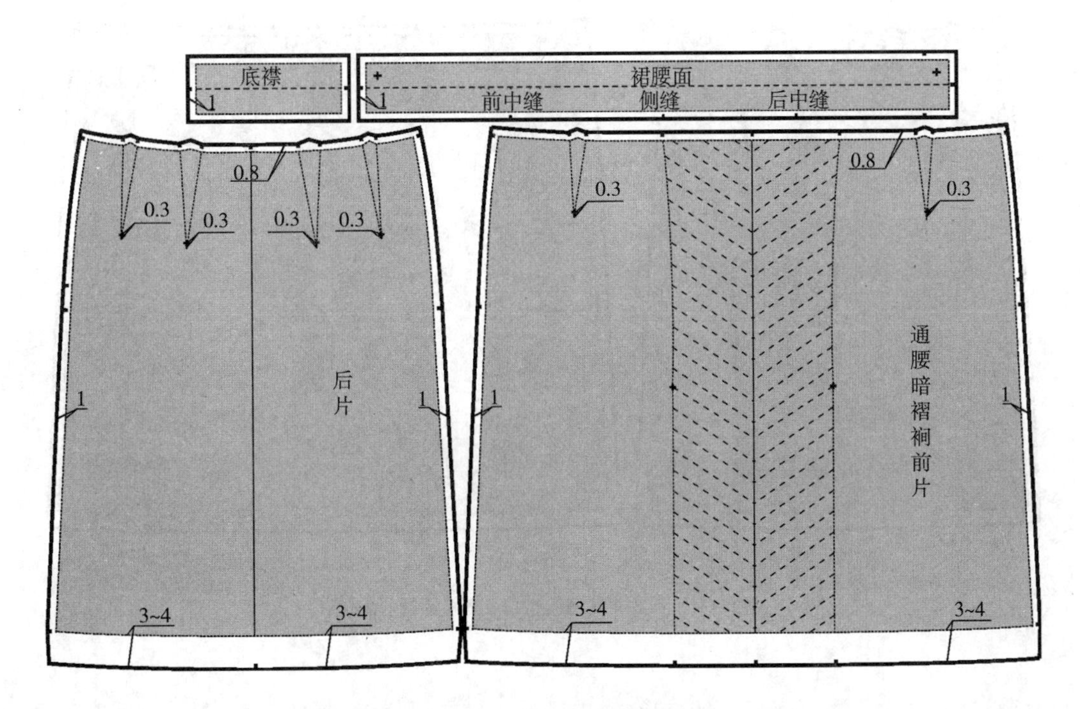

图6-22　西服裙（通腰暗褶）面板的缝份加放

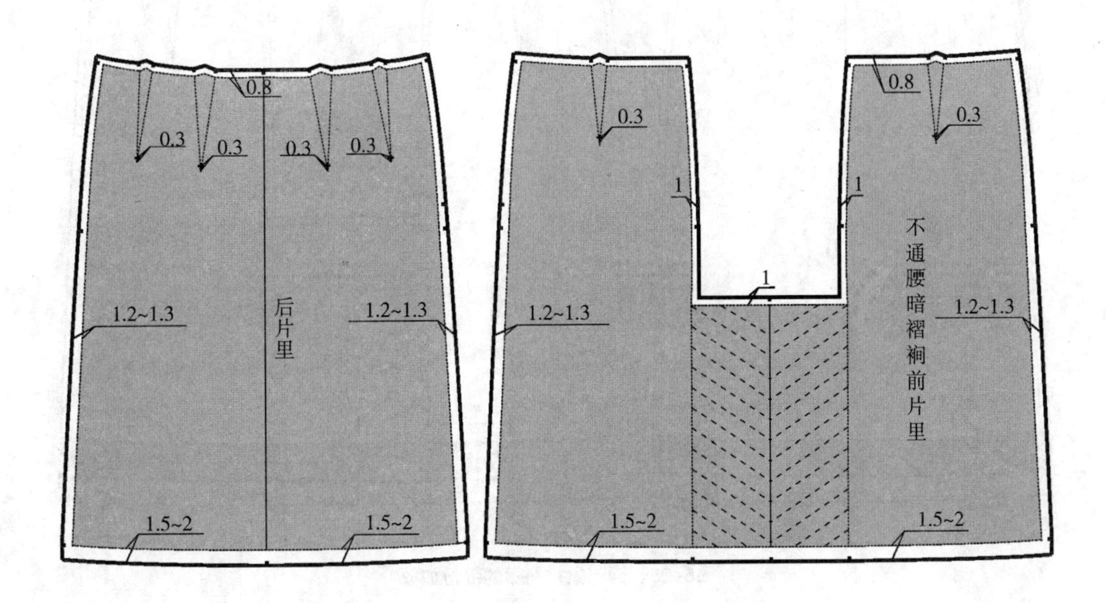

图6-23　西服裙（不通腰暗褶）里板的缝份加放

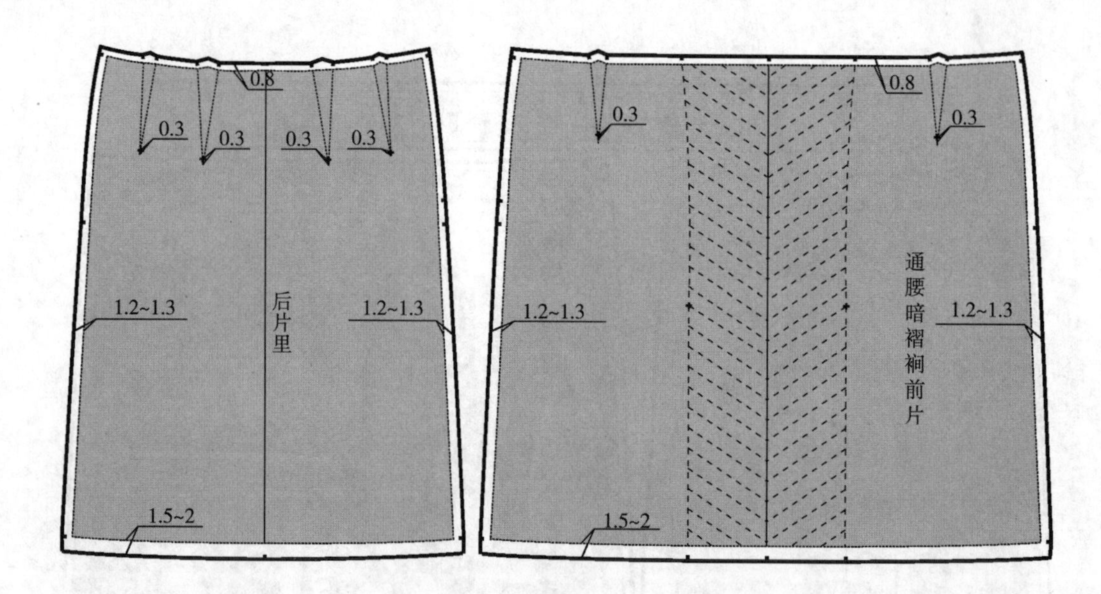

图6-24 西服裙（通腰暗褶）里板的缝份加放

图6-25 西服裙衬料板的缝份加放

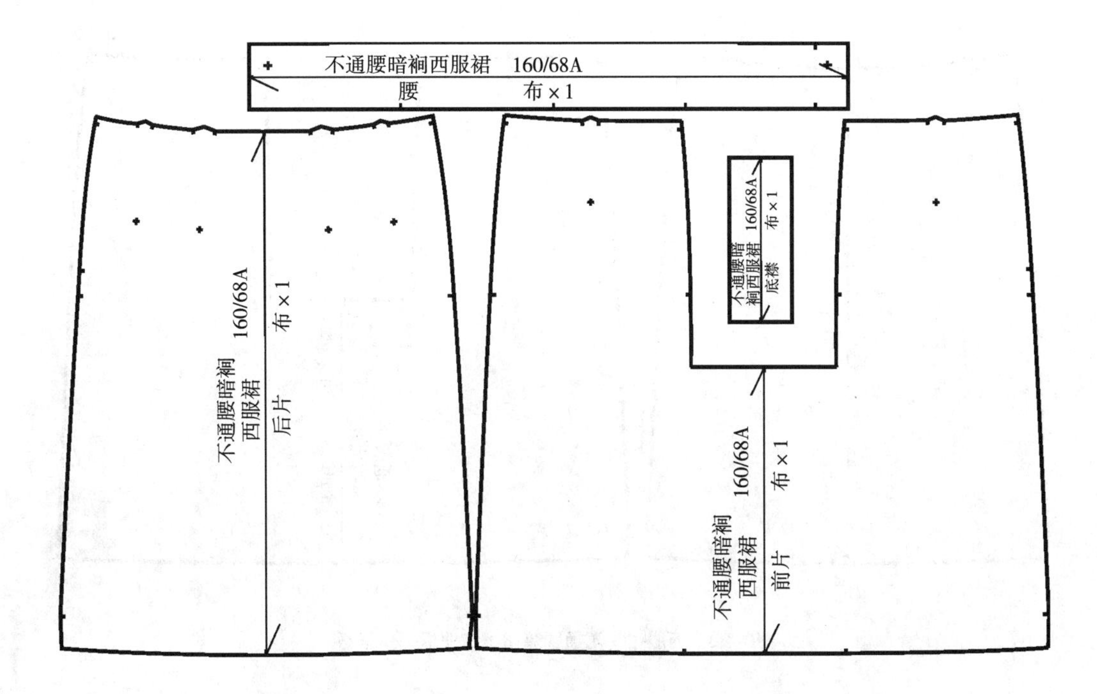

图6-26 西服裙（不通腰暗褶）工业板——面板

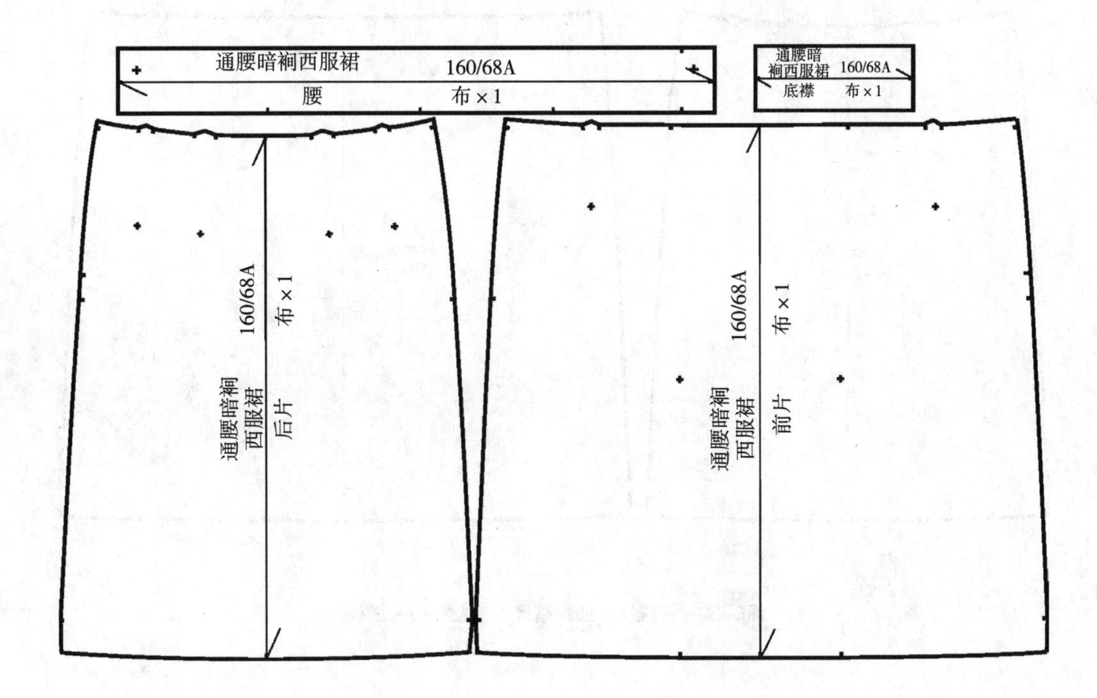

图6-27 西服裙（通腰暗褶）工业板——面板

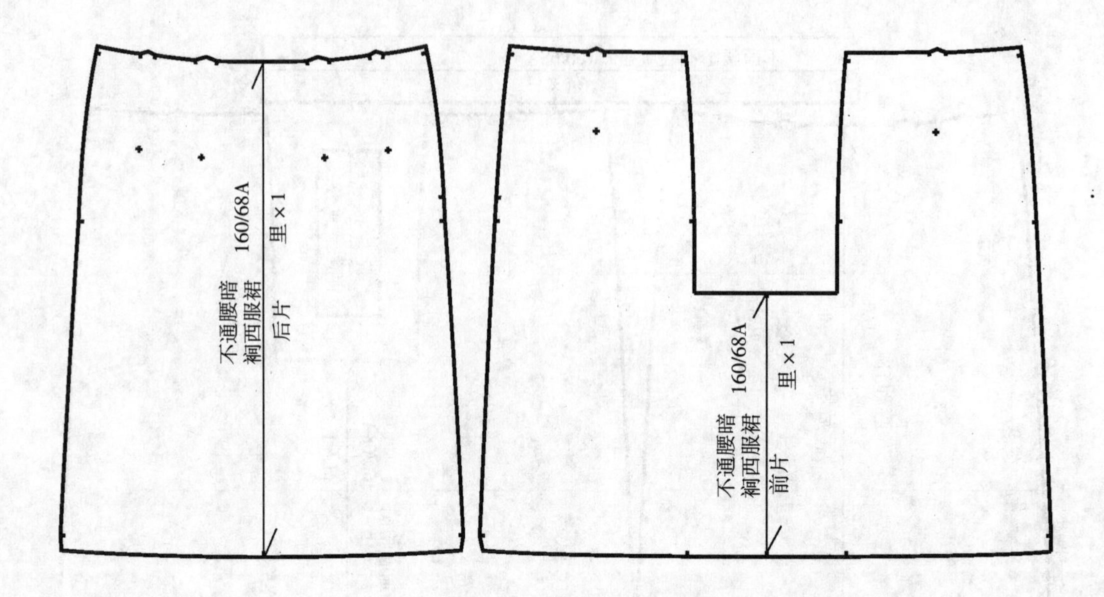

图6-28 西服裙（不通腰暗褶）工业板——里板

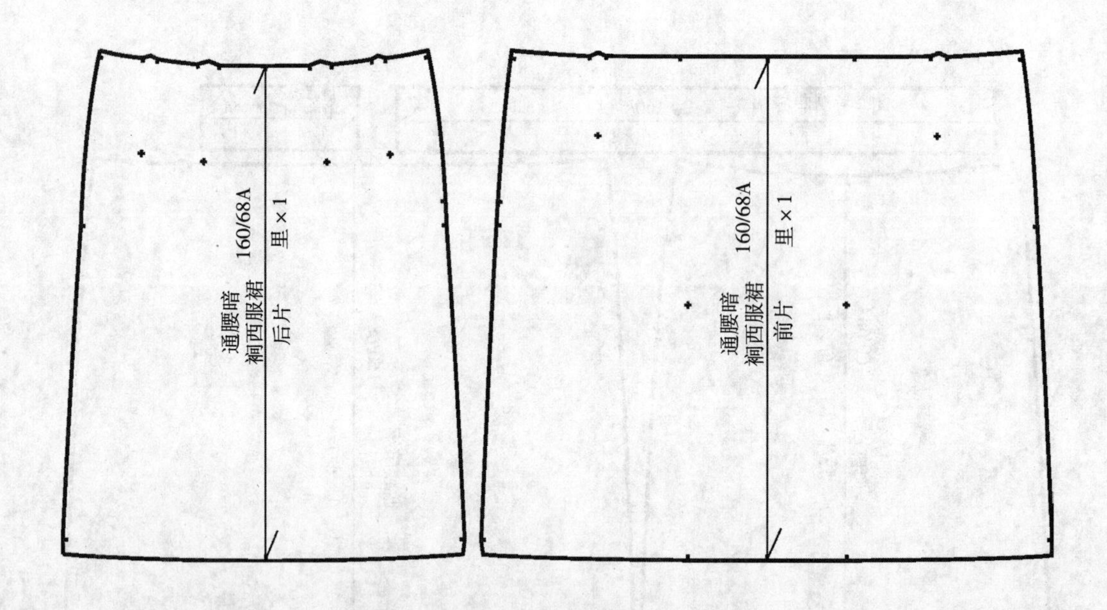

图6-29 西服裙（通腰暗褶）工业板——里板

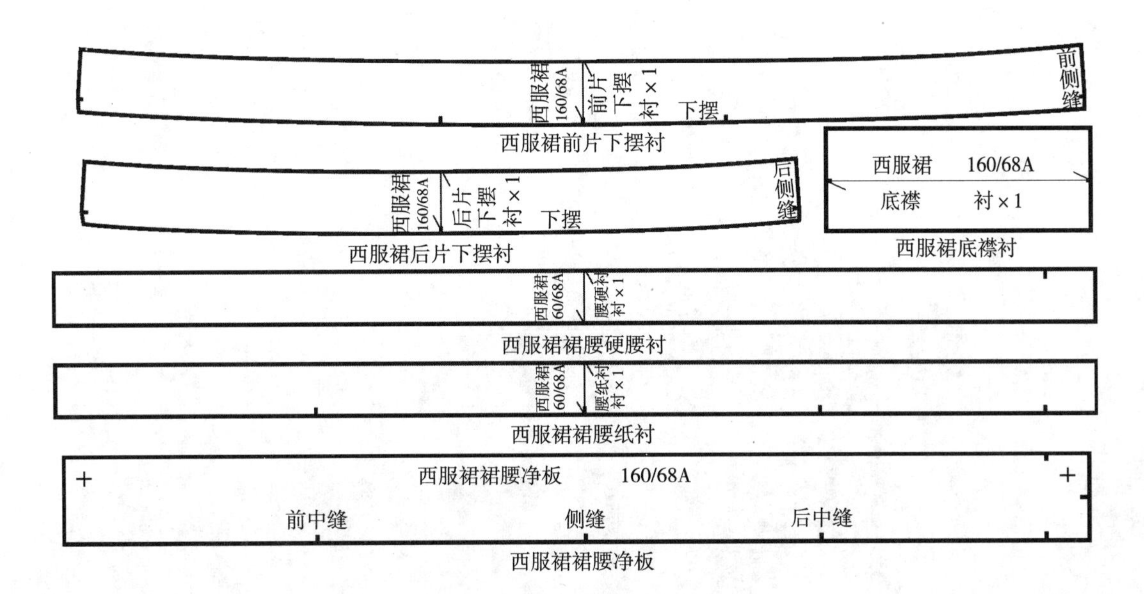

图6–30　西服裙工业板——衬板、净板

思考题：

1. 结合所学的女正装裙结构原理和技巧设计一款裙子，要求以 1 : 1 的比例制图，并完成全套工业样板。

2. 课后进行市场调研，认识裙子流行的款式和面料，认真研究近年来女正装裙的变化与发展，自行设计 2 款流行正装裙的款式，要求以 1 : 5 的比例制图，并完成全套工业样板。

作业要求：

服装尺寸设定合理；制图结构合理；款式设计创意感强；构图严谨、规范，线条圆顺；标识使用准确；尺寸绘制准确；特殊符号使用正确；结构图与款式图相吻合；毛净板齐全，作业整洁。

第七章

女正装裤结构设计

学习要点：

1. 掌握两种常见廓型裤子设计方法(西裤、筒裤)。

2. 掌握正装裤型的设计原理及变化技巧。

3. 掌握正装裤工业纸样的处理方法。

能力要求：

1. 能根据具体人体进行裤子各部位尺寸设计。

2. 能正确运用原型进行裤子结构设计。

3. 能根据人体体型特点进行裤子的结构制图。

4. 能根据裤子的具体款式进行制板，既符合款式要求，又符合制作需要。

第一节 女正装裤款式特征

裤子泛指人穿在腰部以下的服装，一般由裤腰、裤裆、两条裤腿缝纫而成。19世纪初，在骑马外出时，在此外套上一条长裤（Trousers），这就是今天西裤的原型，1817年才升级为晚礼裤，也就是标准的正式西裤。20世纪初的西方世界，裤子是男人的专属，是权力的象征，西方女士裤装在最初只是贵族女性的运动穿着。20世纪60年代开始出现配裤子的女性套装，女性穿的现代西服套装多数限于商务场合，女西裤成为配套正装基本裤型，女裤虽然是在男裤的基础上演变而来，但款式上的变化远比男裤更加丰富。

一、女正装裤的分类

裤装的款式千变万化，种类和名称繁多，从不同的角度有不同的分类。

1. 按裤子的长度分类

西裤根据长度分类可分为九分裤、长裤等，如图7-1所示。

2. 按板型分类

常见的女正装裤型有两类：西裤、直筒裤，如图7-2所示。

图7-1 正装裤型的长度分类

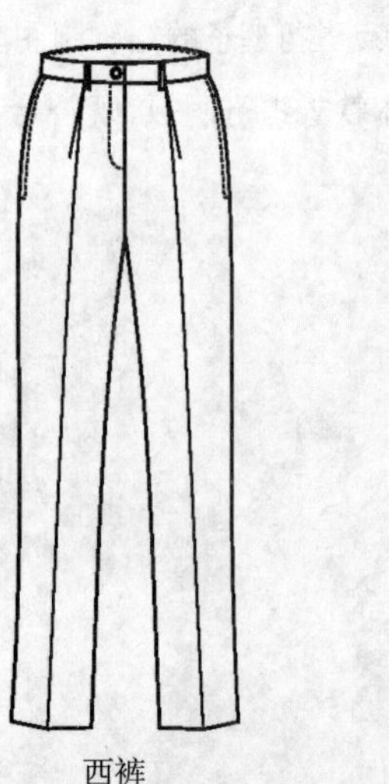

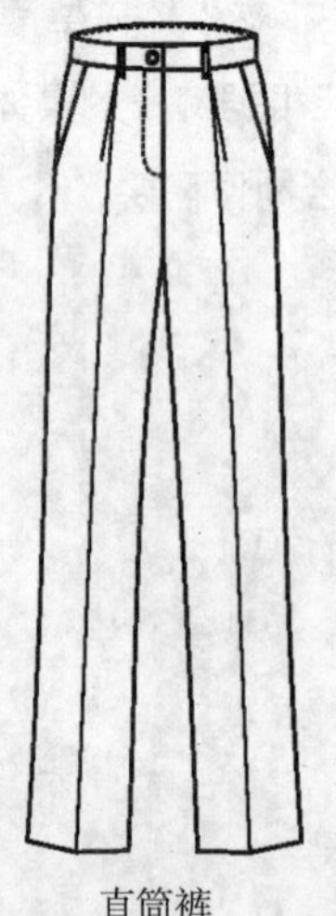

图7-2 常见正装裤子的版型分类

二、正装裤的各部位名称

以直筒裤为例进行说明，正装裤的各部位名称如图 7-3 所示。

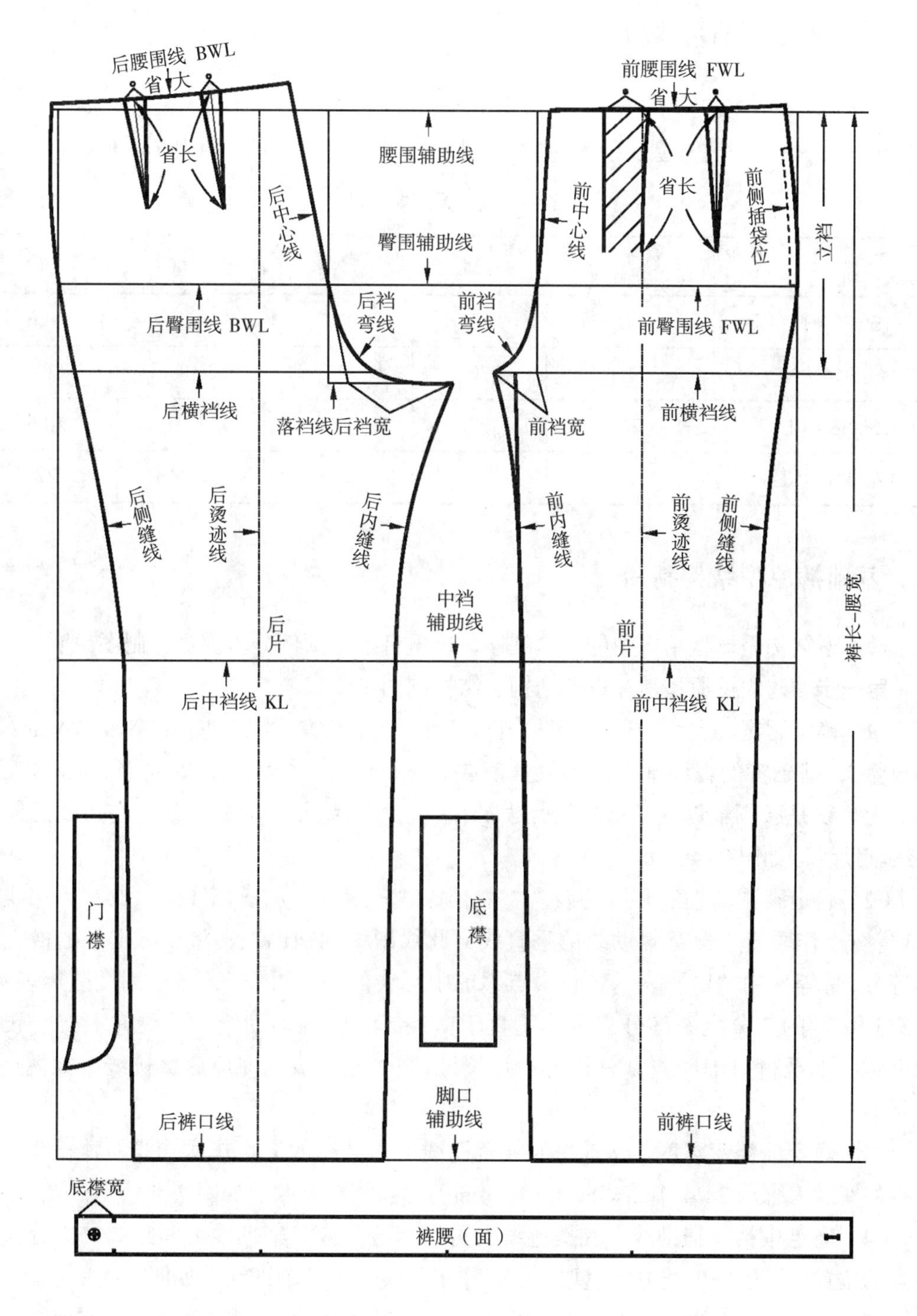

图7-3　女直筒裤各部位名称

第二节 基本款正装裤结构设计

一、基础裤原型的尺寸制定

以人体160/68A号型规格为标准的参考尺寸，依据是我国使用的女装号型GB/T1335.2—2008《服装号型女子》。基本测量部位以及参考尺寸，如表7-1所示。

表7-1 成衣系列规格表 单位：cm

名称 规格	裤片长（不含腰宽）	腰围	臀围	脚口	立裆
155/80A（S）	88	67	86.5	41～41.5	25.5
160/84A（M）	91	70	90	42	26
165/88A（L）	94	73	93.5	43.5～44	26.5
170/92A（XL）	97	76	97	44～45	27

二、基础裤原型结构制图

裤原型结构是裤型结构中的基本纸样，这里将根据图例分步骤进行制图说明。

第一步 建立裤原型前片框架结构、结构制图步骤

（1）确定臀宽、上裆深线辅助线（作长方形）。作长方形宽为H/4+1.5cm=24cm（臀围放量），基础裤的臀围基本需求放量值取6cm，长为上裆深线，取立裆26cm；长方形的上边线是腰围辅助线，下边线是横裆深线，左边线是侧缝辅助线，右边线是前中心线辅助线，如图7-4所示。

（2）确定臀围辅助线和烫迹线。将立裆深线三等分，从横裆线向上取立裆深线的1/3等分点作垂直于侧缝辅助线的垂直线，此线即臀围辅助线；将长方形中的横裆线四等分，每等份用“○”表示。将中点靠前中心线的一份再作三等分，用“□”表示，在靠近中点的三分之一等分点上作垂直于横裆线、臀围辅助线的垂线并上交于腰围辅助线，下至裤口辅助线，总长为裤片长尺寸91cm，该线即前后烫迹线，如图7-4所示。

（3）确定前裆弯宽度。从前中心线辅助线与横裆线的交点作横裆线的延长线，延长线的宽度为臀围24/4-1cm=5cm（○ -1cm）为前裆弯宽度，如图7-4所示。

（4）确定中裆线辅助线。在烫迹线上将横裆线与裤口辅助线之间距离二等分，在中点的位置向腰围辅助线方向量取4cm，作水平线为中裆辅助线，如图7-4所示。

（5）确定前中心线、前裆弯线。将前中心线辅助线与臀围辅助线的交点与前裆宽止

点连线，过前中心线辅助线与横裆线的交点作垂直于该斜线的角平分线，并将靠外一等分点作为前裆弯的参考点，用圆顺的弧线作出前裆弯线；沿此线向上至腰围辅助线顺势向侧缝辅助线方向收进 1cm 作为前中心线。

（6）确定前腰尺寸、前省大、前省长。在前腰辅助线上由前中心线与腰围辅助线的交点起，向侧缝辅助线方向量取 W/4+3cm=20.5cm，且在侧缝辅助线上上翘 0.7cm，用圆顺的弧线作出腰线，前腰上的 3cm 作为省量并入烫迹线中，省长为 11cm，如图 7-4 所示。

（7）确定裤口宽、前内缝线、前侧缝线。在裤口辅助线与烫迹线的交点左右各取

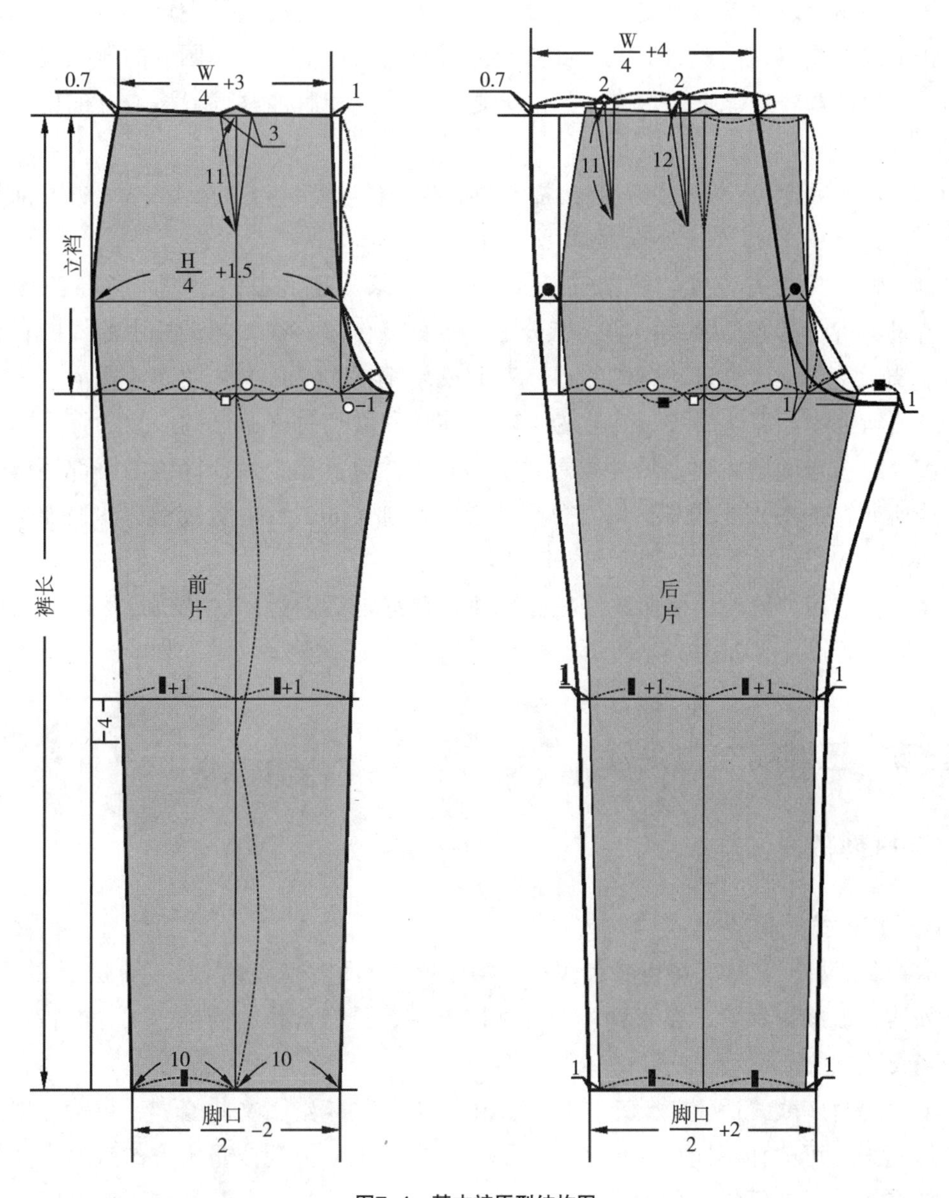

图7-4　基本裤原型结构图

裤口宽 /2–2cm，为前裤口宽，裤口宽 /2 用“▌”表示；前中裆宽的确定是在前裤口宽的基础上两边各追加 1cm 得到的，中裆宽 /2 用“▌+1”表示，臀围辅助线与前侧缝辅助线的交点为前侧缝的切点，然后用圆顺的微弧线将前侧缝线、前内缝线作好，如图 7–4 所示。

第二步 建立裤原型后片结构制图步骤（后裤片的完成线是在前片完成线的基础上绘制的）

（1）将作好的前片完成线复制平移至前片的右边，如图 7–4 所示。

（2）确定后裆斜线、后裆弯线。从前片的横裆线与前中心辅助线的交点向前侧缝方向量取 1cm，以此点向上交于前片腰线上前中心线与烫迹线的中点并上翘□ /3，此线与臀围线的交点是后裆弯起点，此点至后腰点为后中心线，用圆顺的弧线连接后裆弯起点、后裆弯轨迹靠近裆弯夹角的三分之一等分点和后裆弯宽下移 1cm 的位置，完成后裆弯。

（3）确定后腰线。从后腰点起在腰围辅助线上量取 W/4+4cm=21.5cm，并与前片腰侧点一样起翘 0.7cm，修顺后腰线即可，如图 7–4 所示。

（4）确定后腰省位置、后腰省量大、后腰省长。在后腰线上增加 4cm 为臀凸的两个省量，省位垂直后腰线的两个三分之一等分点作垂直线，靠近后中心线的省长为 12cm，省大为 2cm；靠近后侧缝的省长为 11cm，省大为 2cm，如图 7–4 所示。

（5）确定中裆宽、后脚口宽。为了取得前片和后片臀围肥度的一致，将后裆弯起点和前裆弯起点间的距离在后片臀围线上补齐，并以此作为后侧缝线的臀部轨迹。后侧缝线所通过的中裆宽线和裤口宽分别比前片增加 1cm，后内缝线增加的追加量和后侧缝相同，确定出后片的中裆宽和裤口宽。

（6）确定后内缝线、后侧缝线。分别将后侧缝与后内缝中的轨迹点用圆顺的曲线连接，完成后裤片，如图 7–4 所示。

第三节 正装裤结构设计

一、女西裤结构设计

（一）款式说明

本款女西裤，其款式特点是束腰、中裆比裤口尺寸略大的裤型。经典款式的西裤，线条简洁、流畅、利索，在不同季节与西服配穿，具有合体、简洁、大方的特征，呈现职场女性气质。

本款女西裤款式适宜年龄范围较广，由于人们的年龄、文化修养、生活习惯、工作环境不同，可选择不同色泽的裤料。裤子穿在身上应显现庄重大方的效果。女西裤用料较广泛，天然纤维和化学纤维面料均可。春、秋、初夏季节可选用毛纺织品中的女士呢、毛凡尔丁、毛花呢、毛涤纶等品种，如图 7–5 所示。

1. 裤身构成

结构造型上，前裤片两（单）褶裥、后裤片双（单）省，侧缝直插袋，前开襟，绱拉链。

2. 裤里

根据款式的需求和裤子面料的厚薄以及透明度，对裤里的要求也不尽相同，春、初夏、秋季节一般不需要裤里；冬季可以加里子，一般裤里的长度长至膝盖。

3. 腰

绱腰头，左搭右，并且在腰头处锁扣眼，装纽扣。

4. 拉链

缝合于裤子前门襟处，装拉链，长度比门襟长度短 2cm 左右，颜色与面料色彩相一致。

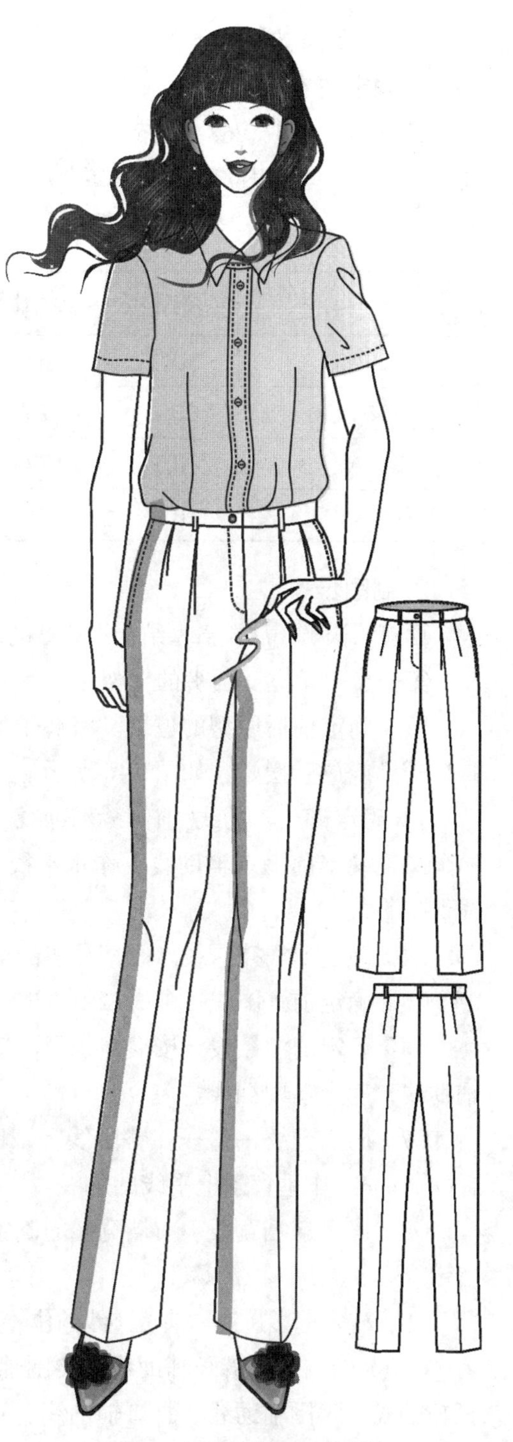

图7–5 女西裤效果图、款式图

（二）面料、里料、辅料的准备

1. 面料

幅宽：144cm、150cm、165cm。

估算方法为：裤长 – 腰宽 + 裤口折边 + 起翘 + 缝份 + 裤长 × 缩率 = 裤长 +5cm 左右。

2. 里料

幅宽：140cm 或 150cm，估算方法为：50cm 左右。

3. 辅料

（1）黏合衬

幅宽为 90cm 或 112cm ，用于裤腰里、门襟、底襟、口袋口。

（2）拉链

缝合于前中心线的拉链，长度在 18 ～ 20cm 左右，颜色应与面料色彩相一致。

（3）扣子

直径为 1cm 的 1 个（裤腰底襟）。

（三）女西裤结构制图

1. 确定成衣尺寸

成衣规格：160/68A。依据是我国使用的女装号型 GB/T1335.2—2008《服装号型 女子》。基准测量部位以及参考尺寸如表 7–2 所示。

表7–2 成衣系列规格表 单位：cm

名称 规格	裤长	腰围	臀围	脚口	立裆	腰宽
155/80A（S）	95	67	96.5	41～41.5	25.5	3.5
160/84A（M）	98	70	100	42	26	3.5
165/88A（L）	101	73	103.5	43.5～44	26.5	3.5
170/92A（XL）	104	76	107	44～45	27	3.5

2. 制图步骤

西裤结构裤子属于裤型结构中典型的基本纸样，这里将根据图例分步骤进行制图说明。

第一步 建立女西裤的框架结构

（1）确定前后原型的位置。将裤子的原型按照腰围辅助线、臀围辅助线、烫迹线、脚口辅助线放置摆好，如图 7–6 所示。

（2）确定裤长辅助线（前侧缝辅助线）。由成品裤长 – 腰宽 =100–3.5cm=96.5cm 确定。

（3）确定前脚口辅助线。作水平线与裤长辅助线垂直相交，与原型中的腰围辅助线保持平行。

（4）确定前立裆深线。立裆深线的确定与原型的立裆深线保持一致。

（5）确定前臀围线。由横裆线量取立裆深线的 1/3，确定出臀围线。

（6）确定前中裆线。按横裆线至裤口辅助线的 1/2 向上抬高 4cm，并且平行于脚口辅助线，确定前中裆线。

（7）确定前臀围值。在臀围线上，以侧缝辅助线与臀围线的交点为起点，取 H/4–1cm=24cm，作垂直于上平线的垂线。

（8）确定前裆宽线。前裆宽线的确定与原型中的前裆宽线保持一致，作法参照 7–4 所示。

（9）确定前烫迹线。前烫迹线的位置与原型中烫迹线的位置保持一致，如图 7–6 所示。

（10）确定后片裤长辅助线、腰围辅助线、脚口辅助线、立裆深线的位置。后片裤长辅助线、腰围辅助线、脚口辅助线、立裆深线的确定是与前片保持一致。

（11）确定后臀围线、后中裆线的位置。后臀围线、后中裆线位置的确定与前片保持一致。

（12）确定后臀围宽值。在后臀围线上，以侧缝辅助线与臀围线的交点为起点，取 H/4+1cm=26cm，作垂直于腰围线的垂直线。

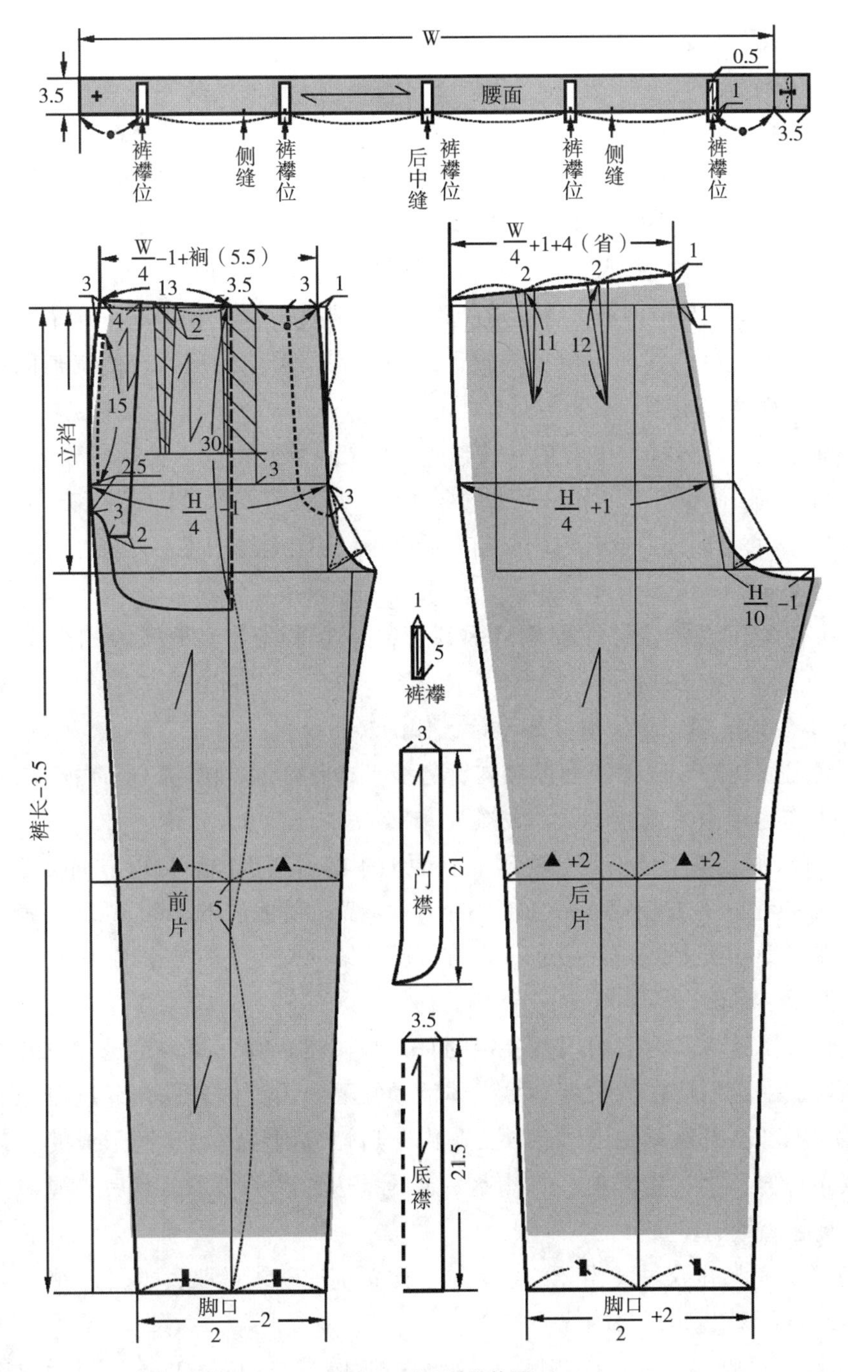

图7-6　女西裤结构图

第二步　建立裤子的结构制图步骤

（1）确定前裆内偏量。由前裆直线与上平线的交点向侧缝方向劈进 1cm，将前裆内斜线画圆顺，与原型保持一致。

（2）确定前腰围尺寸。由前中心线内偏量 1cm 起，量取前腰围大 =W/4–1+ 裥（3.5cm）+

省（2cm）=22cm，如图 7–6 所示。

（3）确定前脚口尺寸。按脚口 /2–2cm=19cm，以前烫迹线为中点在两侧平分，以“▌”表示。

（4）前中裆大定位线、前中裆大。将前裆宽线二等分，由中点与前脚口内缝点连线，该线与前中裆线的交点即为前中裆大内缝点，将前中裆大内缝点距前烫迹线的距离确定为▲，在前中裆线上由前烫迹线向后侧缝辅助线方向量取相同值，确定出前中裆大外缝点。前中裆大内缝点与前中裆大外缝点的距离即为前中裆大，如图 7–6 所示。

（5）确定前侧缝弧线。由侧缝线辅助线与前腰围尺寸的交点、侧缝辅助线与臀围线的交点、中裆宽点至脚口大点连接画顺。

（6）确定前下裆弧线。由前裆宽线与横裆线交点至脚口大点连接画顺。

（7）确定前褶裥定位。前片反裥大为 3.5cm，以前烫迹线为界，向侧缝方向量取 0.7cm（褶裥倒向前中心方向）；前省为 2cm，在前裥大点与侧缝线的中点两侧平分，裥长均为臀围线向上 3cm。

（8）确定侧缝直袋位。在前侧缝弧线上，由上平线与侧缝弧线的交点向下量取 3cm，作为侧缝直袋位的起点，量取 15cm 为袋口大。袋口布的画法参照《女装成衣结构设计 · 部位篇》第三章袋口结构设计，如图 7–6 所示。

（9）确定前门襟、底襟。在前裆内劈势线上，作 3cm 的门襟宽，由小裆尖向裆弯处量取 3cm 作为门襟尖点的依据。底襟宽为 3.5cm，长为 21.5cm。

（10）确定后裆缝斜线、后裆宽线。将原型中的后腰点向后侧缝方向偏移 1cm，再向上腰围辅助线的上方抬高 1cm 和后中心线与横裆线偏进的 1cm 连线，确定新的后裆斜线。在后横裆线上，以后裆缝斜线与后横裆线的交点为起点，取 H/10–1cm=9cm，如图 7–6 所示。

后裆起翘量是由两方面的因素决定的。一是人体常有下蹲、抬腿、向前弯曲等动作，必须增加一定的后裆缝长度满足人体活动需要，因为倘若后裆缝过短会牵制人的下体活动，裆部会有吊紧的不适感；二是由于后裆缝困势的产生而形成的。若两个大于 90° 的角缝合后会产生凹角，需补上一定的量达到水平状态，且后裆缝困势角的大小直接影响起翘量的多少。

（11）确定后腰围尺寸。由新的后起翘点向腰围辅助线量取后腰围大 =W/4+1cm+ 省（4cm）=22.5cm，确定出后腰围线。

（12）确定后脚口尺寸。在脚口辅助线上按脚口宽 /2+2cm=23cm，以后烫迹线为中点在两侧平分，确定后脚口尺寸。

（13）确定后中裆大。取前中裆大▲ +2cm，在后中裆线上以烫迹线为中点在两侧平分，确定出后中裆大。

（14）确定后侧缝弧线。由腰围辅助线与后腰围大的交点至后中裆大外缝点脚口大外缝点连接画顺。

（15）确定后下裆弧线。由后裆宽点至后中裆大内缝点至脚口大点连接画顺。

（16）确定落裆线。将后下裆线长减前下裆线长（均指中裆以上段）之差，作平行于横裆线的直线。

（17）确定后省定位。以后腰缝线三等分定位。省中线与腰缝直线垂直。省大均是2cm,省长分别是：靠近后中心的省长为11cm(设计量),靠近侧缝的省长为10cm(设计量)。

（18）确定腰宽、裤襻。腰宽为3.5cm，长为W+搭门量：70 cm+3. 5 cm=73.5cm。裤襻宽为1cm，长为5cm；裤襻数量根据裤子的款式而定，如图7–6所示。

（四）工业样板

基本造型纸样绘制之后，就要依据生产要求对纸样进行结构处理图的绘制，凡是有缝合的部位均需复核修正，如下裆缝线、侧缝等等。然后进行缝份加放，如图7–7 ~ 图7–9所示。

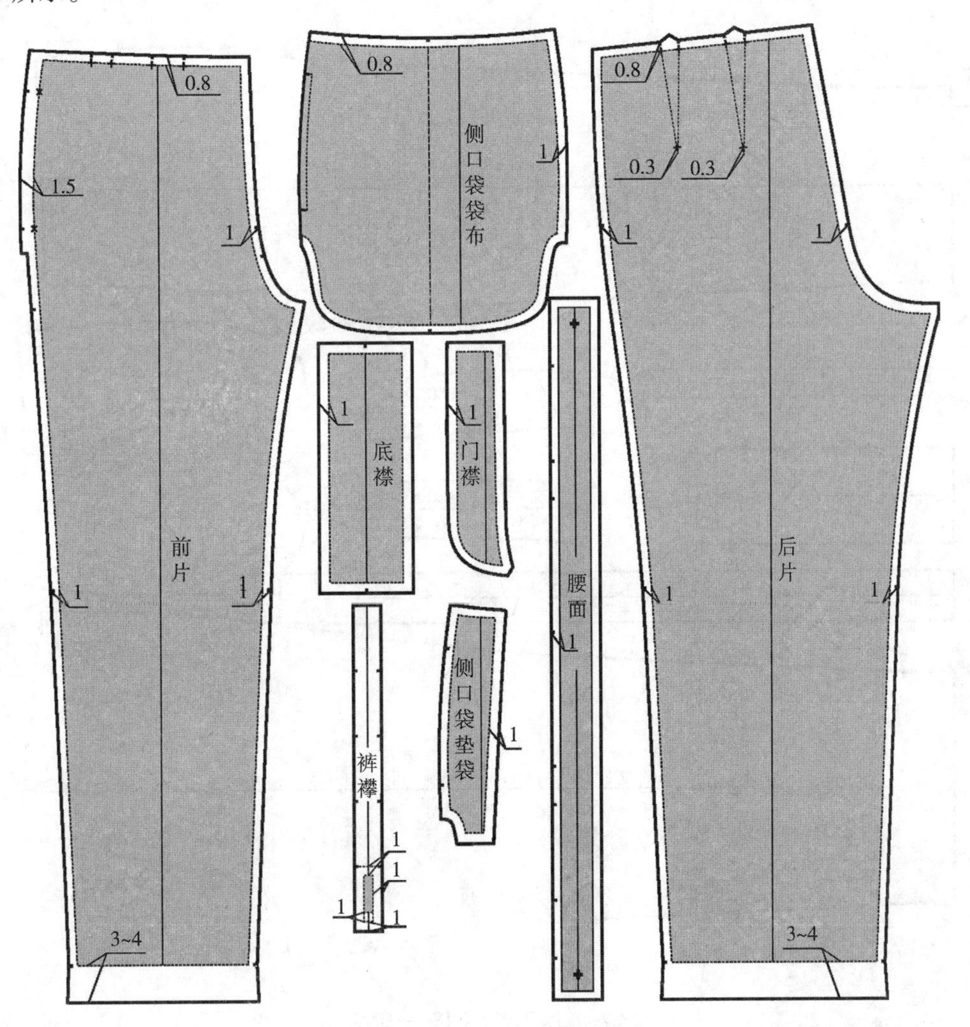

图7–7　女西裤面板的缝份加放

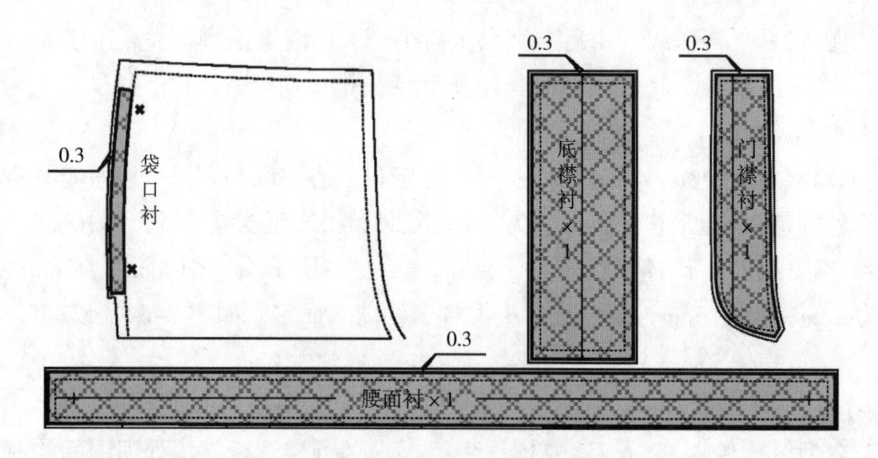

图7-8　女西裤衬板缝份的加放

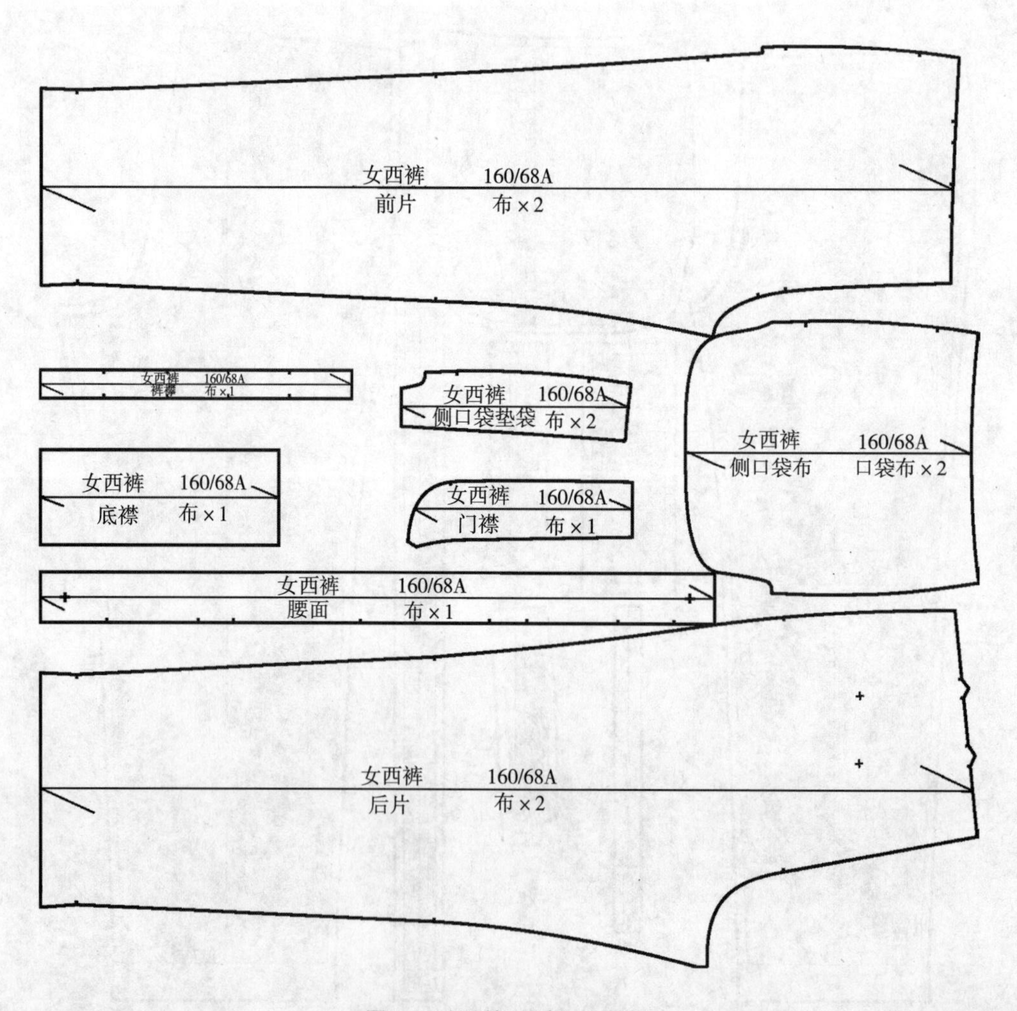

图7-9　女西裤工业板——面板

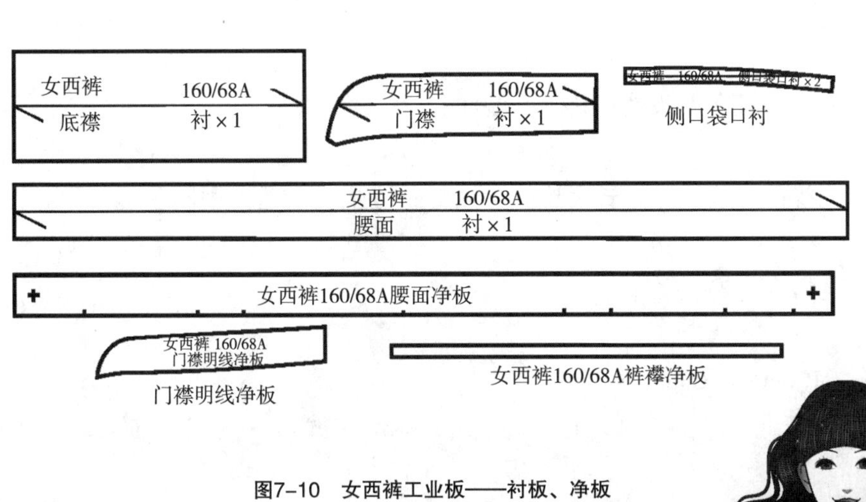

图7-10　女西裤工业板——衬板、净板

二、女直筒裤结构设计

（一）款式说明

本款女筒裤，其款式特点是束腰的、膝盖以下至裤口尺寸保持直筒裤造型。修身的利落裁剪包裹出人体的曲线，搭配风衣、西服、衬衣都能穿出别样的气质；再有直筒裤脚设计令双腿看起来更为修长高挑，把整个裤型修饰得更为大气。

本款女筒裤款式适宜年龄范围较广，由于人们的年龄、文化修养、生活习惯、性格爱好不同，可选择不同色泽的裤料。性格活泼的青年人可选用浅色面料；中、老年人则可选用深颜色面料。女筒裤用料较广泛，天然纤维和化学纤维等面料均可。春、秋季节可选用毛纺织品中的毛凡尔丁、毛花呢、毛涤纶等品种，如图 7-11 所示。

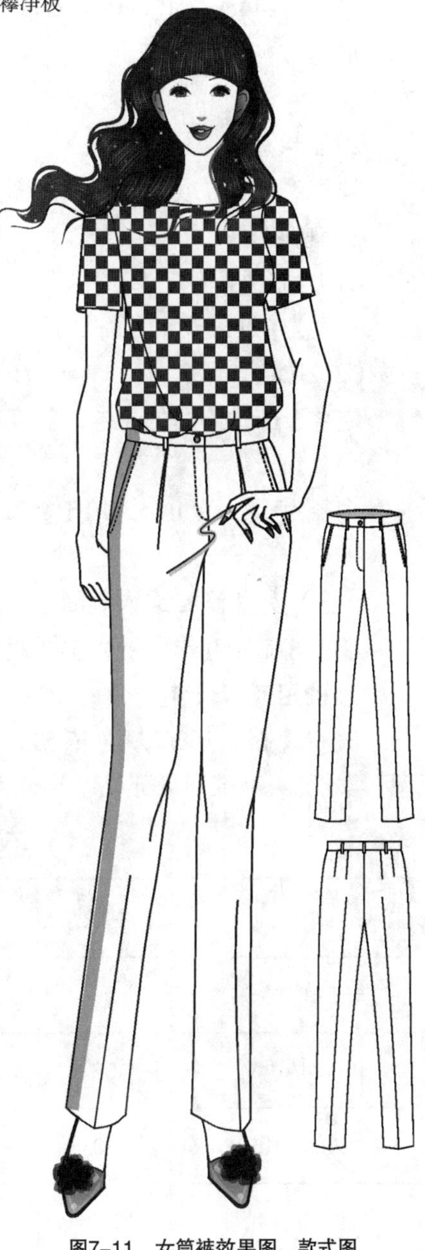

图7-11　女筒裤效果图、款式图

1. 裤身构成

结构造型上，前裤片单褶裥、后裤片双（单）省，侧缝斜插袋，前开门，上拉链。

2. 裤里

根据款式的需求和裤子面料的厚薄以及透明度，对裤里的要求也不相同，春、初夏季节一般不需要裤里；冬季可以加里子，长度至膝盖即可。

3. 腰

绱腰头，左搭右，并且在腰头处锁扣眼，装纽扣。

4. 拉链

缝合于裤子前门襟处，装拉链，长度比门襟短 2cm 左右，颜色与面料色彩一致。

（二）面料、里料、辅料的准备

1. 面料

幅宽：144cm、150cm、165cm。

估算方法为：裤长 - 腰宽 + 裤口折边 + 起翘 + 缝份 + 裤长 × 缩率 = 裤长 +5cm 左右。

2. 里料

幅宽：140cm 或 150cm，估算方法为：50~65cm 左右。

3. 辅料

（1）黏合衬

幅宽为 90cm 或 112cm，用于裤腰里、门襟、底襟、口袋口。

（2）拉链

缝合于前中心线的拉链，长度在 18 ~ 20cm 左右，颜色应与面料色彩一致。

（3）扣子

直径为 1cm 的 1 个，用于裤腰底襟。

（三）女直筒裤结构制图

准备好制图和作图纸，制图线和符号要按照制图说明正确画出。

1. 确定成衣尺寸

成衣规格：160/68A。依据是我国使用的女装号型 GB/T1335.2—2008《服装号型 女子》。基准测量部位以及参考尺寸，如表 7-3 所示。

表7-3 成衣系列规格表 单位：cm

规格 \ 名称	裤长	腰围	臀围	脚口	立裆	腰宽
155/80A（S）	93	67	92.5	38 ~ 38.5	25.5	3.5
160/84A（M）	96	70	96	39	26	3.5
165/88A（L）	99	73	99.5	39.5 ~ 40	26.5	3.5
170/92A（XL）	102	76	103	40 ~ 41	27	3.5

2. 制图步骤

筒裤结构裤子属于裤型结构中典型的基本纸样，这里将根据图例分步骤进行制图说明。

第一步　建立女筒裤的框架结构

（1）确定前后原型的位置。将裤子的原型按照腰围辅助线、臀围辅助线、烫迹线、脚口辅助线放置摆好，如图 7–12 所示。

（2）确定裤长辅助线（前侧缝辅助线）。由成品裤长 – 腰宽 =96–3.5cm=92.5cm 确定，如图 7–12 所示。

（3）确定前脚口辅助线。作水平线与裤长辅助线垂直相交，与原型中的腰围辅助线保持平行。

（4）确定前立裆深线。立裆深线的确定与原型的立裆深线保持一致。

（5）确定前臀围线。由横裆线量取立裆深线的 1/3, 确定出臀围线。

（6）确定前中裆线。按横裆线至裤口辅助线的 1/2 向上抬高 3cm，并且平行于脚口辅助线，确定前中裆线。

（7）确定前臀围值。在臀围线上，以侧缝辅助线与臀围线的交点为起点，取 H/4=24cm，作垂直于上平线的垂线。

（8）确定前裆宽线。前裆宽线的确定与原型中的前裆宽线保持一致，作法参照图 7–4 所示。

（9）确定前烫迹线。前烫迹线的位置与原型中烫迹线的位置保持一致，如图 7–12 所示。

（10）确定后片裤长辅助线、腰围辅助线、脚口辅助线、立裆深线的位置。后片裤长辅助线、腰围辅助线、脚口辅助线、立裆深线的确定是与前片保持一致。

（11）确定后臀围线、后中裆线的位置。后臀围线、后中裆线位置的确定与前片保持一致。

（12）确定后臀围宽值。在后臀围线上，以侧缝辅助线与臀围线的交点为起点，取 H/4=24cm，作垂直于腰围线的垂直线，如图 7–12 所示。

第二步　建立裤子的结构制图步骤

（1）确定前裆内偏量。由前裆直线与腰围辅助线的交点向侧缝方向劈进 1cm，将前裆内斜线画圆顺，与原型保持一致。

（2）确定前腰围尺寸。由前中心线内偏量 1cm 起，量取前腰围大 =W/4+ 裥（3cm）= 20.5cm。

（3）确定前脚口尺寸。按脚口 /2–2cm=17.5cm，以前烫迹线为中点在两侧平分，以“▌”表示。

（4）确定前中档大尺寸。由于本款式是直筒裤，因此裤子的中档大尺寸与脚口宽尺寸一致。以前烫迹线为中点在两侧平分，以“▌”表示，如图 7–12 所示。

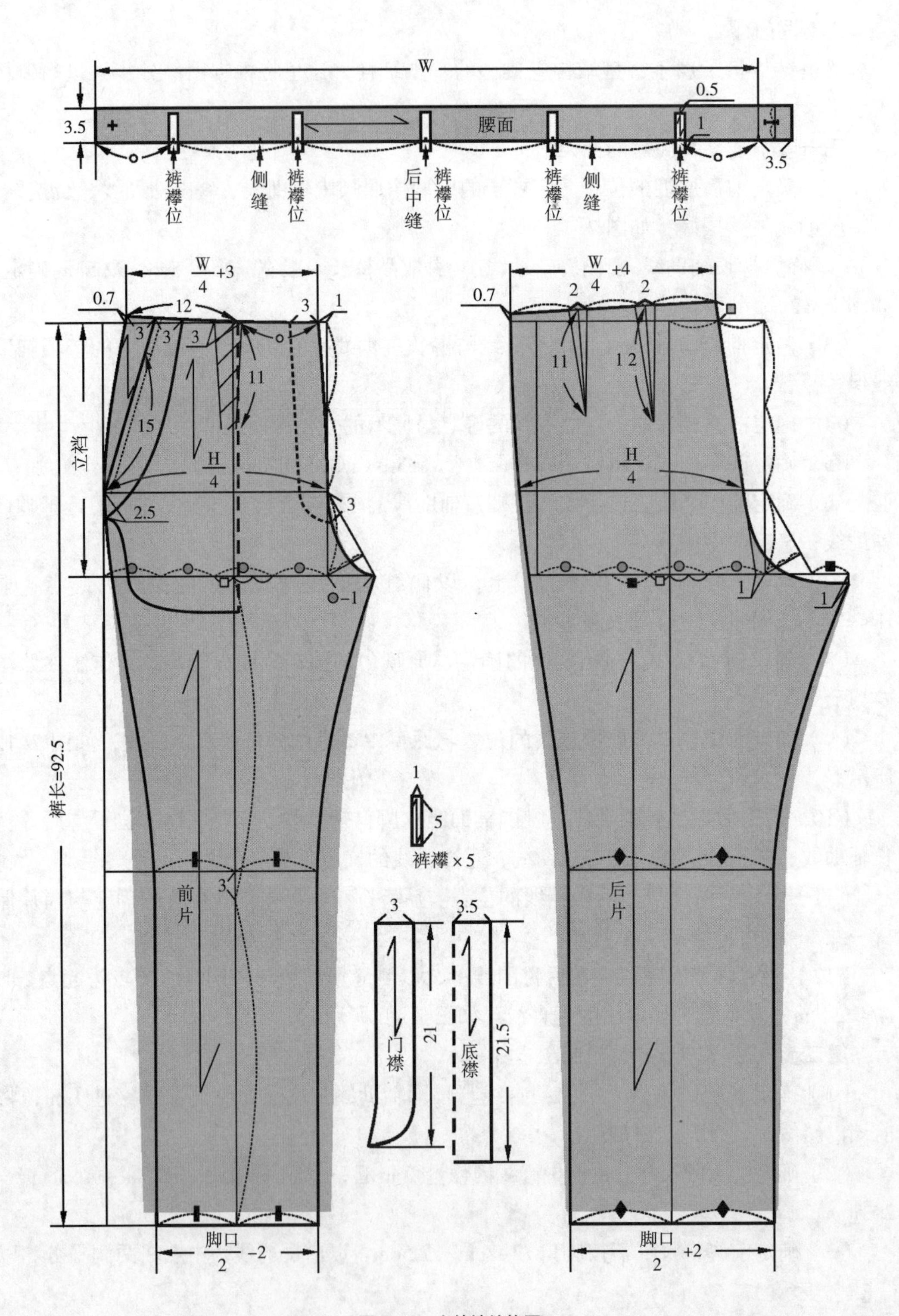

W
0.5
3.5
腰面
1
3.5
裤襻位
侧缝
裤襻位
后中缝
裤襻位
裤襻位
侧缝
裤襻位
W/4+3
0.7
12
3
1
3
3
3
11
15
立裆
H/4
3
2.5
○-1
裤长=92.5
3
前片
脚口/2-2
W/4+4
0.7
2
2
11
12
H/4
1
1
后片
脚口/2+2
1
5
裤襻×5
3
3.5
21
门襟
21.5
底襟

图7-12 女筒裤结构图

（5）确定前侧缝弧线。由侧缝线辅助线与前腰围尺寸的交点、侧缝辅助线与臀围线的交点、中裆宽点至脚口大点连接画顺。

（6）确定前下裆弧线。由前裆宽线与横裆线交点至脚口大点连接画顺。

（7）确定前褶裥定位。前片反裥大为 3cm，以前烫迹线为界，向前中心线方向量取 0.5cm（褶裥倒向侧缝方向）；裥长为臀围线向上 6~7cm 左右，约为 10~11cm。

（8）确定侧插袋位。在前侧缝弧线上，由上平线与侧缝弧线的交点向前中心方向量取 3cm，作为侧缝侧插袋位的起点，从此点起和臀围线与侧缝弧线的交点连一条斜线，在这条斜线上由臀围线与侧缝弧线的交点量取 15cm 为袋口大。袋口布的画法参照《女装成衣结构设计 · 部位篇》第三章袋口结构设计。

（9）确定侧插袋垫袋。在前腰线上由侧插袋位点向前中心线方向量取 3 ~ 4cm，在侧缝线上由臀围线的交点向裤口方向量取 2.5 cm，将两点相连画顺，绘制出侧插袋垫袋。

（10）确定前门襟、底襟。在前裆内劈势线上，作 3cm 的门襟宽，由小裆尖向裆弯处量取 3cm 作为门襟尖点的依据。底襟宽为 3.5cm，长为 21.5cm。

（11）确定后裆缝斜线、后裆宽线。从前片的横裆线与前中心辅助线的交点向前侧缝方向量取 1cm，以此点向上交于前片腰线上前中心线与烫迹线的中点并上翘○ /3，此线与臀围线的交点是后裆弯起点，此点至后腰点为后中心线，用圆顺的弧线连接后裆弯起点、后裆弯轨迹靠近裆弯夹角的三分之一等分点和后裆弯宽下移 1cm 的位置，完成后裆弯。

（12）确定后腰围尺寸。由新的后起翘点向腰围辅助线量取后腰围大 =W/4+ 省（4cm）=21.5cm，确定出后腰围线。

（13）确定后脚口尺寸。在脚口辅助线上按脚口宽 /2+2cm=21.5cm，以后烫迹线为中点在两侧平分，确定后脚口尺寸，以“◆”表示。

（14）确定后中裆大。由于本款式是直筒裤，因此裤子的中档大尺寸与脚口宽尺寸一致。以后烫迹线为中点在两侧平分，以“◆”表示，如图 7–12 所示。

（15）确定后侧缝弧线。由腰围辅助线与后腰围大的交点至后中裆大外缝点、脚口大外缝点连接画顺。

（16）确定后下裆弧线。由后裆宽点至后中裆大内缝点至脚口大点连接画顺。

（17）确定落裆线。将后下裆线长减前下裆线长（均指中裆以上段）之差，作平行于横裆线的直线。

（18）确定后省定位。以后腰缝线三等分定位。省中线与腰缝直线垂直。省大均是 2cm，靠近后中心的省长为 12cm（设计量），靠近侧缝的省长为 11cm（设计量）。

（19）确定腰宽、裤襻。腰宽为 3.5cm，长为 W+ 搭门量（3.5cm）=73.5cm。裤襻宽为 1cm，长为 5cm；裤襻数量根据裤子的款式而定。

（四）工业样板

基本造型纸样绘制之后，就要依据生产要求对纸样进行结构处理图的绘制，凡是有缝合的部位均需复核修正，如下裆缝线、侧缝等等。然后进行缝份加放，如图 7-13 ~ 图 7-15 所示。

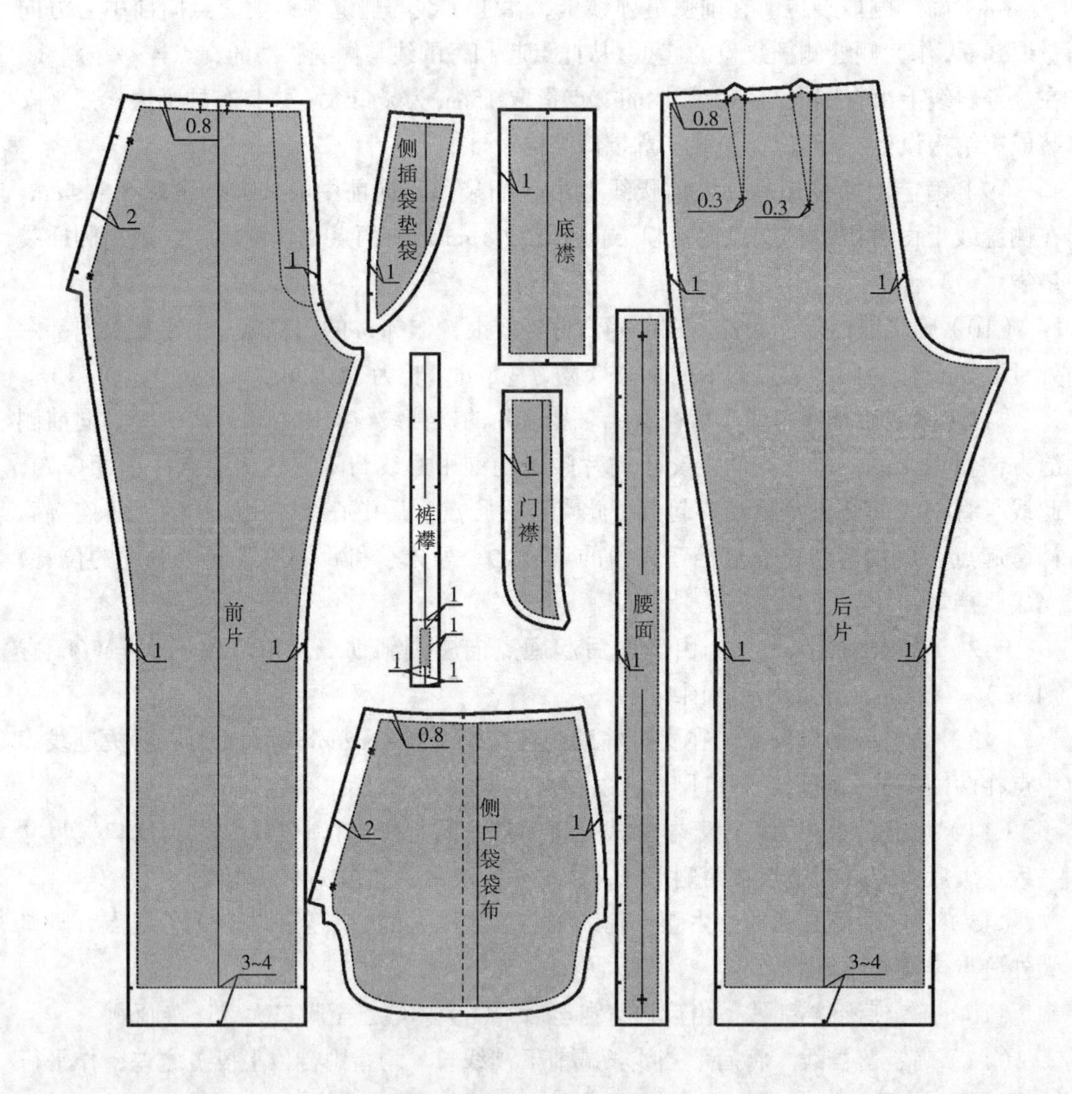

图7-13 女筒裤面板的缝份加放（1）

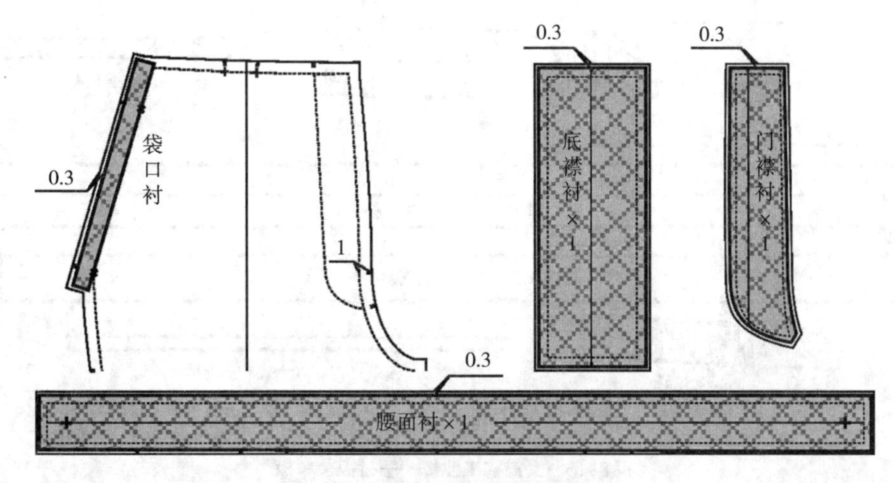

图7-13　女筒裤衬板的缝份加放（2）

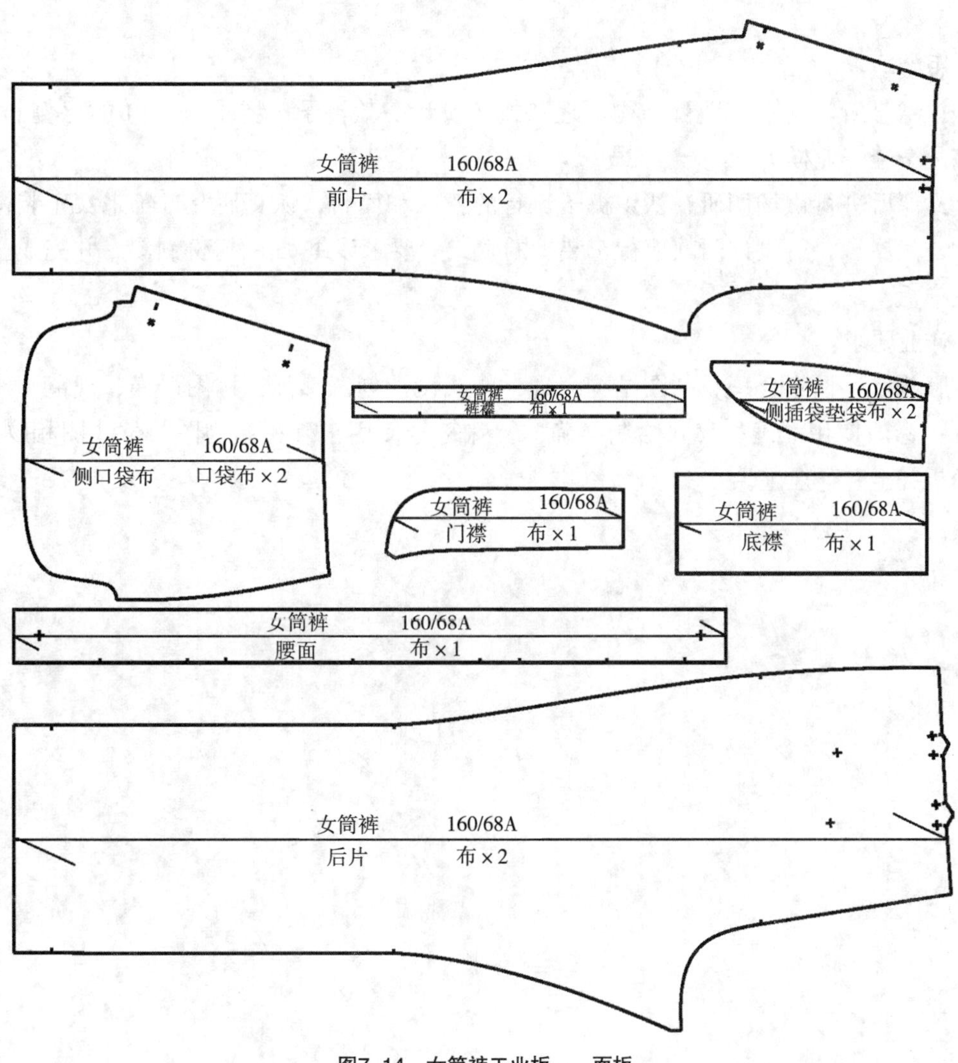

图7-14　女筒裤工业板——面板

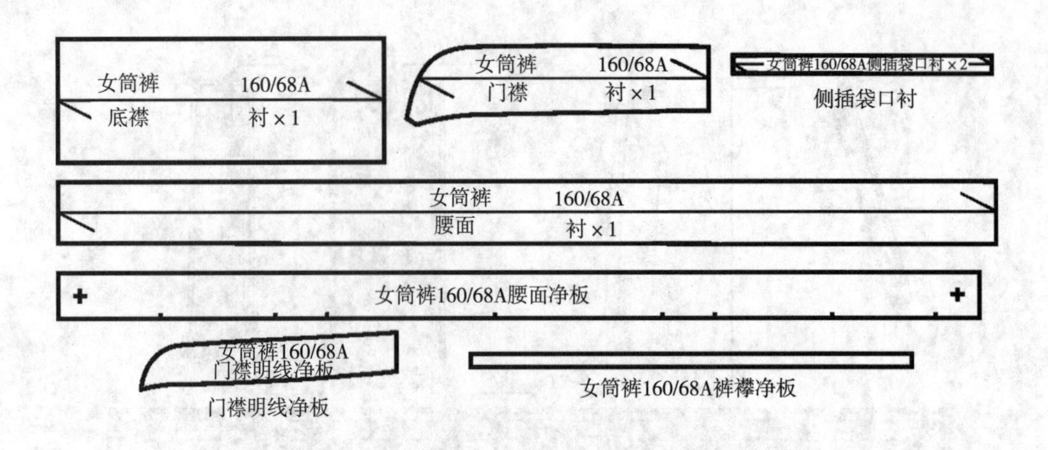

图7-15 女筒裤工业板——衬板、净板

思考题：

1. 结合所学的女正装裤结构原理和技巧设计一款裤子，要求以 1∶1 的比例制图，并完成全套工业样板。

2. 课后进行市场调研，认识裤子流行的款式和面料，认真研究近年来女正装裤的变化与发展，自行设计两款流行正装裤的款式，要求以 1∶5 的比例制图，并完成全套工业样板。

作业要求：

服装尺寸设定合理；制图结构合理；款式设计创意感强；构图严谨、规范，线条圆顺；标识使用准确；尺寸绘制准确；特殊符号使用正确；结构图与款式图相吻合；毛净板齐全，作业整洁。

第八章

女大衣结构设计

学习要点：

1. 熟练掌握紧身型、适体型、宽松型等各类型女大衣的放松量加放方法。

2. 掌握女大衣门襟、领型、袖型的设计变化技巧。

3. 掌握女大衣结构设计中分割线、省位的运用。

4. 掌握女大衣结构纸样中面料净板、毛板和衬板及里料净板、毛板的处理方法。

能力要求：

1. 能根据具体人体尺寸进行设计。

2. 能在女大衣结构设计中灵活设计分割线。

3. 能根据女大衣具体款式进行制板，既符合款式要求，又符合生产需要。

第一节　女大衣款式特征

一、女大衣的产生与发展

女大衣是穿在最外层的衣服，又称外套，英文用 coat 特指女大衣。就其性质而言，更强调实用性。其主要目的是用于防寒、防雨及防尘，另外也可作为礼服及装饰。在第二次世界大战前，人们认为，只要是正式的外出服装，即使是夏天，也要穿着镂空或极薄的外套出门。因此，大衣的作用不仅在于其原有的实用性，其功能性和时尚性也成为重要的因素。

二、女大衣的分类

女大衣可以根据着装的外轮廓、长度、季节、材料、用途及袖窿线分类。

1. 按外轮廓分类

（1）直身型女大衣。直线裁剪，腰节处没有收量，大衣外轮廓为像箱子一样的直线条。

（2）公主线女大衣。在大衣的腰节处设有公主线的收腰设计，下摆设计有加放量，外轮廓为收腰散下摆。

（3）筒型女大衣。衣身呈筒形的大衣，肩部呈圆形，下摆内收，中段衣身更像圆筒。

（4）斗篷型大衣。从肩部到下摆呈三角形，下摆散开，也称散摆大衣。

（5）披肩大衣。带有披肩的大衣总称。

（6）卷缠式大衣。这种大衣不用系扣子或其他方法扣合，将大衣缠裹在身体后，用腰带系牢即可。

2. 按长度分类

（1）短大衣。衣长到臀围线附近的大衣，与长款相比一般称之为短大衣，如图 8-1 所示。

（2）半长大衣。以下装的裙长为准，大衣的长度在裙长的 3/4 处或在膝盖线上 5cm 左右，如图 8-1 所示。

（3）中长大衣。以下装的裙长为准，大

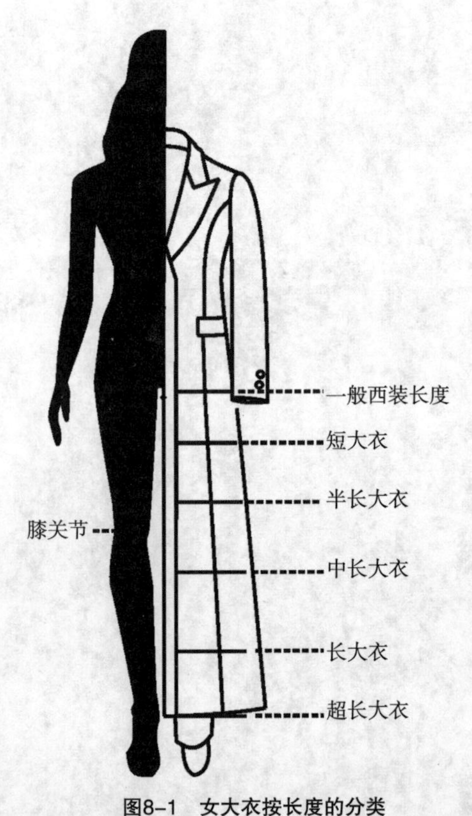

图8-1　女大衣按长度的分类

衣的长度在裙长的 7/8 处，在膝盖线下 5cm 左右，如图 8–1 所示。

（4）长大衣。一般长大衣将下装的裙长全部遮盖，在膝盖线下 10 ~ 20cm 左右，如图 8–1 所示。

（5）超长大衣。一般长大衣将下装的裙长全部遮盖，但也可随着流行长及脚踝，如图 8–1 所示。

3. 按材料分类

（1）轻薄女大衣。选用轻薄、透明的材料，如乔其纱、巴里纱或镂空等面料制 作的大衣，一般在夏季穿着，属于装饰性较强的外衣。

（2）毯绒女大衣。面料厚重且有大花纹的毛料织物做成的大衣，带有南美风格，大衣外轮廓造型多用直线裁剪表现。

（3）针织女大衣。编织物做成的大衣，不同编织物的质地产生不同的着装风格。

（4）羽绒女大衣。面料选用棉或化纤织物，中间填充动物的羽毛，采用横条缝纫加工并具有防水、防寒功能的大衣。

（5）皮女大衣。采用皮革制成。具有防风、防寒、防水等特点。随着皮革工业的发展，皮大衣将成为时尚。

（6）裘皮女大衣。表面带有毛的皮衣，其款式变化简单，具有防寒性能。穿着华丽高贵。

4. 按女大衣袖窿线分类

（1）插肩袖。从衣片领口至袖下端斜线裁剪的袖子，袖山与衣片肩部连接在一起，肩部造型圆润。

（2）半插肩袖。与插肩袖造型类似，从肩线的中间开始至袖下斜线，袖山借小肩斜量，外观袖窿线在肩部。

（3）连肩袖。肩部没有分割线，衣片与袖子连接成一体，在衣身与袖片根部插入袖插片。也有在前衣片胸部做成育克与袖片连在一起。服装整体造型完整，肩部圆润。

（4）落肩袖。与常规袖相比，袖窿线从肩部落下，外观造型比较休闲随意。

（5）蝙蝠袖。衣身与袖片连接在一起，袖口狭窄，从袖口通过胸围大一直连接到腰节处，腋下由于宽松，形成较大的褶皱。由于此袖的外观造型像蝙蝠的翅膀而得名。

（6）方形袖。袖子在与衣身连接处呈方形袖窿线，衣身肩部挖得越深，落肩就越大。

（7）披肩式喇叭袖。袖子将肩部覆盖，袖口宽大。

（8）楔形袖。从袖根向衣身呈楔形样式的袖子。袖窿有充分的宽松量，穿脱方便。

三、女大衣面、辅料

1. 面料的选择

女大衣包括春秋大衣、冬季大衣和风雨衣。它从以适应户外防风御寒作为主要功能，逐渐转变为装饰功能。现在着装意识发生了变化，不同的用途有着不同的面料选择，因而通常采用较高价值的材料与加工手段，对面料的外观与性能要求甚高。

（1）春秋大衣的面料。春秋外套代表性面料有法兰绒、钢花呢、海力斯、花式大衣呢等传统的粗纺花呢，也有诸如灯芯绒、麂皮绒等表面起毛，有一定温暖感的面料。此外，还大量使用化纤、棉、麻或其他混纺织物，使服装易洗涤保管或具防皱保形的功能。

（2）冬季大衣的面料。冬季大衣面料通常以羊毛、羊绒等蓬松、柔软且保暖性较强的天然纤维为原料，由开始的粗格呢、马海毛、磨砂呢、麦尔登呢发展到后来的羊绒、驼绒、卷绒等高级毛料。代表性的冬季大衣一般采用诸如各类大衣呢、麦尔登、双面呢等厚重类面料和诸如羊羔皮、长毛绒等表面起毛、手感温暖的蓬松类面料，皮革、皮草也成了时尚的大衣面料。

2. 辅料的选择

女大衣辅料主要包括服装里料、服装衬料、服装垫料等。选配时必须结合款式设计图，考虑各种服装面料的缩水率、色泽、厚薄、牢度、耐热、价格等和辅料相配合。

（1）里料的选择。春秋大衣和冬季大衣一般选择醋酯、黏胶类交织里料，如闪色里子绸等。

（2）衬料的选择。衬料的选用可以更好地烘托出服装的形，根据不同的款式可以通过衬料增加硬挺度，防止服装衣片出现拉长、下垂等变形现象。由于女大衣面料较厚重，所以相应采用厚衬料；如果是起绒面料或经防油、防水整理的面料，由于对热和压力敏感，应采用非热熔衬。

（3）袖口纽扣的选择。现在更多纽扣的作用已经由以前的实用功能转变为装饰功能，也有的通过调节襻调节袖口大小。

（4）垫肩的选择。垫肩是大衣造型的重要辅料，对于塑造衣身造型有着重要的作用。一般的装袖女大衣采用针刺垫肩。普通针刺垫肩因价格适中而得到了广泛应用，而纯棉针刺绗缝垫肩属较高档次的肩垫。插肩女大衣和风衣主要采用定型垫肩。此类肩垫富有弹性并易于造型，具有较好的耐洗性能。

（5）袖棉条的选择。袖棉条的选择原则同西服。

第二节 女大衣结构设计

一、基本款女大衣结构设计

（一）款式说明

本款女大衣不受流行影响，也很少受年龄的限制，是一款穿着很广的大衣款式。其特点是能够较好地掩饰体型的缺陷。此款大衣的结构没有前后侧缝线，分割线在前后衣片腋下人体转折处，形成三开身结构，此结构能显现出大衣的立体效果。

在大衣前片设计的腋下省可以起到撇胸的作用，使前胸处帖服，在腰部没有收省，下摆可根据个人喜好设计放量。前片口袋处为板式口袋造型，也可以利用前片的分割线做暗口袋，既简单又实用。在此款大衣基础上变化领子、袖子、门襟、口袋等部位，就会产生不同的设计效果和穿着效果，如图 8-2 所示。

此款女大衣在面料的选择上，可以选用马海毛、女士呢、格呢和磨砂呢等较厚的毛织物材料。

（1）衣身构成：此款大衣为三开身结构，腋下收胸省，无收腰设计，下摆为放量设计。可用于春秋风衣及冬季女大衣结构上，衣长设计在膝盖线附近。

（2）领：领子采用连体关门领设计。

（3）袖：采用一片袖合体设计。

图8-2　基本款女大衣效果图、款式图

（二）面料、辅料准备

1. 面料

幅宽：144cm 或 150cm。

估算方法：衣长 + 袖长 + 缝份 10cm，需要对格、对花时面料适量加量。

2. 里料

幅宽：90cm 或 140cm；

估算方法：（衣长 + 袖长）×2+ 缝份 10cm 或衣长 + 袖长 + 缝份 10cm。

3. 辅料

（1）黏合衬

厚黏合衬：90cm 幅宽，120cm 长（前衣片用）；薄黏合衬：90cm 幅宽，110cm 长（零部件用）；

黏合牵条：500cm（止口、袋口用）；垫肩：厚度 1cm，1 副。

（2）纽扣：直径 2.5cm，5 个；垫扣 5 个。

（三）基本款女大衣结构制图

准备好制图工具和绘图纸，制图线和符号按照制图说明正确画出。

1. 确定成衣尺寸

成衣规格为 160/84A，依据是我国使用的女装号型 GB/T1335.2—2008《服装号型 女子》。基准测量部位以及参考尺寸，如表 8-1 所示。

表8-1 成衣系列规格表 单位：cm

规格＼名称	衣长	胸围	袖长	袖口	肩宽	下摆大
155/80A（S）	96	103	59	32	38	135
160/84A（M）	98	107	60	33	39	139
165/88A（L）	100	121	61	34	40	143
170/92A（XL）	102	115	62	35	41	147
175/96A（XXL）	104	119	63	36	42	151

2. 成衣制图

结构制图的第一步十分重要，要根据款式分析结构制图，无论是什么款式第一步均是解决胸凸量的问题。

本款式属于宽松型服装胸凸量的纸样解决方案。首先绘制后衣片原型，将前片腰线放在与后腰线同一条水平线上，如图 8-3 所示。此款基本款女大衣为三开身结构的基本纸样，首先要确定胸围的放量位置，建立成衣的框架结构，该款胸围加放量为 21cm，考虑到原型放量已有 10cm，还需追加 11cm，在 1/2 结构制图中追加 5.5cm。该款式为较宽松型秋冬装，往往不考虑臀围值，而是根据款式需求决定下摆大小的变化。这里将根据款式图分步骤进行制图说明。

第一步　建立女大衣的前后片框架结构

前、后身片框架结构

（1）作出衣长。水平放置后身原型，由原型的后颈点在后中心线上向下量取衣长（98cm），作出水平线，即下摆线辅助线，如图 8-3 所示。

（2）放置前身原型。首先由后身原型腰围线水平延长，并在后身原型的胸围线与侧缝线交点处水平延长胸围线，按照放松量的计算需加出 5.5cm 松量，然后将前身原型在 WL 水平线上摆放，放置前身原型。

（3）确定新前中心线和止口线。根据以上的放量分配方法，由原型前中心线向外加放 0.7cm（面料厚度消减量），作平行线，确定新的前中心线位置。在前衣片下摆处由新前中心线再向外量取搭门量 2.5cm，作出前止口线。

（4）作出侧缝辅助线。由原型后胸围线与侧缝线的交点处向后中心线方向量取 2.5cm，确定侧片的一条分割辅助线，即后片侧缝辅助线；由原型前胸围线与侧缝线的交点处向前中心线方向量取 3cm，确定侧片的又一条分割辅助线，即前片侧缝辅助线。

（5）解决胸凸量。由于采用的新式原型是将胸凸量设置在前片原型袖窿处，为减小袖窿省量的大小，以及衣服的合体性，以 B 点为圆心，将 ABC 三角形向上转移至胸省量大小的一半，剩余的一半胸凸量就留在袖窿处不做处理。通过胸凸量的转移，得到现在的胸省量（○），再将转移至前片的腋下处作为腋下省，如图 8-4 所示。

第二步　衣身制图

（1）后衣长。后衣长的确定也可以通过后中心线与腰围线的交点在后中心线上向下量取所需长度（60cm），如图 8-3 所示。

（2）胸围。女大衣的胸围量是在原型基础上追加放量，此款女大衣侧缝没有分割线，分割线分别设计在人体的前后厚度的位置。大衣放松量一般设计为 20 ~ 22cm，属于

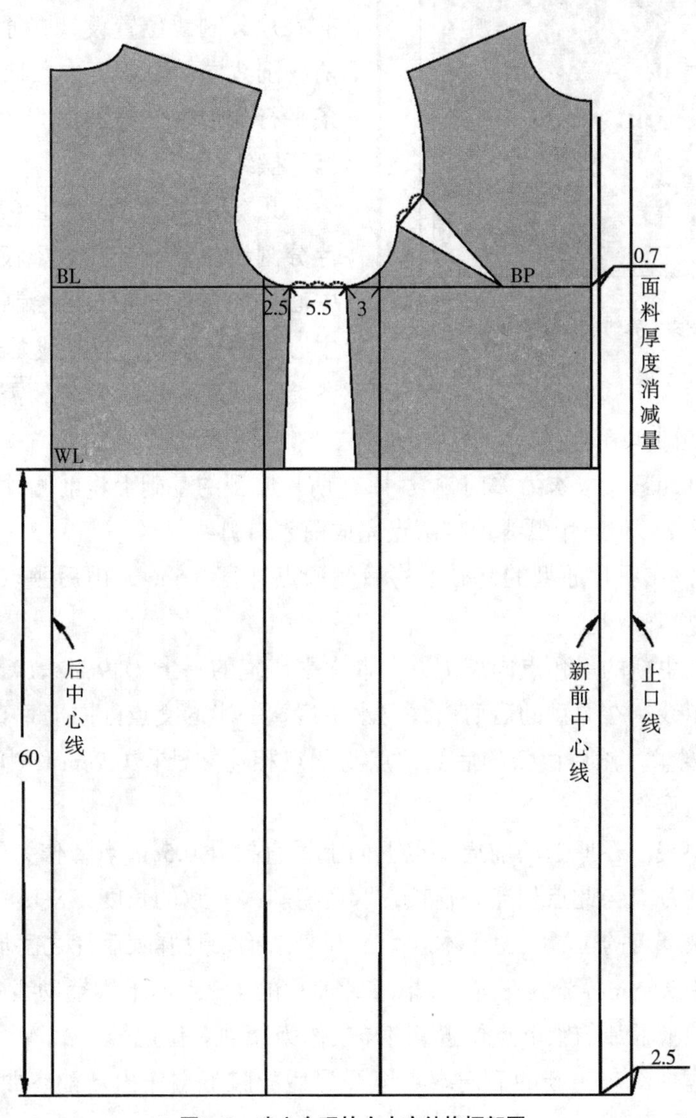

图8-3　建立合理的女大衣结构框架图

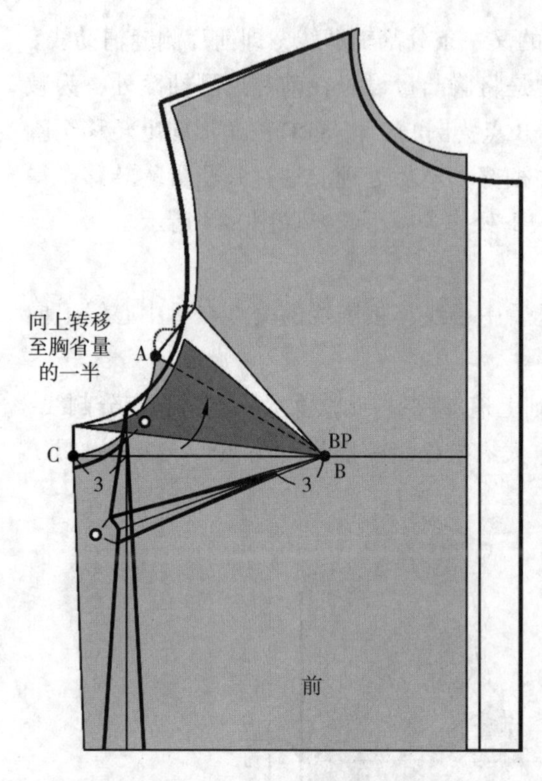

图8-4 基本款女大衣的胸凸量解决方法

适体的状态。合体女大衣放松量可以设计为15 ~ 17cm。宽松女大衣放松量可以设计为25 ~ 28cm。本款女大衣以原型为基准，按照衣身胸围尺寸，胸围放松量为21cm。考虑到原型放量已有10cm，还需追加11cm，在1/2结构制图中追加5.5cm。

（3）前、后衣片分割线辅助线的确定。

① 前衣片分割线辅助线的确定：此款女大衣为无侧缝设计，腋下片为一片设计。前衣片分割线位置设计在原型板腋下点在前胸围线向前中心方向量取3cm处绘制一条平行与前中心线的分割线，分割线延长至下摆线。

② 后衣片分割线辅助线的确定：后衣片分割线位置设计在原型板后胸围线向后中心方向量取2.5cm处绘制一条平行与后中心线的分割线，分割线延长至下摆线。

（4）前、后领口弧线。本款大衣属于秋冬装，内着装层次较多，需要考虑领宽的开宽和加深，如图8-6所示。

① 前领口：此款女大衣为关门领设计，在前片原型的基础上将前侧颈点开宽0.5cm，前颈点开深1.5cm，重新用弧线连接两点完成前领口弧线。

② 后领口：在后片原型的基础上将后侧颈点开宽0.5cm，由后颈点重新用弧线连接两点完成后领口弧线。

（5）肩宽。由新的后颈点向肩端方向取水平肩宽的一半（39 ÷ 2=19.5cm）。

（6）后肩斜线。在原型的后肩斜线与水平肩宽一半的交点处向上垂直抬升1cm点，作为垫肩的厚度量，然后由新的后侧颈点与此点相连并延长0.7cm作为前后肩线的吃量，从而确定后肩斜线。

（7）前肩斜线。在原型的前肩端点上向上垂直抬升0.5cm点，作为垫肩的厚度量，然后由新的前侧颈点与此点相连并延长，取后肩斜线一致的长度（X），确定前肩斜线。

（8）确定腋下点的位置。由于本款为三开身结构，原型前、后片之间加放出了5.5cm的松量；首先将5.5cm等分为三等份，取靠近前片的1/3点向下摆辅助线的方向作垂线，长度为1cm，即腋下片的腋下点位置，同样也作为绱袖对位记号。

（9）后袖窿曲线。由新的后肩端点至开深后的腋下点作出新袖窿曲线并交于前片侧缝辅助线上。

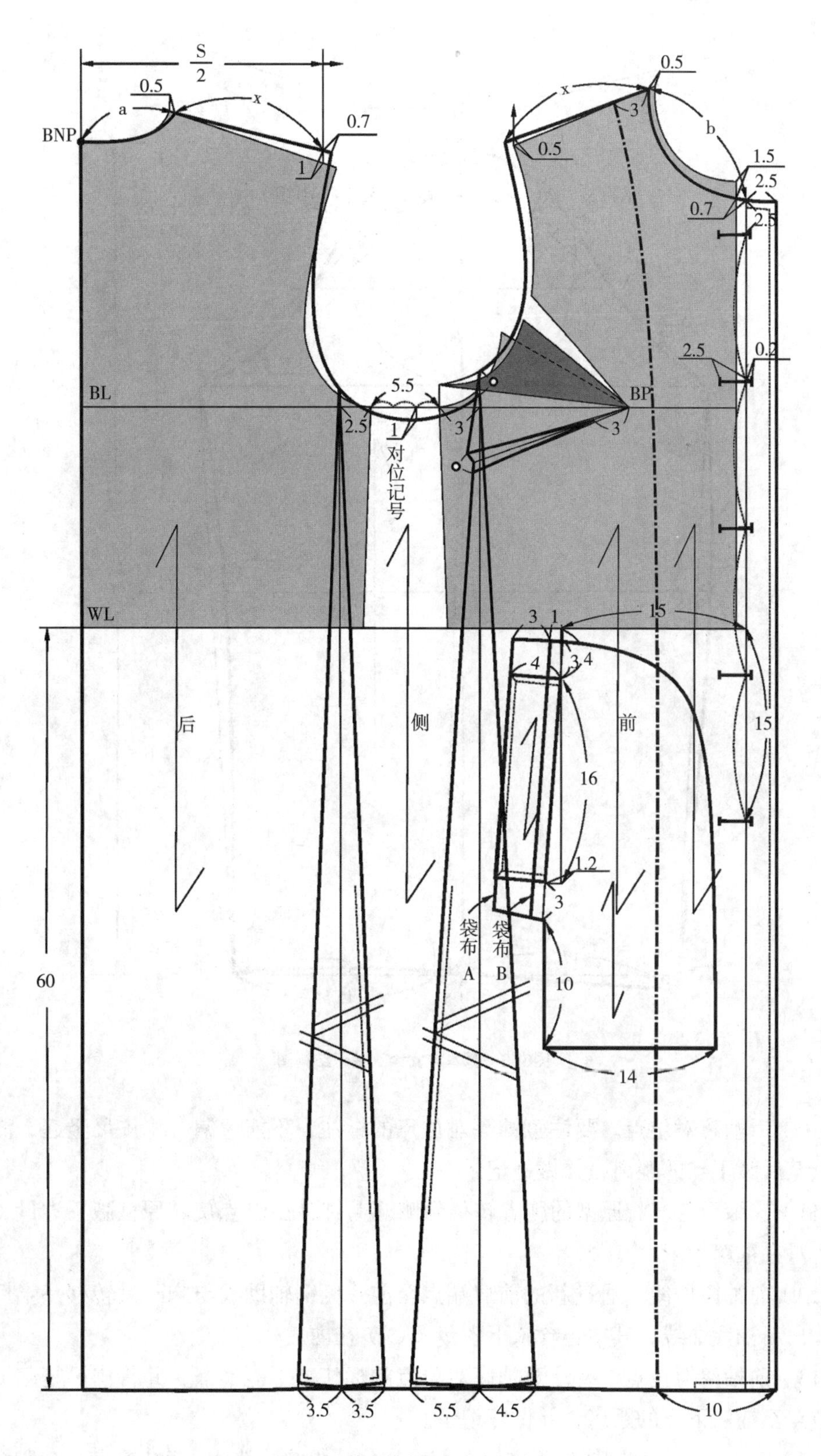

图8-5 基本款女大衣衣身结构图

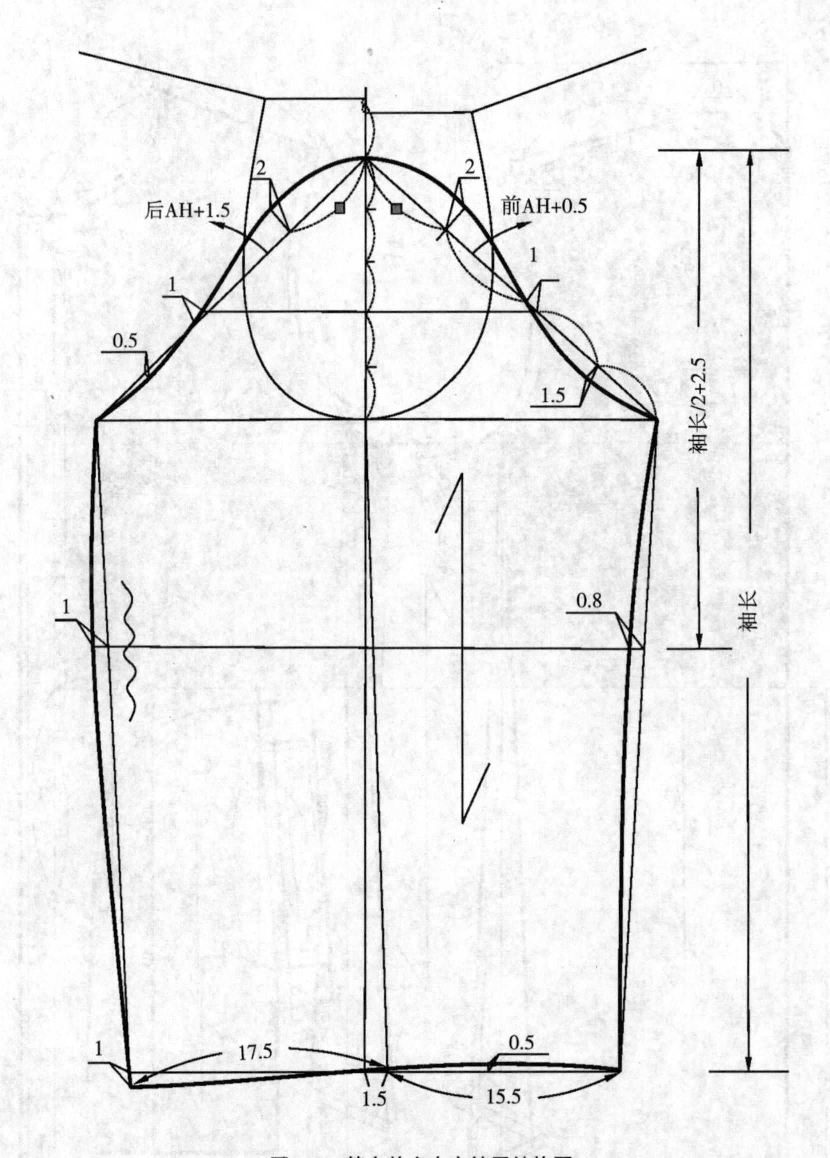

图8-6　基本款女大衣袖子结构图

（10）后袖窿对位点。要注意袖窿对位点的标注，不能遗漏。将皮尺竖起，测量后对位点至后腋下点的距离，并做好记录。

（11）前腋下省。将原型的胸省转移到侧缝上，按住 BP 点旋转原型腋下省量（○），其余省量在袖窿处。

（12）前袖窿曲线。通过新的前肩端点至前片侧缝辅助线与胸凸量转移一半后的交点处作出新袖窿曲线，其中包含腋下省量（○）在内。

（13）前袖窿对位点。要注意袖窿对位点的标注，不能遗漏，并将皮尺竖起测量该前对位点至前腋下点的距离，并做好记录。

（14）前、后衣片分割线的确立。在前后片分割线的基础上，首先在前片分割线下摆位置设计放量，在交点处向后中心方向量设计量出 5.5cm，作为前中片下摆的放量，向前中心方向量出设计量 4.5cm，作为腋下片下摆的放量，分别连接到前袖窿曲线，绘制出前片侧缝线和前腋下片侧缝线；其次在后片分割线下摆位置设计放量，在交点处向前后中心线各放 3.5cm，分别连接到后片后袖窿曲线，绘制出后片侧缝线和后腋下片侧缝线。

（15）前、后下摆线。为保证成衣下摆圆顺，下摆线与侧缝线要修正成直角状态，起翘量根据下摆展放量的大小而定，下摆放量越大，起翘量越大。从前、后中心线作前、后侧缝线的垂线并用弧线画顺，保证前后侧缝线长短一致，完成前、后片的下摆线。在大衣的制作中下摆工艺制作方法与西服不同，并不是将下摆与里料缝合，而是单独制作，再用线襻相连。

（16）作出贴边线。在前肩斜线上由新侧颈点向肩端点方向量取 3 ~ 5cm，在下摆线上由前门止口向侧缝方向取设计量 10cm，将两点连线。

（17）纽扣位。前片设计为五粒扣，第一粒扣在领口向下 2.5cm，第五粒扣在从腰线向下 15cm，平分第一粒扣和第五粒扣确定其余的扣位。

（18）眼位的画法。由新的前中心线向止口方向量取 0.2cm，确定扣位的一边，再由扣位边向侧缝方向取扣眼大 2.5cm，扣眼大小取决于扣子直径和扣子的厚度。

（19）口袋。斜插袋位的设计一般应与服装的整体造型相协调，要考虑到使整件服装保持平衡。由于大衣较长，可以根据需要适当下降，本款斜插袋定在腰节线下 4cm 的位置，袋口的前后位置为设计因素，本款从前中心线方向向侧缝方向量取 15cm 左右来定。

① 在腰线与新的前中心线的交点，向侧缝方向取设计量值 15cm，向下取 3 ~ 4cm，再向下取 16cm，向侧缝方向取 1.2cm，确定袋口位为开袋口线。

② 作出口袋盖，板式口袋盖宽为 4cm，袋长为 16 ~ 18cm，袋布设计如图所示。

第三步　袖子作图

袖子结构设计制图方法和步骤说明，如图 8-7 所示。

（1）基础线。十字基础线：先作一垂直十字基础线。在袖窿底部画出水平线为落山线（袖肥线），通过腋下点作垂直线为袖中线辅助线。

（2）袖山高。袖山高为 5 AH /6，制图方法：做前、后肩点水平线交与袖中线辅助线，在袖中线辅助线上将前、后肩点水平线之间的间距平分，由 1/2 点为起点至腋下点之间的距离平分为 6 等分，取 5/6 作为袖山的高度。

（3）袖长。取袖长 60cm，作出袖口辅助线。

（4）肘长。从袖山顶点向袖口方向量取袖长 /2+2.5cm=32.5cm。

（5）前后袖山斜线。前袖山斜线按前 AH+0.5cm 定出前袖肥。后袖山斜线按后 AH+1.5cm 定出后袖肥。袖子的袖山总弧长大于前后袖窿总弧长总和 2 ~ 3cm，此量要依据面料特性设计。

（6）确定前后袖窿对位点。

（7）前后袖山弧线。由袖肥的两个端点并经袖山顶点，用弧线画顺，确定袖山弧线。

（8）确定袖子形态。由于是一片袖，要保持袖造型，在袖中线辅助线与袖口辅助线的交点处向前袖方向量取1.5cm的偏移量，确定出袖中线，使袖子形态更加符合人体胳膊的造型。

（9）袖口大小。过袖偏移量1.5cm点水平向前量取前袖口尺寸15.5cm，向后量取后袖口尺寸17.5cm。

（10）确定袖子内缝线。由袖山弧线与袖肥的两个端点与袖口大点连线，内缝线在袖肘处向里偏进0.8cm，用弧线重新画顺。

（11）确定袖子外缝线。由袖山弧线与袖肥的两个端点与袖口大点连线，外缝线在袖肘处向外延长出1cm，用弧线重新画顺。所产生的前后袖差量在工艺制作时，吃到袖外缝上。

（12）确定袖口线。为保证袖口平顺，将袖外缝线向下延长，在交叉处为直角状态，重新画顺袖口线。

第四步 翻领作图（领子结构设计制图及分析）

翻领的制图步骤说明如下：

设定底领宽为4cm，翻领宽为5cm，前领面宽按照款式需求设计，如图8-7所示。

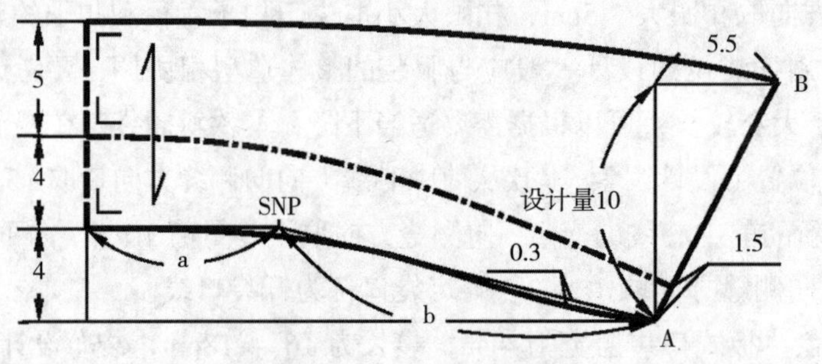

图8-7 女大衣领子结构图

（1）确定前后衣片的领口弧线。确定后衣片的领口弧线长度（a）和前衣片的领口弧线长度（b），并分别测量出它们的长度。

（2）画直角线。以后颈点为坐标点画出横纵两条直角线，纵向线为后领中线。

（3）领底线的凹势。在后领中线上由后颈点向上量取4cm，确定领底线的凹势，领底线的凹势量针对翻领中不同的造型设计，变化也是非常大的。

（4）领底弧线。由领底线的凹势4cm作出水平线，长度为后领口弧长（a）；过此点连接横向直线（交于A点），长度为后领口弧长（b）；用弧线连接画顺领底弧线。

（5）后领宽。在后领中心线上由4cm点向上4cm定出后领座高，再向上5cm定出后领面宽，画水平线为领外口辅助线。

（6）前领角造型。前领角设计要按照款式需求而定，无固定要求，本款过A点作横向直线的垂线，取长度10cm，再过此点作垂线5.5cm，连接A点和B点，确定前领口造型。

（7）领外口弧线。在领外口辅助线上，由后领中线上的后领面宽点与B点连线，用弧线画顺。

（8）领翻折线。以 A 点为起点沿领外口线量取 1.5cm 至后领座高 4cm 点，用弧线画顺，即翻领折线。

（四）女大衣工业样板

1. 纸样的制作

此款女大衣将前贴边与前片连接在一起裁剪，这样前片止口可以薄且美观，如图 8-8 所示。

2. 工业样板

本款女大衣工业样板的制作，如图 8-9 ~ 图 8-14 所示。

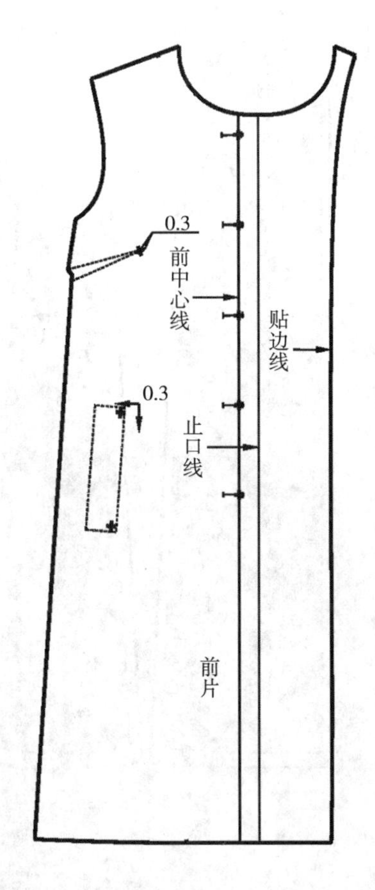

图8-8　基本款女大衣贴边样板

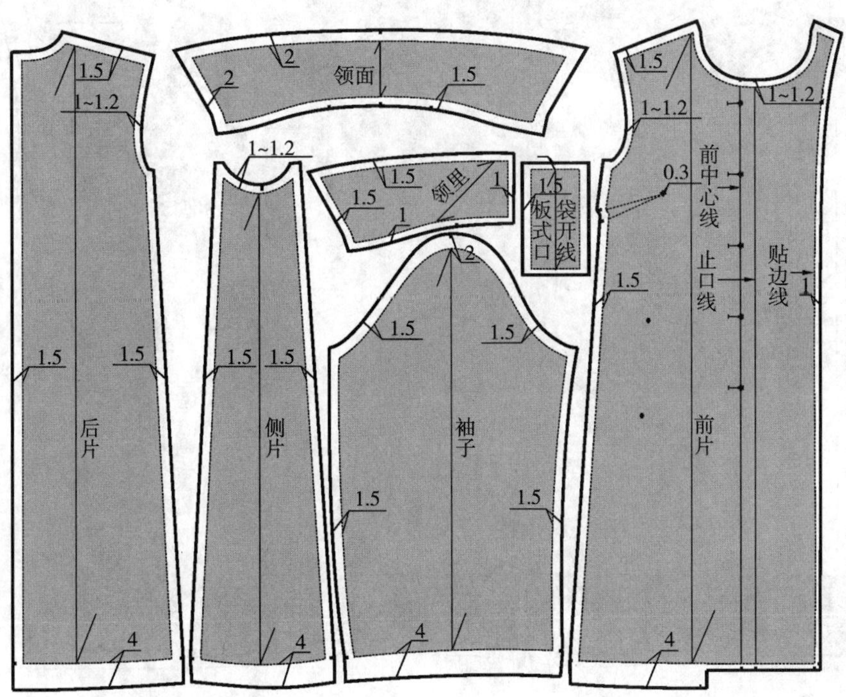

图8-9　基本款女大衣面料板的缝份加放

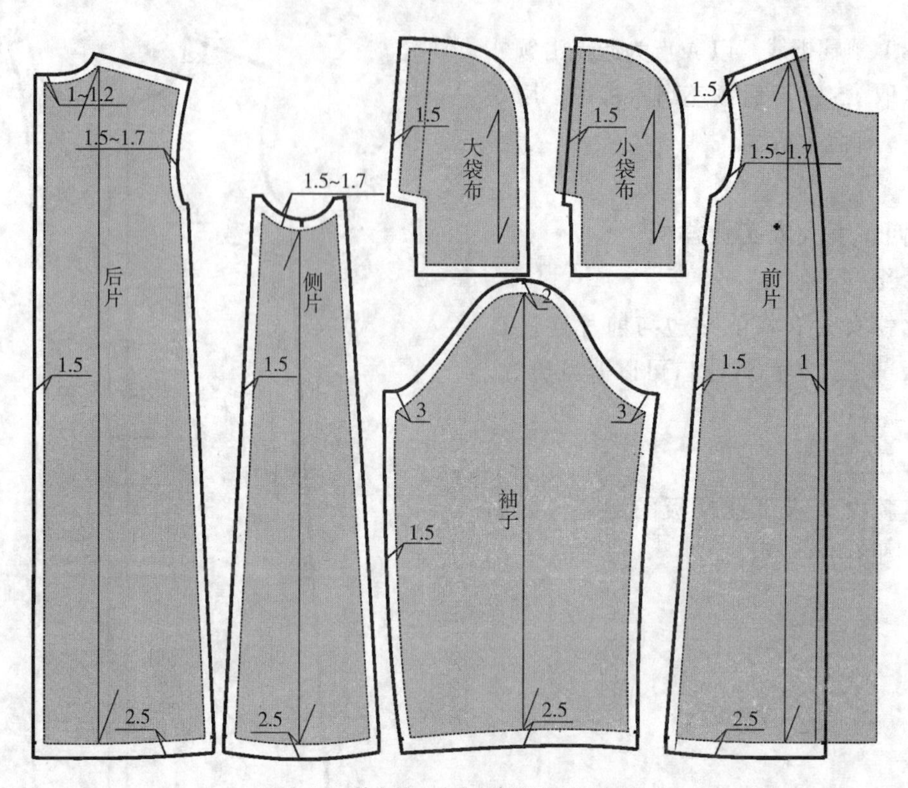

图8-10　基本款女大衣里料板的缝份加放

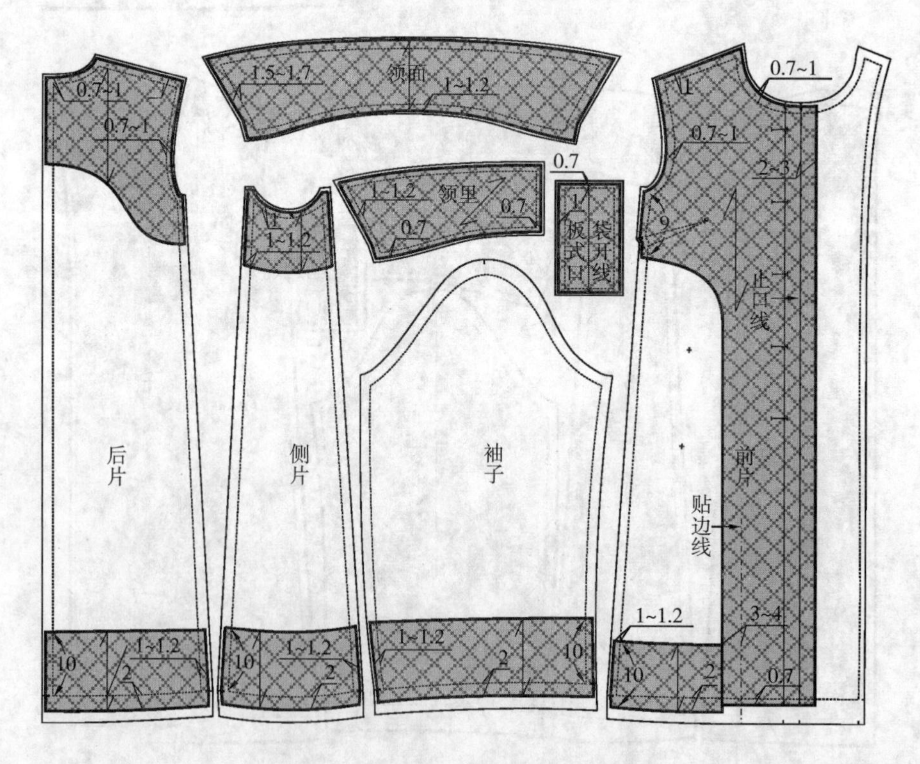

图8-11　基本款女大衣衬料板的缝份加放

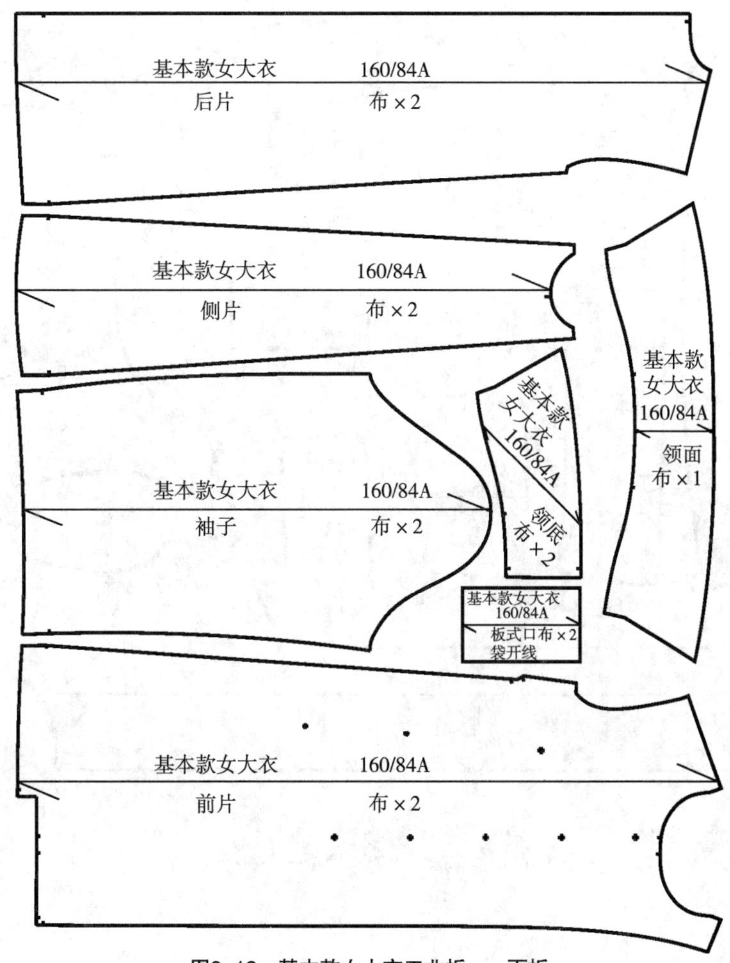

图8-12 基本款女大衣工业板——面板

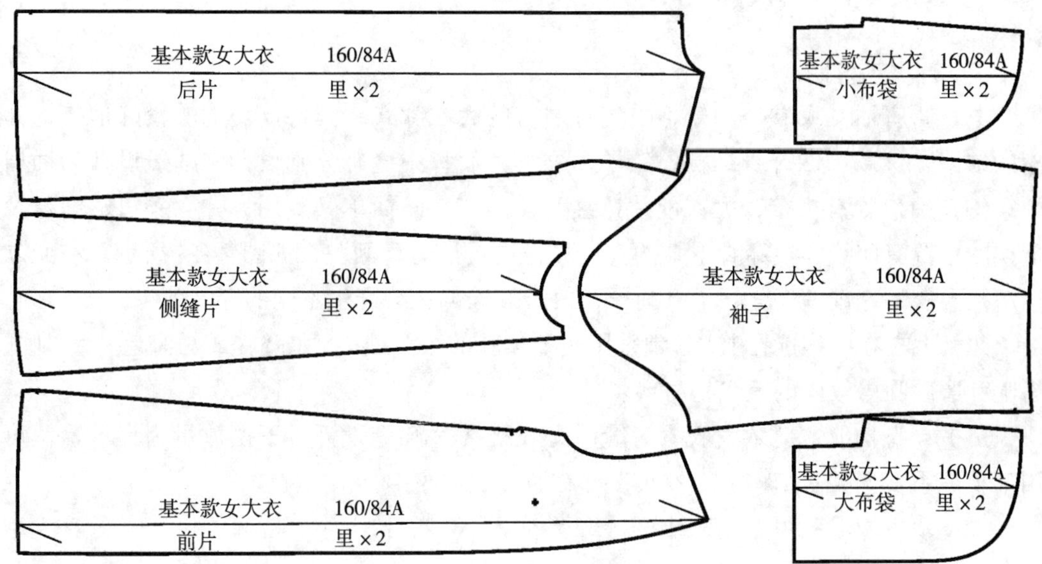

图8-13 基本款女大衣工业板——里板

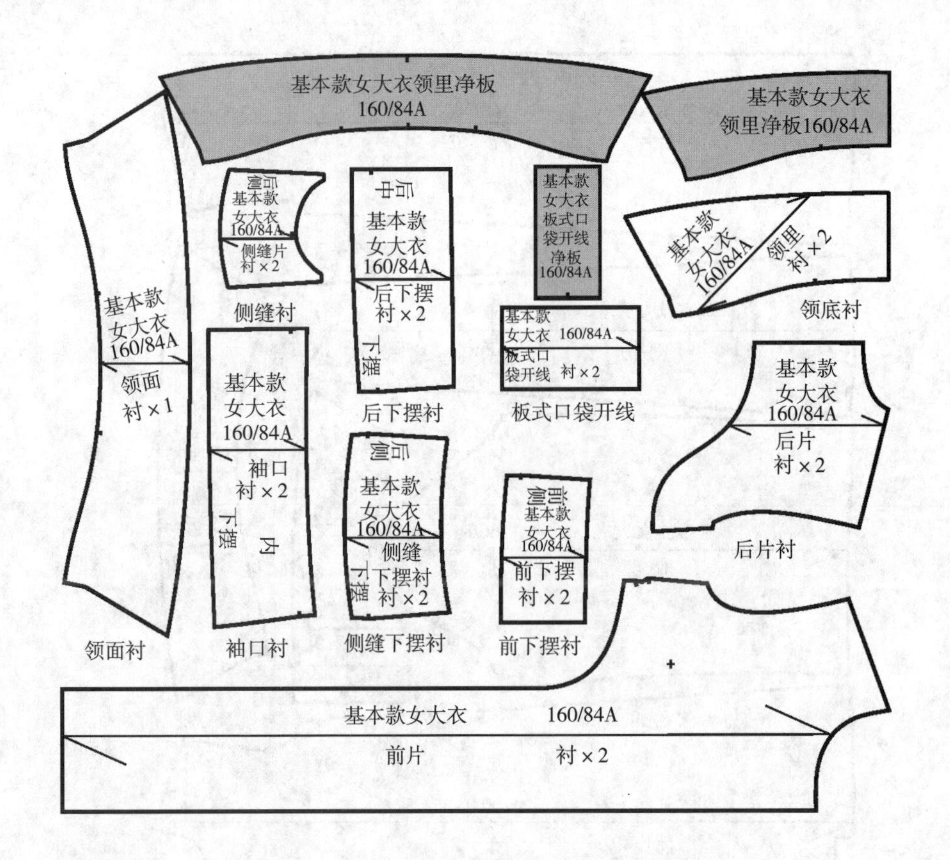

图8-14 基本款女大衣工业板——衬板、净板

二、插肩袖女大衣结构设计

（一）款式说明

本款插肩袖女大衣是一款不受流行左右的大衣款式，其特点是能够较好地掩饰体型的缺陷。该款为四开身结构，领子为立领，后背中缝有分割设计，袖子设计为插肩袖结构，袖口处有拼接；大衣前片口袋为明贴袋，既简单又实用；并在领口、门襟及下摆的位置有明线，使穿着本款的女性显得更具活力和洒脱，如图 8-15 所示。在此款插肩袖大衣的基础上变化领子、袖子、口袋等局部，会产生不同的穿着效果。

此款大衣在面料选择上，常常采用质地柔软的法兰绒、麦尔登呢或马海毛、女士呢、格呢和磨砂呢等较厚的毛织物材料。

（1）衣身构成：此款大衣有背缝、无收腰 A 字廓型设计，下摆放量为设计量。可用于秋冬季女士大衣结构上，衣长设计在膝盖线以下。

（2）领：领子采用立领设计。

（3）袖：采用插肩袖结构。

图8-15 插肩袖女大衣效果图、款式图

（二）面料、辅料准备

1. 面料

幅宽：140cm。

估算方法：衣长 + 袖长 + 缝份 10cm，需要对格、对花时面料适量加量。

2. 里料

幅宽：90cm 或 140cm。

估算方法：（衣长 + 袖长）×2+ 缝份 10cm 或衣长 + 袖长 + 缝份 10cm。

3. 黏合衬

厚黏合衬：90cm 幅宽，120cm 长，前衣片用。

薄黏合衬：90cm 幅宽，110cm 长，零部件用。

黏合牵条：500cm 长，止口、袋口用。

4. 辅料

（1）垫肩：厚度 1cm，1 副。

（2）纽扣：前门襟扣直径为 2.5cm，6 个；垫扣 5 个。

（三）插肩袖女大衣结构制图

准备好制图工具和绘图纸，制图线和符号按照制图说明正确画出。

1. 确定成衣尺寸

成衣规格为 160/84A，依据是我国使用的女装号型 GB/T1335.2—2008《服装号型　女子》。基准测量部位以及参考尺寸，如表 8-2 所示。

表8-2 成衣系列规格表　　单位：cm

规格＼名称	衣长	胸围	袖长	袖口	肩宽	下摆大
155/80A（S）	92	108	55	31	40	144
160/84A（M）	96	112	56	32	41	148
165/88A（L）	98	116	57	33	42	152

（续表）

规格 \ 名称	衣长	胸围	袖长	袖口	肩宽	下摆大
170/92A（XL）	100	120	58	34	43	154
175/96A（XXL）	102	124	59	35	44	158

2. 制图步骤

此款插肩袖女大衣为四开身结构的基本纸样，这里将根据图例进行制图说明。

第一步　建立前、后身片结构框架图

前、后身片框架结构

（1）作出衣长。水平放置后身原型，并水平延长腰围线，将前片腰线放在与后腰线同一条水平线上；再由原型的后颈点在后中心线上向下量取衣长（96cm），或由原型自腰节线往下 58cm 左右，作出水平线，即下摆线辅助线，如图 8-16 所示。

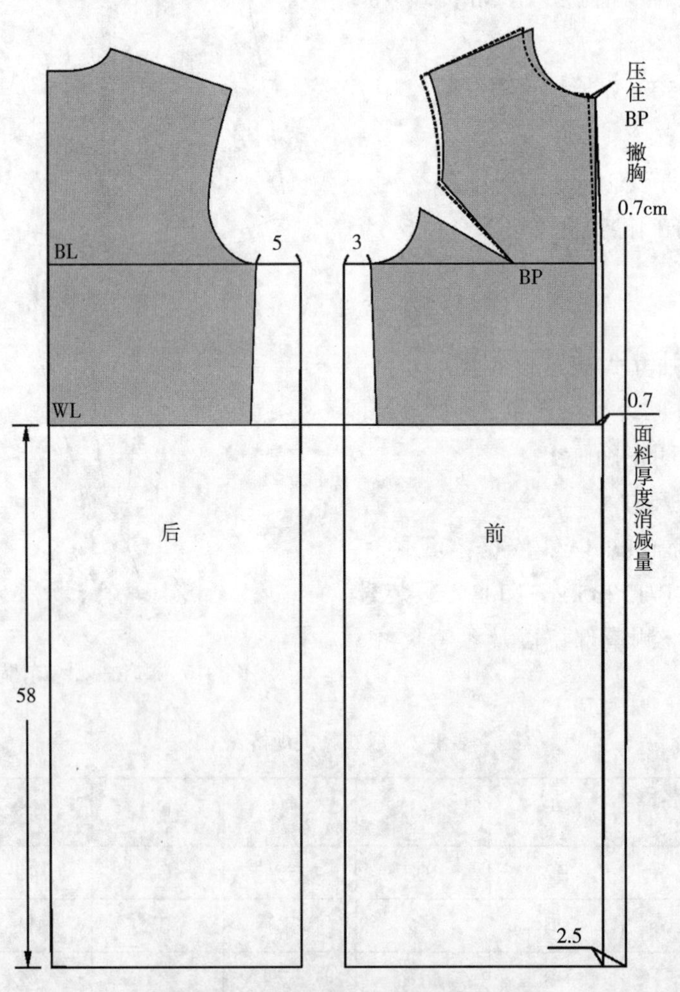

图8-16　建立合理的女大衣结构框架图

（2）作出胸围线。由原型后胸围线画水平线，在后侧缝线由后腋下点向外加放松量 5cm，作垂线交于下摆线，确定后侧缝线辅助线；前侧缝线由前腋下点向外加放松度量 3cm，作垂线交于下摆线，确定前侧缝线辅助线。由于该款胸围加放量为 26cm，考虑到原型放量已有 10cm，还需追加 16cm，后片所需松量往往是大于前面的，所以在 1/2 结构制图中，在后片侧缝处追加 5cm 松量，在前片侧缝处追加 3cm 的松量。

（3）确定新前中心线和止口线。根据以上的放量分配方法，由原型前中心线向外加放 0.7cm（面料厚度消减量），作平行线，确定新的前中心线位置。在前衣片下摆处由新前中心线再向外量取搭门量 2.5cm，作出前止口线。

（4）解决撇胸量。由于此款插肩袖女大衣较为宽松，在袖窿处的省量可以忽略，但该款领子为立领，为了能够更加抱脖、胸前没有过多余量及分散胸凸省量，采用撇胸处理；按住 BP 点旋转完成撇胸，如图 8-16 所示。

第二步　衣身制图

（1）前、后领口弧线。本款大衣属于秋冬装，内着装层次较多，需要考虑领宽的开宽和加深，如图 8-17 所示。

① 后领口：在后片原型的基础上将后侧颈点开宽 2cm，开深 0.5cm，重新用弧线连接两点完成后领口弧线。

② 前领口：将撇胸后的前侧颈点开宽 2cm，前颈点开深 2cm，重新用弧线连接两点完成前领口弧线。

（2）肩宽。由新的后颈点向肩端方向取水平肩宽的一半（41 ÷ 2=20.5cm）。

（3）后肩斜线。在原型的后肩斜线与水平肩宽一半的交点处向上垂直抬升 1cm 点，作为垫肩的厚度量，然后由新的后侧颈点与此点相连从而确定后肩斜线（X）；并沿后肩斜线延长 1.5cm（作为垫肩厚度及人体胳膊在自然放下状态，袖长会变短，由于肩部和胳膊的转折处需要一定的量）。

（4）前肩斜线。在原型新的前肩端点上向上垂直抬升 0.5cm，作为垫肩的厚度量，然后由新的前侧颈点与此点相连并延长，取后肩斜线一致的长度（X），确定前肩斜线，并沿前肩斜线延长 1.5cm。

（5）前、后袖窿深。在前、后原型胸围线向下开深 5cm 为本款女大衣袖窿线位置。

（6）完成下摆线。在下摆线上，为保证成衣造型，前片下摆加放设计量为 10cm，后片下摆处加放设计量为 8.5cm；根据不同款式会有不同的加放量。在大衣的制作中下摆工艺制作方法与西服不同，并不是将下摆与里料缝合，而是单独制作，再用线襻相连。

（7）作出贴边线。在肩线上由新的前侧颈点沿前肩斜线向肩端点方向量取 4 ~ 5cm，在下摆线上由前门止口向侧缝方向取设计量 10cm，将两点连线。

（8）纽扣位。前片设计为五粒扣，第一粒扣由领口向下 4cm，第二粒扣从第一粒扣向下 11cm，第三粒扣从第二粒扣向下 11.5cm，第四粒扣从第三粒扣向下 12cm，第五粒扣从第四粒扣向下 12.5cm。

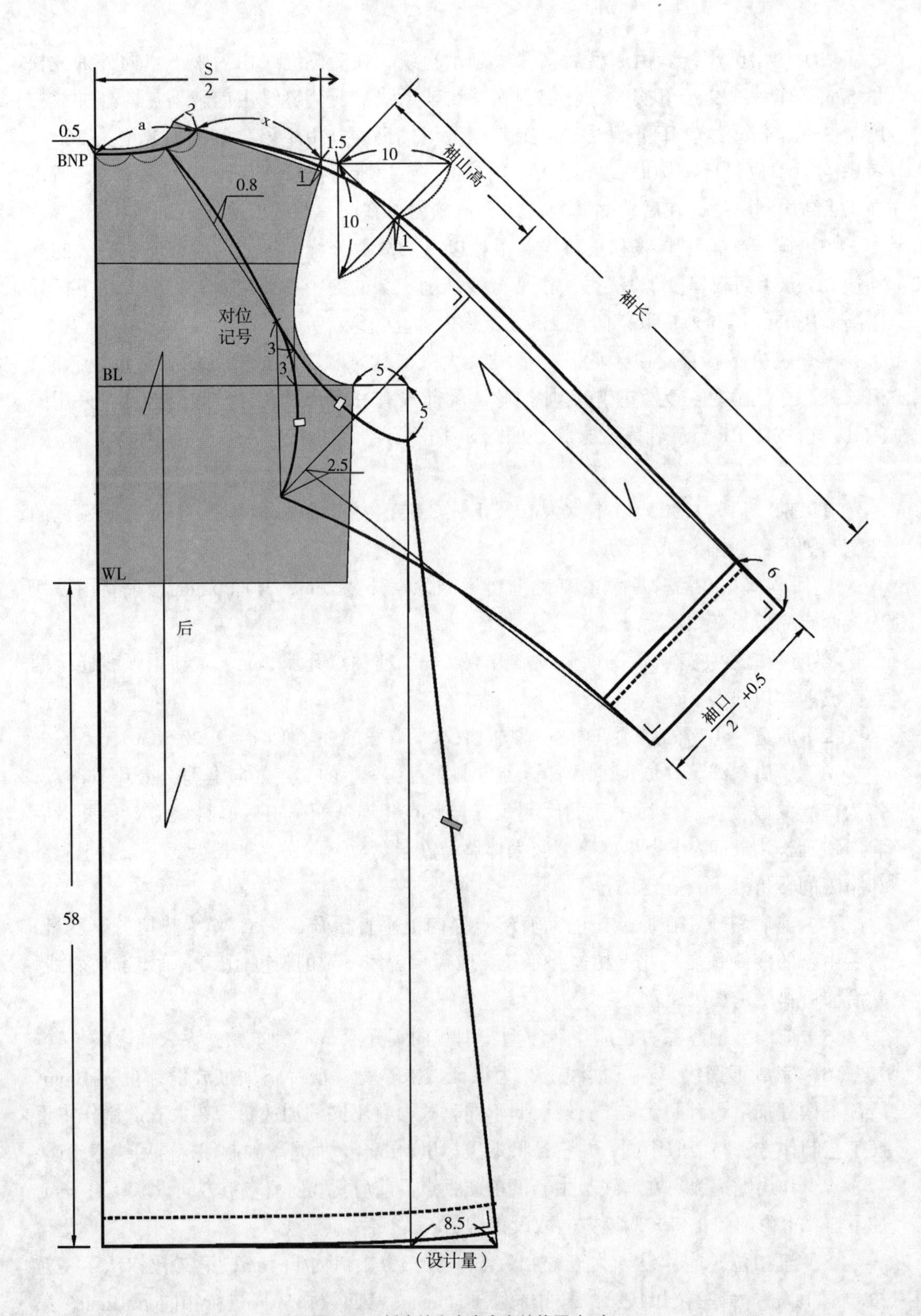

图8-17 插肩袖女大衣衣身结构图（1）

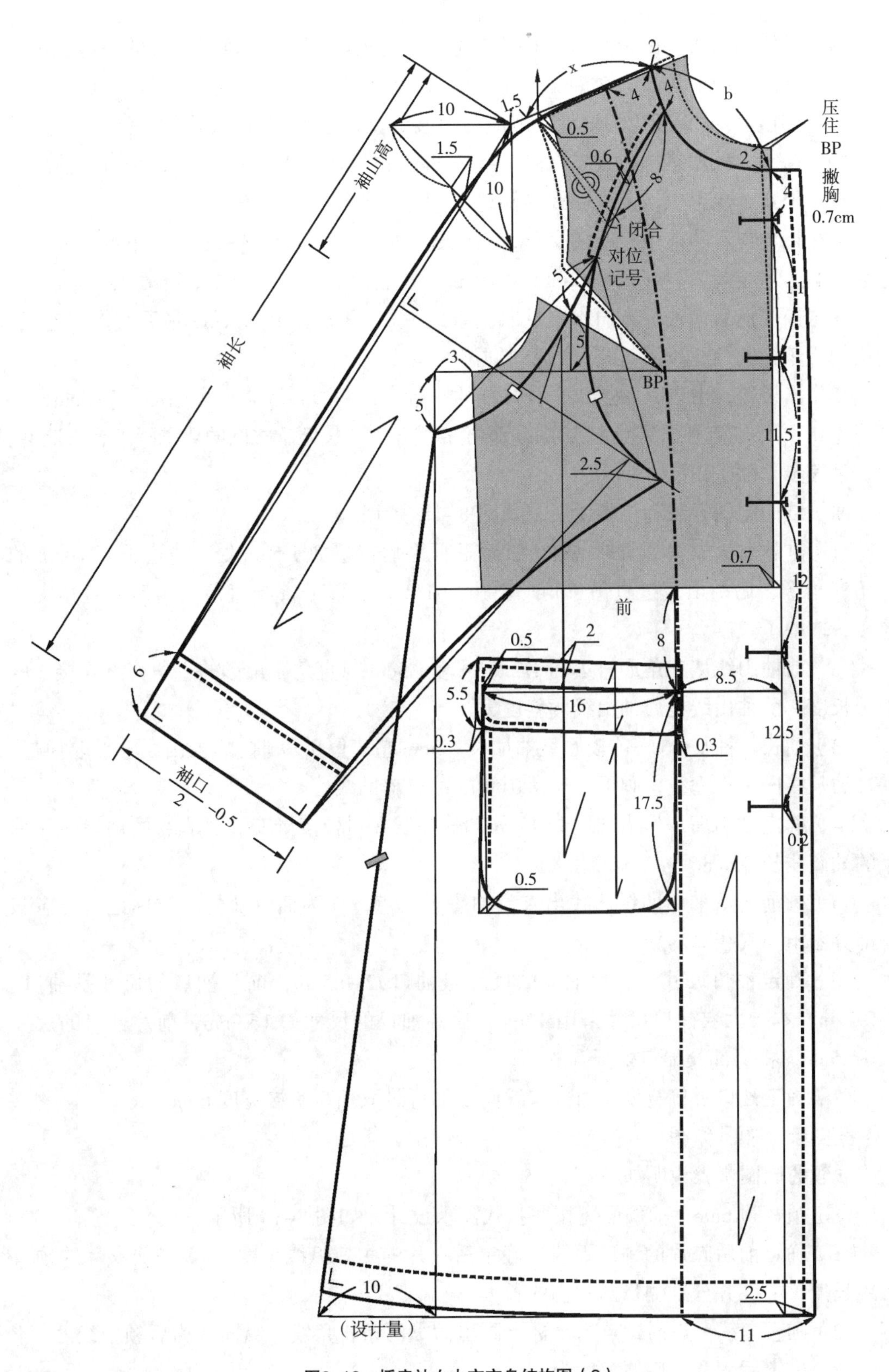

图8-18　插肩袖女大衣衣身结构图（2）

（9）眼位的画法。由新的前中心线向止口方向量取 0.2cm，确定扣位的一边，再由扣位边向侧缝方向取扣眼大 2.5cm，扣眼大小取决于扣子直径和扣子的厚度。

（10）口袋。贴袋袋位的设计一般应与服装的整体造型相协调，要考虑到使整件服装保持平衡。本款贴袋袋位设定在腰节线下 8cm 的位置，袋口大 16cm，袋口的前后位置为设计因素，也可以以前中心线向侧缝方向量取 8.5cm 左右来定。

①在腰线与新的前中心线的交点，向侧缝方向取设计量值 8.5cm，向下取 8cm，确定袋口位点一，水平方向量取袋口大 16cm，并起翘 0.5cm 为点二；再由点一向下取 17.5cm 袋深，然后向侧缝方向水平量取袋口大 16cm 并延长出 0.5cm，最后与点二连线，贴袋的袋角为圆角，按照款式图的要求画出。

②作出袋盖，由点一、点二作袋口线的平行线，两边各取袋口大 +0.3 ~ 0.5cm，并过两边 0.3 ~ 0.5 点画出袋盖宽 5.5cm，连接成袋盖，并按照款式图的要求画出袋盖造型。

第三步　袖子作图

袖子结构制图方法和步骤说明，如图 8-18 所示。

（1）本款女大衣为插肩袖结构，在前后原型肩点追加 1.5cm 处，作边长为 10cm 的直角三角形，后袖山线过直角三角形斜边的 1/2 处上移 1cm 与直角三角形的直角交点连接，取袖子长度。

（2）前袖山线从三角形斜边的 1/2 处下落 1.5cm 与直角三角形的直角交点连接，取袖子长度；前袖山线比后袖山线倾斜度大。

（3）袖长。袖长 56cm（较原型袖加长 1.5cm 垫肩厚），从前、后袖山线上量取袖长。并过袖长线向下作垂线，画平行于落山线的袖口辅助线。

（4）确定袖山高。作出袖山高 17cm，袖窿线在对位点处交叉，衣身的袖窿线比袖子的袖窿线长 0.5cm。

（5）画前、后袖山曲线。找出衣身袖窿对位点，作为插肩袖的对位标记，对应衣身部分画出与其相对的新袖线。

（6）确定袖口尺寸。后片袖口的尺寸是袖口 /2+0.5cm，前片袖口的尺寸是袖口 /2-0.5cm，本款大衣袖口尺寸采用 32cm，后片袖口的尺寸为 16.5cm，前片袖口的尺寸取 15.5cm，将肩部及袖口处画圆顺。

（7）确定袖口拼接宽度。由袖口线向上平行量取袖口拼接宽度 6cm。

第四步　领子作图

立领的制图步骤说明如下：

设定领宽为 6cm，前领面宽按照款式需求设计，如图 8-19 所示。

（1）确定前后衣片的领口弧线。确定后衣片的领口弧线长度（a）和前衣片的领口弧线长度（b），并分别测量出它们的长度。

（2）画直角线。以后颈点为坐标点画出横纵两条直角线，纵向线为后领中线。

（3）确定后领宽。后领宽度为 6cm。

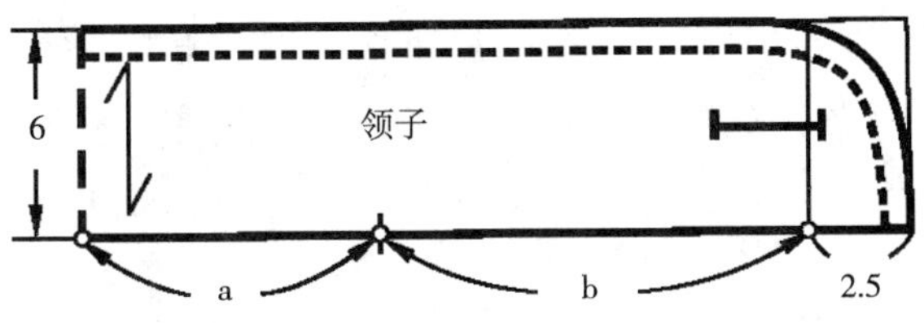

图8-19　插肩袖女大衣领子结构图

图8-20　前片插肩袖纸样处理

图8-21　双排扣女大衣效果图、款式图

（4）领底线。由两条直角线的交点作出水平线，长度为后领弧长（a）和前领弧长（b），并加出2.5cm的搭量。

（5）领外口线。在后领宽的基础上作领外口辅助线,并与前领中线和搭门线相交。

（6）前领口造型。根据款式要求和造型特点，确定前领口造型。

（四）纸样的制作

将前袖窿线在纸样上合并1cm，并且将袖山弧线画圆顺。袖山弧线的处理及纸样的修正方法，如图8-20所示。

三、双排扣女大衣结构设计

（一）款式说明

本款女大衣是一款收腰设计的款式，其特点是合体、收腰，从腰至下摆呈喇叭散开式造型。该款大衣的前门襟处为双排扣；后中有分割线设计，八片衣身结构，袖子为两片合体袖；前、后片腋下采用刀背结构；其暗口袋是利用前片刀背分割线上做口袋，既简单又实用，如图8-21所示。

此款大衣的面料选择上，可以选用马海毛、女士呢、格呢和磨砂呢等较厚的毛织物材料。

（1）衣身构成：此款大衣后中有分割，八开身结构，收腰设计，下摆呈喇叭造型设计。可用于女性外套及礼服结构上，衣长设计在膝盖线以下。

（2）领：领子采用拿破仑领设计。

（3）袖：采用两片绱袖结构。

（二）面料、辅料准备

1. 面料

幅宽：140cm。

估算方法：衣长 + 袖长 + 缝份 10cm，需要对格、对花时面料适量加量。

2. 里料

幅宽：90cm 或 140cm。

估算方法：（衣长 + 袖长）× 2+ 缝份 10cm 或衣长 + 袖长 + 缝份 10cm。

3. 黏合衬

厚黏合衬：90cm 幅宽，120cm 长，前衣片用。

薄黏合衬：90cm 幅宽，110cm 长，零部件用。

黏合牵条：500cm 长，止口、袋口用。

4. 辅料

（1）垫肩：厚度 1cm，1 副。

（2）纽扣：前门襟纽扣直径为 2.5cm，8 个；前里襟纽扣直径为 2.5cm，1 个；垫扣直径为 1cm，7 个。

（三）双排扣女大衣结构制图

准备好制图工具和绘图纸，制图线和符号按照制图说明正确画出。

1. 确定成衣尺寸

成衣规格为 160/84A，依据是我国使用的女装号型 GB/T1335.2—2008《服装号型　女子》。基准测量部位以及参考尺寸，如表 8-3 所示。

表8-3　成衣系列规格表　　单位：cm

规格＼名称	衣长	胸围	袖长	袖口	肩宽	下摆大
155/80A（S）	105	98	55	31	40	154
160/84A（M）	107	102	57	32	41	158
165/88A（L）	109	106	59	33	42	162
170/92A（XL）	111	110	61	34	43	166
175/96A（XXL）	113	114	63	35	44	170

2. 制图步骤

此款女大衣为八开身结构的基本纸样，这里将根据图例进行制图说明。

第一步　建立前、后身片结构框架图

前、后身片框架结构

（1）作出衣长。水平放置后身原型，并水平延长腰围线，将前片腰线放在与后腰线同一条水平线上；再由原型的后颈点在后中心线上向下量取衣长107cm，或由原型自腰节线往下69cm左右，作出水平线，即下摆线辅助线，如图8-22所示。

（2）作出胸围线。由原型后胸围线画水平线，在后侧缝线由后腋下点向外加放松量2cm，作垂线交于下摆线，确定后侧缝线辅助线；前侧缝线由前腋下点向外加放松量1.5cm，作垂线交于下摆线，确定前侧缝线辅助线。由于该款胸围加放量为17cm，考虑到原型放量已有10cm，还需追加7cm，后片所需松量往往是大于前面的，所以在1/2结构制图中，在后片侧缝处追加2cm松量，在前片侧缝处追加1.5cm的松量。

（3）作出腰围线。由原型腰围线平行向下摆辅助线的方向量取2cm，即新的腰围线。

（4）确定新前中心线和止口线。根据以上的放量分配方法，由原型前中心线向外加放1cm（面料厚度消减量），作平行线，确定新的前中心线位置。在前衣片下摆处由新前中心线再向外量取搭门量9cm（双排扣），作出前止口线。

（5）解决撇胸量。为使胸前衣片更加符合人体，本款采用撇胸处理的方式来分散胸凸省量；按住BP点旋转前片将原型在前中心撇势0.7cm完成撇胸，分散胸省，如图8-22所示；剩下的袖窿省量可以通过刀背结构线进行处理。

（6）解决后肩胛省。后片将原型肩省1/2量转移到后袖窿处，连接圆顺肩线，如图8-22所示。

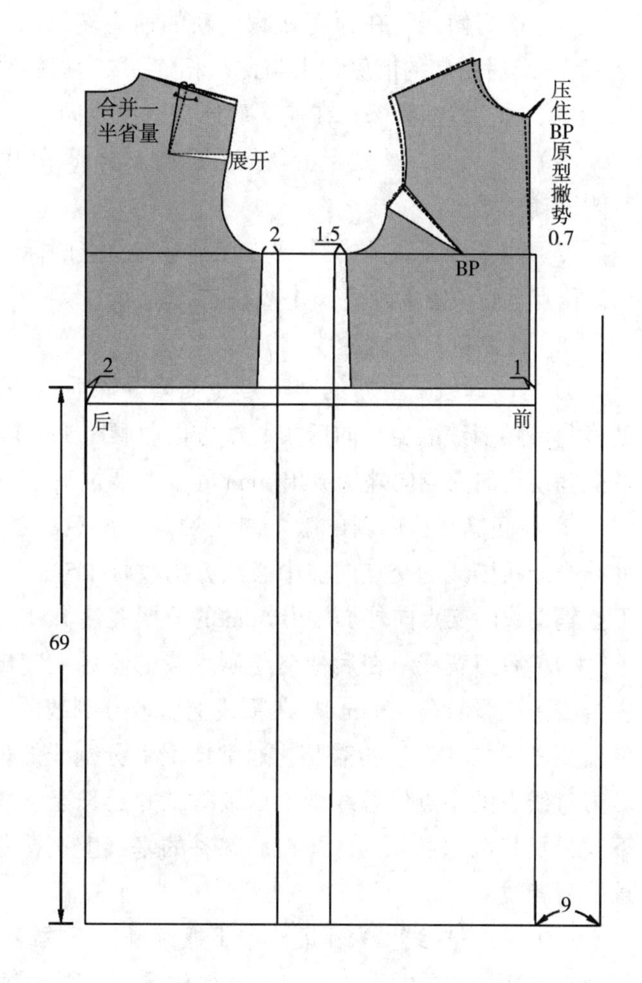

图8-22　建立合理的女大衣原型框架图

第二步　衣身制图

（1）前、后领口弧线。本款大衣属于秋冬装，内着装层次较多，需要考虑领宽的开宽，如图 8-23 所示。

① 后领口：在后片原型的基础上将后侧颈点开宽 1cm，无开深，重新用弧线连接两点完成后领口弧线。

② 前领口：将撇胸后的前侧颈点开宽 1cm，无开深，重新用弧线连接两点完成前领口弧线。

（2）确定新后中心线。由后颈点至 1/2 点（后颈点至后中心线与胸围线的交点之间二等分），到 1cm 点（新的腰围线与后中心线的交点沿腰围线向侧缝方向收腰 1cm），再到后中心线与下摆线的交点，用弧线画顺，即新的后中心线。

（3）后肩斜线。由转移后的新后肩端点向上垂直抬升 0.7cm 点，作为垫肩的厚度量，然后由新的后侧颈点与此点相连并沿后肩斜线延长 1cm，从而确定后肩斜线（X）。

（4）前肩斜线。在原型撇胸后新的前肩端点向上垂直抬升 0.5cm 点，作为垫肩的厚度量，然后由新的前侧颈点与此点相连，取后肩斜线一致的长度（X），确定前肩斜线。

（5）前、后袖窿深。在前、后原型胸围线向下开深 2cm 为本款女大衣袖窿线位置。

（6）前、后袖窿曲线。由新的前后肩点至开深后的腋下点，作出新袖窿曲线交于前、后侧缝辅助线上。

（7）前、后袖窿对位点。要注意袖窿对位点的标注，不能遗漏。将皮尺竖起，测量前、后对位点至腋下点的距离，并做好记录。

（8）绘制前、后侧缝线。

① 后侧缝线：由新的腋下点（袖窿开深后的 2cm 点），连接至 1.5cm 点（侧缝辅助线与新腰围线的交点向后中心线方向收腰 1.5cm），再连接至 5cm 点（侧缝辅助线与下摆辅助线的交点向外加放出 5cm 的下摆展量）；用弧线连接画顺，即后侧缝线。

② 前侧缝线：由新的腋下点（袖窿开深后的 2cm 点），连接至 1.5cm 点（侧缝辅助线与新腰围线的交点向前中心线方向收腰 1.5cm），再连接至 5cm 点（侧缝辅助线与下摆辅助线的交点向外加放出 5cm 的下摆展量）；用弧线连接画顺，即前侧缝线。

（9）后刀背线。在后袖窿绘制完成的基础上定出刀背线的起点，然后由后腰节点在腰线上取设计值（9cm）。在腰线上所取分割线的位置是设计值，因此在绘制该线时就需要考虑款式设计的需要，通常情况下分割线的位置以背宽的中点作为平分点，由后刀背线省的中点作垂线画出后腰省，并延长至下摆辅助线，在腰围处取省大 2.5cm，下摆处放量两边各 4cm，并在后腰省的基础上连接各点，用弧线连接画顺，绘制出后袖窿刀背线。

（10）后下摆线。为保证成衣下摆圆顺，下摆线与侧缝线要修正成直角状态，起翘量根据下摆展放量的大小而定，下摆放量越大则起翘量越大。

（11）前刀背线。在前袖窿绘制完成的基础上定出刀背线的起点（撇胸后的胸省量

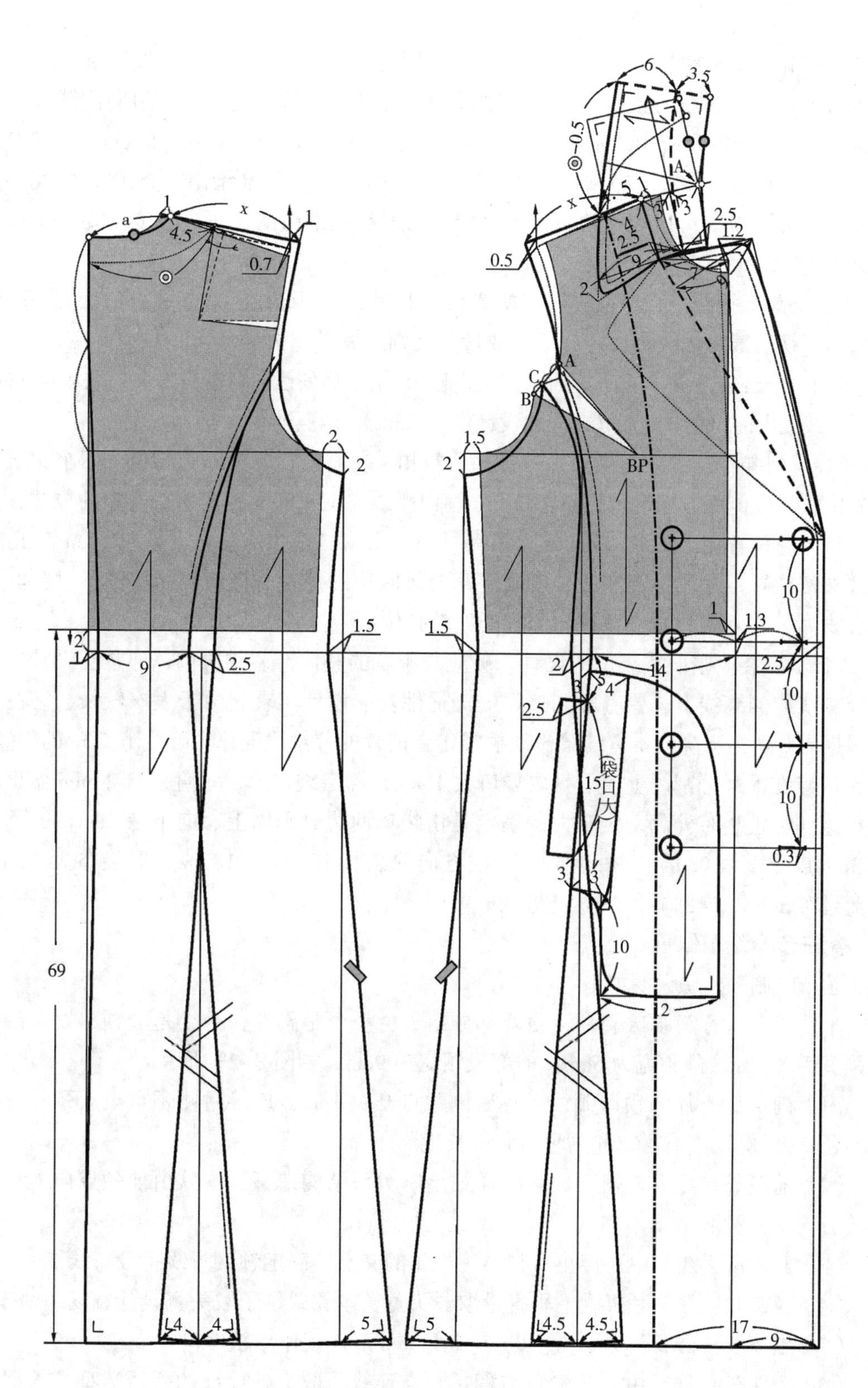

图8–23　双排扣女大衣衣身结构图

A 点、由 B 点上抬胸凸量的 1/3 为 C 点），然后由前腰节点在腰线上取设计值（14cm），确定省的一边，在新的腰线上所取分割线的位置是设计值；过省的一边向侧缝方向量取省大 2cm，并找出省中线垂直于下摆辅助线上；下摆处放量两边各 4.5cm，并在前腰省的基础上由 A 点和 C 点分别连接各点，用弧线连接画顺，绘制出前袖窿刀背线。分割线在袖窿的位置可以根据款式需求确定，刀背线在袖窿的位置、弧度都要考虑到工艺制作的需求，弧度尽量不要过大。

（12）前下摆线。为保证成衣下摆圆顺，下摆线与侧缝线要修正成直角状态，起翘量根据下摆展放量的大小而定，下摆放量越大则起翘量越大。

（13）作出贴边线。在肩线上由新的前侧颈点沿前肩斜线向肩端点方向量取 4 ~ 5cm，在下摆线上由前门止口向侧缝方向取设计量（17cm），两点连线。

（14）纽扣位。本款门襟处为双排扣八粒扣（左右前片各为四粒扣位、四个扣眼）；首先由止口向侧缝方向确定搭量宽 2.5cm，由腰线向上 1.3cm 确定第二排扣的位置，由第二排扣的位置向上量取 10cm 定出第一排扣，由第二排扣位置向下量取 10cm 定出第三排扣的位置；量取等距离的长度确定第四排眼位的位置。将四粒扣的位置以新的前中心线为中点， 对称画出双排扣门襟的四粒扣位。

（15）口袋。暗嵌线袋位的设计一般应与服装的整体造型相协调，通常会设计在前片分割线或侧缝线上，要考虑到插手的舒适性功能设计要求。由于大衣较长，袋位可以根据需要适当下降，本款的暗嵌线插袋定在前片的分割线上，由腰线下 5cm 的位置，由 5cm 点在前片分割线上向下量取袋口大 15cm，确定袋口大，垂直袋口 2.5cm 做出袋口折边，防止袋布外翻，袋布大的确定是由袋口两边分别向上、向下取 3cm，由下袋布 3cm 点作垂线 3cm，并由该点向下摆方向取袋长 10cm, 由 10cm 点取袋布大 12cm，与上袋布 3cm 点连圆顺，取垫袋宽 4cm。

第三步 领子作图

领子的制图步骤说明如下：

本款领型被称为拿破仑领，由两部分组成：一个是翻领；一个是驳领；设定翻领底领宽为 3.5cm，翻领宽为 6cm，前部驳领宽为 9cm，如图 8-23 所示。

（1）确定后衣片的领口弧线。将后侧颈点开宽 1cm，连接后侧颈点至后颈点，确定后领口弧线长度（O），并测量出它的长度。

（2）前驳领造型。根据款式图的样式绘制驳头结构造型，本款由前颈点向上再向侧缝方向水平量取 7cm。

（3）驳领翻折线。由连接止口与第一粒扣的交点，确定领翻折线（驳口线）。

（4）驳头宽。在领翻折线上垂直量取驳头宽，本款式领子驳头宽设计宽度为 9cm。

（5）串口线。由驳头宽 9cm 点与前驳领 7cm 点连接作出领串口。

（6）驳头外口线。由驳头尖点与翻折止点连线，驳头外口线的弧线造型，根据款式造型而定。

（7）驳领造型。根据款式造型而定，如图 8-23 所示。

（8）确定前翻领口线。将前侧颈点开宽 1cm，连接前驳领 7cm 点作出前翻领口线。

（9）确定拿破仑前领领座。由翻领口线 7cm 点垂直作垂线 2.5cm 点，由前侧颈点开宽 1cm 点作侧领座宽 3cm 点垂直于 2.5cm 点的连线确定出翻领折线辅助线，由翻领折线辅助线对称作出拿破仑领领座，翻领侧领座宽 3cm, 确定点翻领侧颈点点 A，前领座宽 2.5cm。

（10）确定翻领后领造型。由点 A 作翻领折线辅助线平行线，取后领口弧线长度（ O ）作出后领底线，确定后颈点，作后领底线垂线确定后领座高 3.5cm, 后领面宽 6cm。

（11）确定拿破仑领翻领领嘴造型。领嘴造型，根据款式造型而定，本款由前领座领翻折线 2.5cm 点作延长线 9cm, 由侧颈点沿肩线向肩点方向取 4.5cm 确定翻领覆盖位，两点连线并延长 2cm 作出翻领领嘴造型，根据款式造型修顺领角，作出拿破仑领翻领领嘴。

（12）作出翻领后领结构。测量出翻领后领的领外口弧长度"◎"，以侧颈点为圆心，以后领口弧线长为半径，旋转后绱领口线，展开领外口线到所需的尺寸：◎ -0.5cm，如图 8-23 所示，领子后中线与领外口线部分垂直，以保证领子外口线圆顺。

第四步　袖子作图

西服袖是典型的两片结构的套装袖，无论是对造型还是对结构的要求都是最高的，造型合体美观，具有庄重感。袖子结构设计制图方法和步骤说明，如图 8-26 所示。

（1）基础线。十字基础线：先作一垂直十字基础线。水平线为落山线，垂直线为袖中线。

（2）袖山高。AH5/6 的深度，前后肩斜高度之间 1/2 处，到袖窿深之间分六等份，取其中五份为袖山高。

（3）袖长。取袖长 57-1cm，作出袖口辅助线。

（4）前、后袖山斜线。前袖山斜线按前 AH+0.5cm 定出前袖肥。后袖山斜线按后 AH+1.5cm 定出后袖肥。袖子的袖山总弧长大于前后袖窿总弧长总和 2 ~ 3cm（此量要依据面料特性设计）。

（5）前、后袖山弧线。根据图 8-24 前、后袖山斜线定出的 9 个袖山基准点，然后用弧线分别连线画顺，画出袖山弧线。

（6）确定袖子框架。

① 由前后腋下点的两个端点作袖口辅助线的垂线，即前、后袖缝辅助线；从袖山顶点向袖口方向量取袖长 /2+2.5cm，画平行于落山线的袖肘线。

② 将前、后袖宽线（袖肥）分别二等分，并画出垂直线，确立袖子框架。即前、后袖宽中线辅助线。

（7）确定袖子形态。

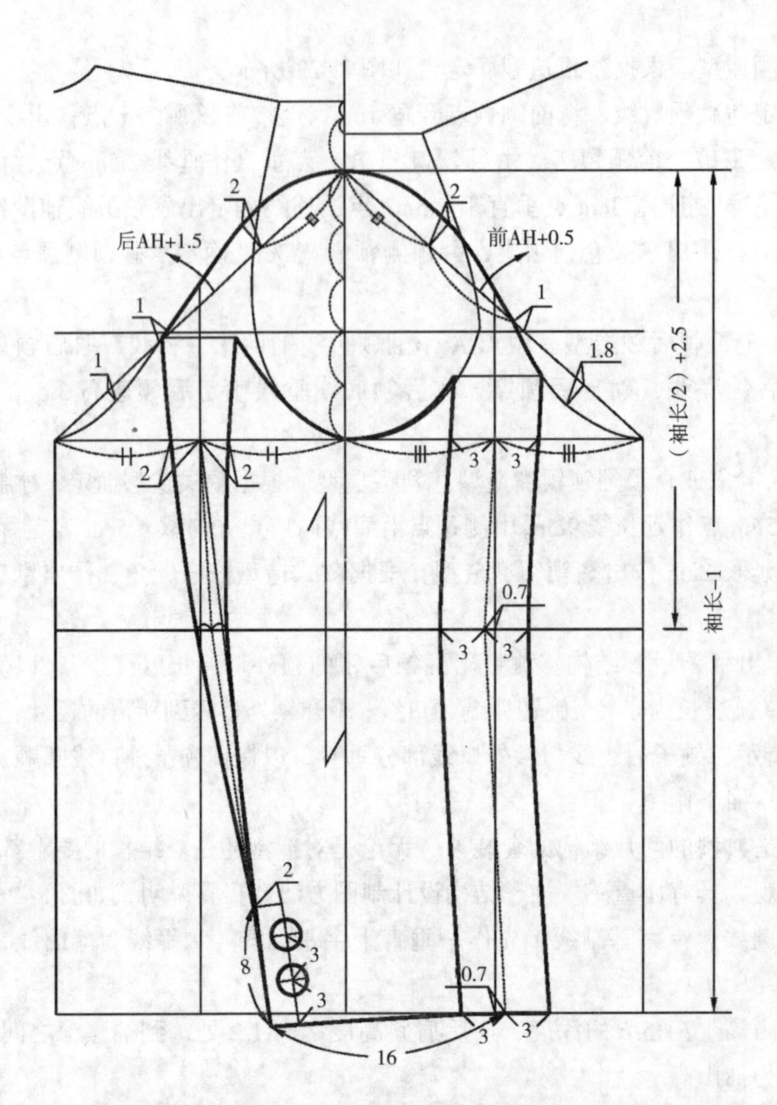

图8-24　双排扣女大衣袖子结构图

① 在肘线上，由前袖肥平分线的交点向袖中线方向取 0.7cm，袖肘向里取是为了塑造手臂弯曲造型。由前袖宽中线辅助线向前袖缝辅助线方向取 0.7cm，画出适应手臂形状的前偏袖线，即前袖宽中线。

② 由前袖宽中线的底点，向后袖方向取袖口参数，袖口的 1/2 值为 16cm，要依据手臂形态，前袖宽中线短，后袖宽中线长，作前袖宽中线垂线取 16cm 确定出袖口辅助线，如图 8-24 所示。

③ 在后肘线上，将后袖肥中线与后袖宽中线辅助线之间距离平分，画后偏袖线，即后袖宽中线。

④ 袖子大小袖内缝线。大小袖的分配采用的是互补法，大袖借小袖越多，大袖越大，小袖就越小。通过前袖宽中线在袖口辅助线交点、袖肘交点、袖肥线交点分别向两边

各取设计量 3cm，在西服中前袖缝的借量不能太小，通常取 3 ~ 4cm，这条线在成衣中是不显露的，取值太小就容易造成袖缝外翻，不美观。连接各交点，考虑手臂前屈（前凹后凸）的形态，画向内弧的大袖内缝线、小袖内缝线，延长大袖内缝线至袖窿线，由交点向袖中线方向画水平线，与小袖内缝线延长线相交，如图 8-24 所示。

⑤ 大、小袖外缝线。通过后袖宽中线以袖开叉交点 8cm 作为起点，袖口通常不取借量，在袖肥线交点向两边取设计量 1.5 ~ 2cm，在袖肘交点向两边取相等设计量值，画向外的大袖外缝线、小袖外缝线，延长大袖外缝线至袖窿线，由交点向袖中线方向画水平线，与小袖内缝线延长线相交。袖外缝线为设计元素，可以直接采用将后袖宽中线修顺成外弧线，使其成为大小袖共有外缝线。也可以由后袖窿量取刀背分割线的位置，在袖子互补时考虑大小袖外缝线与其对应关系。

（8）小袖袖山线。将小袖的袖山线翻转对称，形成小袖袖山弧线，如图 8-24 所示。

（9）确定装饰袖扣。由袖开衩交点 8cm 点作平行袖外缝线 2cm 线，交于袖口线，第一粒袖扣距袖口边 3cm，第一粒袖扣与第二粒袖扣间距 3cm。

思考题：

1. 绘制一款立领、明贴袋、暗门襟、两片袖结构放松量为 24cm 的直身女大衣结构图。

2. 绘制一款翻领、暗袋、明门襟、插肩袖结构放松量为 30cm 的宽松 A 字形女大衣结构图。

3. 课后进行市场调研，认识女大衣流行的款式和面料，认真研究近年来女大衣样板的变化与发展，自行设计 2 款流行的女大衣款式，要求以 1 : 5 的比例制图，并完成全套工业样板。

作业要求：

服装尺寸设定合理；制图结构合理；款式设计创意感强；构图严谨、规范，线条圆顺；标识使用准确；尺寸绘制准确；特殊符号使用正确；结构图与款式图相吻合；毛净板齐全，作业整洁。

第九章

女风衣结构设计

学习要点：

1. 掌握紧身、适体、宽松各类型女风衣结构设计中围度尺寸的加放方法。

2. 掌握女风衣结构设计中分割线、省位的运用。

3. 掌握女风衣门襟、领型、袖型的设计变化技巧。

4. 掌握女风衣结构纸样中面料、里料、衬料的净板、毛板的处理方法。

能力要求：

1. 能根据具体女性人体进行各部位尺寸设计。

2. 能针对不同女性人体进行结构制图。

3. 能根据女风衣具体款式进行制板，净板、毛板和衬板既要符合款式要求，又要符合生产需要。

第一节　女风衣款式特征

一、风衣的产生与发展

风衣，英文称之 Trench Coat，也称 Rain Coat，中文直译为“风雨衣”或“干湿褛”；同时，也被人们称为“战壕服”。风衣的出现，距今不到100年。英国的衣料商托马斯·巴尔巴尼（Thomas Burberry）研发制出了一种防水密织斜布（Gabardine），用于风衣取得了成功，并于1888年取得专利权。在第一次世界大战中，托马斯·巴尔巴尼为了适应战斗的需要，设计了一种战壕用的防水大衣，这款风衣最初的款式为前门襟双排扣结构设计，起到保暖作用。领子为防风能开能关（国外称这种领型为“拿破仑领”），有腰带、前后披肩、肩襻、肩章，袖为插肩袖；在胸上和背上的前后披肩防雨水渗透；下摆较大，便于活动，被称为最具“仿生功能”的服装。当时，这种风衣仅限于男士穿着。因轻巧、保暖、透气和防水等功能，被将士们视为救命装备。1918年，英军决定正式采用。随着时代的变迁，当年军人穿用的战壕大衣逐步演变成为生活服装，但其款式一直是现代风衣的基础。风衣也由单纯的男式发展到今天的男女两种并存，式样设计上也出现了多种花样。在门襟设计上，由原来的仅仅双排一种发展到双排扣、单排扣、单排门襟暗扣、偏开门襟等多种；衣领设计有驳开领、西装领、立领等；风衣的袖子也变得多种多样，有插肩袖、装袖、蝠袖等等。风衣的色泽、装饰物也有较大的变化。女式风衣的款式更是日新月异。在国际市场上，风衣已成为服装类的主要品种，有着近百年历史的风衣可谓历久弥新，风衣的款式、面料有自己独特的语言，它的实用性又无可比拟，因而深受中青年女性的喜爱。

二、女风衣的分类

女风衣的种类较多，可以根据着装的用途分类。

（1）军用式女风衣。军用式女风衣是一种传统款式，前门襟处双排扣，有腰带，肩上有肩襻和肩章，衣长与裙齐，显得庄重雅致，白天上班、晚上赴宴都可穿着。

（2）运动式女风衣。运动式女风衣是传统款式的一种，直身、肥袖，里面可穿外套、配长裤，穿着舒适，便于活动，最适于郊游。

（3）浴袍式女风衣。浴袍式女风衣形同浴袍，没有线条，有披肩或帽子，一般此款较长；里和面为两色，如一面黑色，一面棕色，正反面都能穿，既能配裙又可配裤，舒适而富于魅力。

三、女风衣面、辅料

1. 面料的选择

女风衣的面料随着时代的发展逐渐趋向多样化。风衣如今已呈现出许多新的风貌，在面料的选择上，采用了国际风行的高科技面料，以棉为主的混织面料，既有棉的舒适性，又非常便于洗涤。20世纪80年代以来，应用涂层技术，在织物纤维的表面覆盖一层无色透明的薄膜，封闭面料纱线之间的空隙，具有理想的防风防雨效果。

女风衣包括春秋风衣、冬季风衣。它主要将适应户外防风御寒作为主要功能，逐渐转变为装饰功能。

（1）春秋风衣的面料。春秋外套代表性面料有尼龙、中长化纤、涤卡、涤棉、全毛呢料及部分丝、麻织物。风衣所用的面料要求紧密坚牢、富有弹性、抗皱性能强。面料的颜色丰富，除传统的米黄、浅灰之外，还有海军蓝、咖啡色、桔红、浅绿等色，五彩缤纷、绚丽夺目，给生活环境增添了艺术情趣和风格魅力。此外，还大量使用化纤、棉、麻或其他混纺织物，使服装易洗涤保管或具防皱保形的功能。

（2）冬季风衣的面料。冬季风衣面料常用华达呢、哔叽、啥味呢等精纺呢绒，这些织物呢面光洁、细润、手感滑挺、身骨结实、富有弹性、光泽自然，属于比较高档的面料。

2. 辅料的选择

主要包括风衣的里料、衬料、垫料等。选配时必须结合款式设计图，考虑各种服装面料的缩水率、色泽、厚薄、牢度、价格等和辅料相配合。

（1）里料的选择。春秋风衣和冬季风衣一般选择醋酯、黏胶类交织里料，或者一般采用尼龙绸，既柔软滑爽，又能防止缩水，使风衣挺括。

（2）衬料的选择。衬料的选用可以更好地烘托出服装的型，根据不同的款式可以通过衬料增加面料的硬挺度，防止服装衣片出现拉长、下垂等变形现象。

（3）垫肩的选择。垫肩是风衣造型的重要辅料，对于塑造衣身造型有着重要的作用。一般的装袖女风衣采用针刺垫肩。普通针刺垫肩因价格适中而得到了广泛应用，而纯棉针刺绗缝垫肩属较高档次的肩垫。插肩袖女风衣主要采用定型垫肩，此类垫肩富有弹性并易于造型，具有较好的耐洗性能。

（4）纽扣的选择。现在更多纽扣的作用已经由以前的实用功能转变为装饰功能，也有风衣通过调节襻调节袖口大小。

第二节 女风衣结构设计

一、基本款女风衣结构设计

（一）款式说明

本款服装为典型的基本款女风衣，属宽松型、双排扣插肩袖造型的秋冬女风衣，前、后肩处有披肩，肩端处设计有肩章，袖口处有袖口带；领子由翻领（拿破仑领）和驳领组成，并且在拿破仑领的底领上装有领襻。衣身前片左右各有一个斜插袋；双排扣；门襟处缉明线；其中，领子和袖子作为本款结构设计的重点，如图9-1所示，款式经典，不受流行左右。

本款女风衣设计优雅大方，前、后片肩部的披肩更具立体感。面料的选择上应舒适、挺括、光泽度好、不易起皱。春秋面料可选择涤卡、涤棉；冬季风衣面料可选择华达呢、哔叽、啥味呢等精纺呢绒。

（1）衣身构成：此款风衣为四开身结构，无收腰设计，下摆为放量设计，衣长设计在膝盖线以下。

（2）衣襟搭门：双排扣。

（3）领：领子采用拿破仑领和翻驳领设计。

（4）袖：插肩袖设计。

图9-1 基本款女风衣效果图、款式图

（二）面料、辅料准备

1. 面料

幅宽：144cm或150cm。

估算方法：衣长 ×2+ 领宽，约2.5 ~ 3m，需要对花对格时适量追加。

2. 里料

幅宽：90cm、112cm、144cm、150cm。

幅宽 90cm 估算方法为：衣长 ×3。

幅宽 112cm 估算方法：衣长 ×2。

幅宽 144cm 或 150cm 估算方法为：衣长 + 袖长。

3. 辅料

（1）厚黏合衬。幅宽为 90cm 或 112cm，用于前衣片、翻领面、贴边、底领。

（2）薄黏合衬。幅宽为 90cm 或 120cm 幅宽（零部件用），用于贴边、翻领底、板式口袋开线、衣身口袋开袋位、腰带、袖口带等。

（3）黏合牵条。

直丝牵条：1.2cm 宽。斜丝牵条：1.2cm 宽，斜 6°。

（4）垫肩。厚度为 1 ~ 1.5cm，绱袖用 1 副。

（5）纽扣。直径为 2.5cm 的前门襟扣 7 个；直径为 2cm 的前披肩扣 2 个；直径为 1cm 的前门襟垫扣 5 个。

（三）基本款女风衣结构制图

准备好制图工具和绘图纸，制图线和符号按照制图说明正确画出。

1. 确定成衣尺寸

成衣规格为 160/84A，依据是我国使用的女装号型 GB/T1335.2—2008《服装号型　女子》。基准测量部位以及参考尺寸，如表 9–1 所示。

表9–1　成衣系列规格表　　单位：cm

规格＼名称	衣长	胸围	袖长	袖口	肩宽	下摆大
155/80A（S）	104	105	55	34	39	137
160/84A（M）	106	109	56	35	40	141
165/88A（L）	108	113	57	36	41	145
170/92A（XL）	110	117	58	37	42	149
175/96A（XXL）	112	121	59	38	43	153

2. 成衣制图

结构制图的第一步十分重要，要根据款式分析结构制图，无论是什么款式第一步均是解决胸凸量的问题。

本款式属于宽松型插肩袖女风衣，服装胸凸量的解决方案只采用撇胸处理一小部分，其余部分作为袖窿的余量，通过开深袖窿来解决服装的舒适度。首先绘制后衣片原型，将前片腰线放在与后腰线同一条水平线上，如图 9–2 所示。此款基本款女风衣为四开身结构的基本纸样，首先要确定胸围的放量位置，建立成衣的框架结构，该款

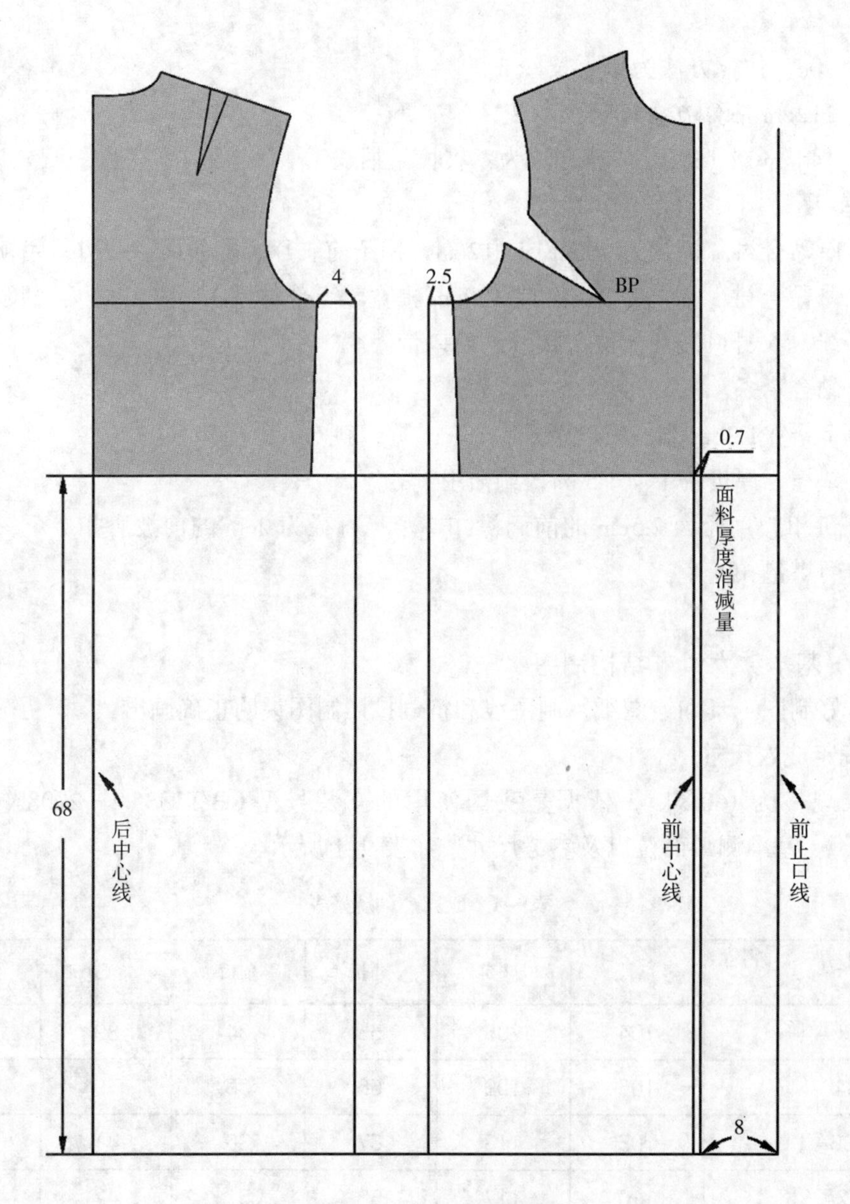

图9-2 基本款女风衣框架图

胸围加放量为25cm，考虑到原型放量已有12cm，还需追加13cm，在1/2结构制图中后片追加4cm，前片追加2.5cm。该款式为较宽松型秋冬装，往往不考虑臀围值，而是根据款式需求决定下摆大小的变化。这里将根据款式图分步骤进行制图说明。

第一步 建立前、后片框架结构图

前、后身片框架结构

（1）作出衣长。水平放置后身原型，并水平延长腰围线，将前片腰线放在与后腰线同一条水平线上；再由原型的后颈点在后中心线上向下量取衣长106cm，或由原型自腰节线往下68cm左右，作出水平线，即下摆辅助线，如图9-2所示。

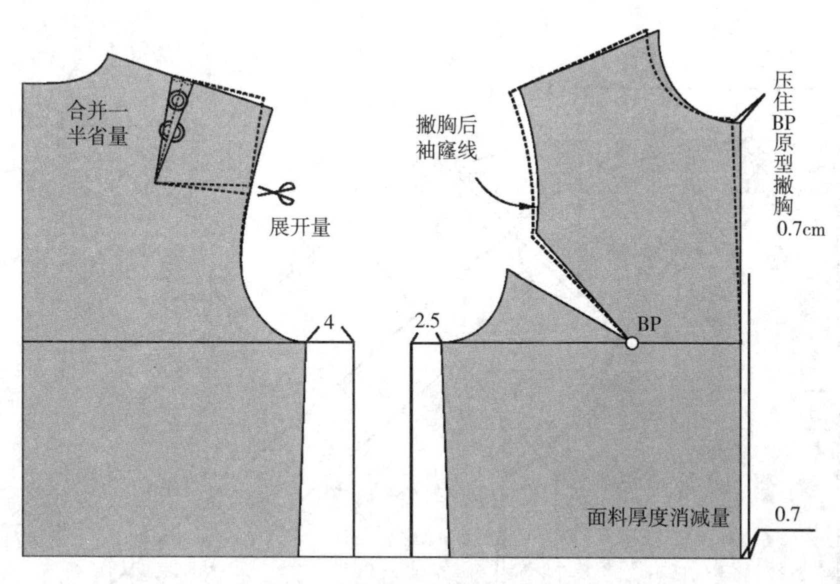

图9-3　基本款女风衣的胸凸量解决方法

（2）确定前、后侧缝辅助线。由原型后胸围线画水平线，过后腋下点向外加放松量 4cm，作垂线交于下摆辅助线，确定后侧缝辅助线；在前胸围线上，过前腋下点向外加放松量 2.5cm，作垂线交于下摆辅助线，确定前侧缝辅助线。

（3）确定新前中心线和止口线。由原型前中心线向外加放 0.7cm 作为面料厚度消减量，作原型前中心线的平行线。由于该款门襟处为双排扣，故在前衣片下摆处由面料厚度消减量线向外量取搭门量 8cm，作出前止口线。

（4）解决胸凸量。为使胸前没有过多余量及分散胸凸省量，采用撇胸处理；按住 BP 点旋转前片上半身完成撇胸，如图 9–3 所示。由于此款插肩袖女风衣较为宽松，撇胸后在袖窿处剩余的省量可作为余量处理。

（5）解决肩胛省量。由于此款较为宽松，将后肩胛省量二等分，其中一半作为肩部吃量；另一半转移至后袖窿处，作为袖窿处的余量，如图 9–3 所示。

第二步　衣身制图

（1）前、后领口弧线。本款风衣属于秋冬装，是最外层穿着的外套，内着装层次较多，需要考虑领宽的开宽和开深，如图 9–4 所示。

① 后领口：在后片原型的基础上将后侧颈点开宽 1cm，无开深，重新用弧线连接两点完成后领口弧线“a”。

② 前领口：将撇胸后的前侧颈点开宽 0.5cm，前颈点开深 1cm，重新用弧线连接两点完成前领口弧线“b”。

（2）肩宽。由后颈点向肩端方向取水平肩宽的一半（40 ÷ 2=20cm）。

（3）后肩斜线。在原型的后肩斜线与水平肩宽一半的交点处向上垂直抬升 1cm 并得到一点，该 1cm 作为垫肩的厚度量，然后由新的后侧颈点与此点相连，从而确定后

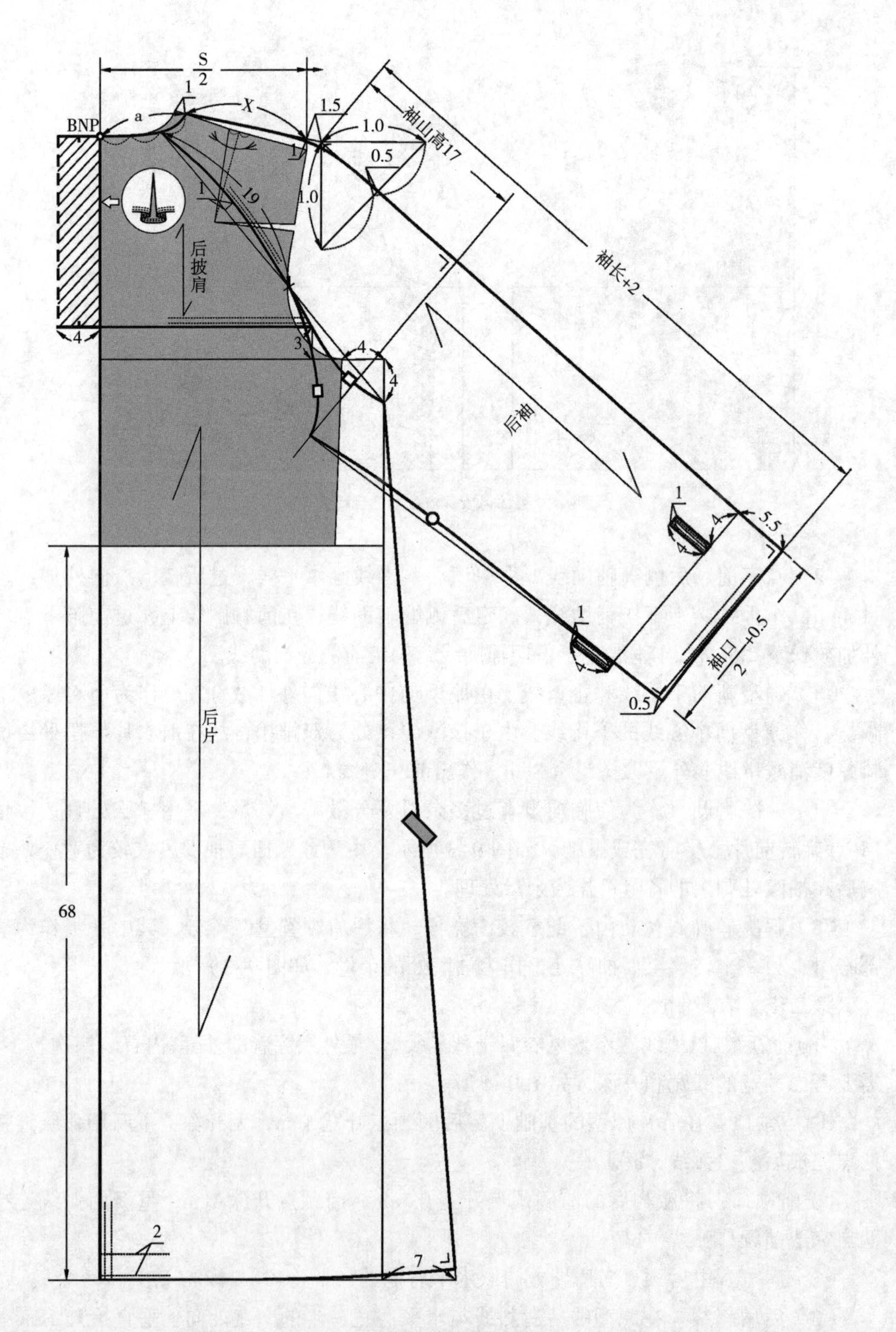

图9-4 基本款女风衣后片结构图

肩斜线（X）；并沿后肩斜线延长 1.5cm（作为垫肩厚度及人体胳膊在自然放下状态，袖长会变短，由于肩部和胳膊的转折处需要一定的量）。

（4）前肩斜线。在原型撇胸后的前肩端点上向上垂直抬升 0.7cm 并得到一点，该 0.7cm 作为垫肩的厚度量，然后由新的前侧颈点与此点相连并延长，取后肩斜线一致的长度（X），确定前肩斜线，并沿前肩斜线延长 1.5cm。

（5）前、后袖窿深。在前、后原型胸围线向下开深 4cm 为本款女风衣袖窿线的位置。

（6）确定后片与插肩袖公共线。在后领口弧线的基础上，将其等分为三等份；由靠近肩线的 1/3 点与后片开深 4cm 点连线，然后由领口弧线点沿此线量取 19cm，确定为点一。确定插肩袖后袖窿公共点，并在中点处向肩线方向凹进 1cm，用弧线画顺，即后身片和袖子的公共弧线，如图 9-4 所示。

（7）确定后片袖窿线。由点一与后腋下点开深的 4cm 点用弧线画顺，绘制出后片袖窿线。

（8）后侧缝辅助线。将后腋下点开深的 4cm 点与下摆加放出的设计量 7cm 点连线，即完成后侧缝辅助线。

（9）后下摆线。在后下摆线上，为保证成衣下摆圆顺，下摆线与侧缝线要修正成直角状态，起翘量根据下摆展放量的大小而定，下摆放量越大起翘量越大。

（10）重新修正后侧缝线。由下摆线与侧缝辅助线的交点至后腋下点开深的 4cm 点为后片侧缝线，如图 9-4 所示。

（11）后披肩。由后胸围线向上 3cm 作平行线，与后片袖窿线相交，在披肩后中心线做对褶，褶大为 4cm，如图 9-4 所示。

（12）确定前片与插肩袖公共线。在前领口弧线的基础上，首先由新的侧颈点沿领口弧线向下量取 6cm，与 5.5cm 点相连（撇胸后的袖窿线省线与原型胸围线作垂线，在该线上由胸围线向肩线方向量取 5.5cm）；然后由领口弧线的 6cm 点沿此线量取 16cm，确定插肩袖前袖窿公共点，并在中点处向肩线方向抬升 1.5cm，用弧线画顺，即前身片和袖子的公共弧线，如图 9-5 所示。

（13）确定前片袖窿线。由 16cm 点与前腋下点开深的 4cm 点连线，并用弧线画顺，即前片袖窿线。

（14）前侧缝线辅助线。由前腋下点开深的 4cm 点与下摆加放出的设计量 9cm 点连线，即完成前侧缝线辅助线。

（15）重新修正前侧缝线。量取后片侧缝线长度，在前侧缝线辅助线上取相同长度，即为前片侧缝线。

（16）前下摆线。在前下摆线上，为保证成衣下摆圆顺，下摆线与前片侧缝线要修正成直角状态，起翘量根据下摆展放量的大小而定，下摆放量越大起翘量越大，如图 9-5 所示。

（17）确定前腰襻的位置。设定腰襻长 6cm，宽 1cm；在原型腰围线与侧缝线的交点处沿侧缝线向上量取腰襻长 6cm 的 1/3，再向下量取 2/3，如图 9-5 所示。

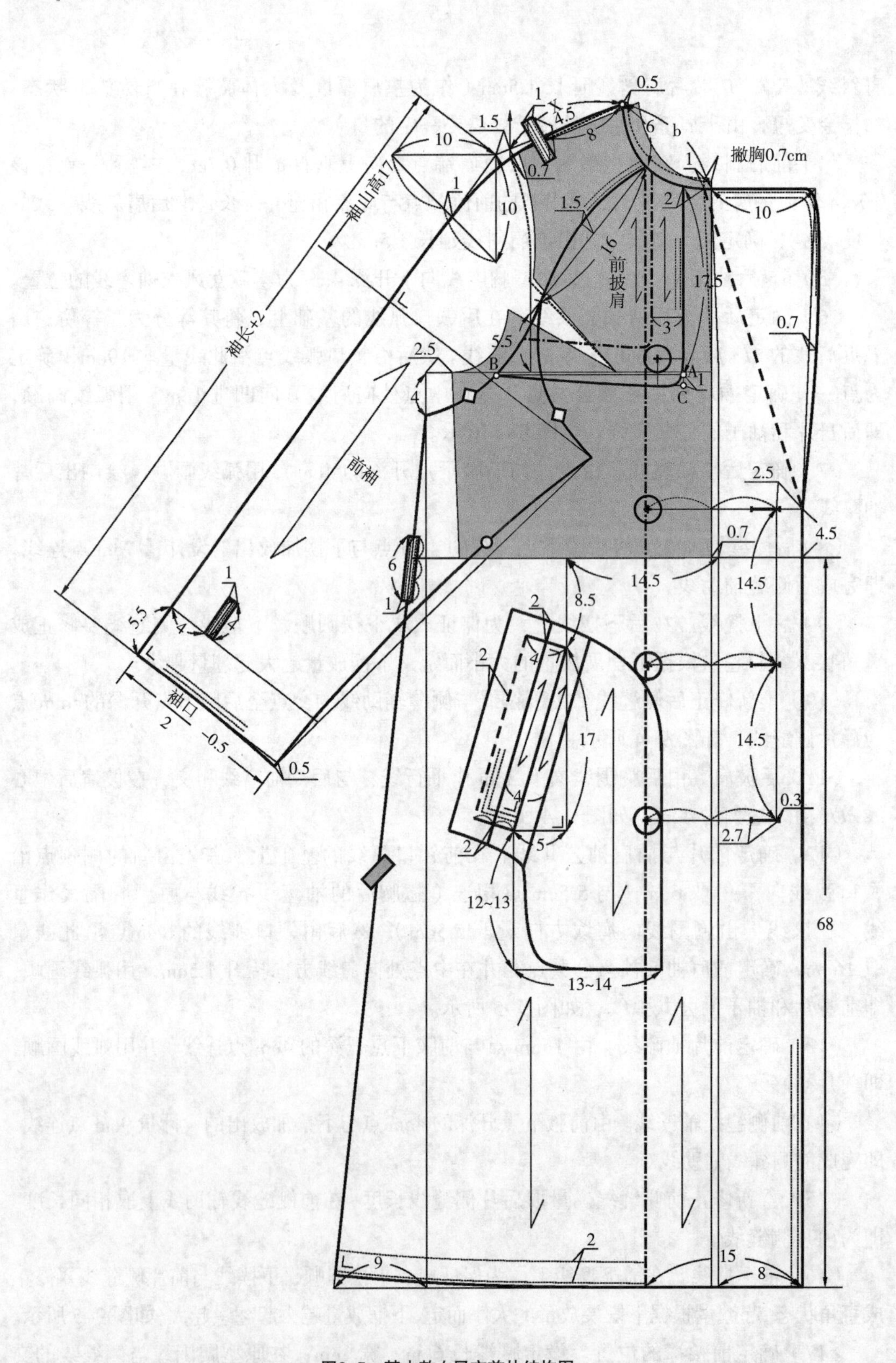

图9-5　基本款女风衣前片结构图

（18）确定前片驳头造型。由前领口弧线与原型的前中心线的交点水平向外加出驳头宽 10cm，然后与翻驳领止点 4.5cm 点连线（在止口线上由原型胸围线与止口线的交点向上量取 4.5cm，确定翻驳领止点），并用弧线画顺，即前片驳头领造型，如图 9–5 所示。

（19）作出贴边线。在下摆线上由前止口线向侧缝方向量取贴边宽 15cm（设计量），作前中心线的平行线并交于前领口弧线，即前片贴边线，如图 9–5 所示。

（20）前披肩。由原型撇胸后的前中心线与前领口弧线的交点沿领口弧线向袖窿方向量取 2cm，过 2cm 点作胸围线的垂线，长度取 17.5cm（A 点），再作出水平线交于前片袖窿弧线上（B 点）；为符合前披肩造型，在 17.5cm 的端点处再向下 1cm（C 点），然后连接 C 点和 B 点，并将夹角处绘制为圆角，如图 9–5 所示。

（21）前披肩贴边。在前披肩的基础上，整体向袖窿和肩线方向量取贴边宽 3cm，用弧线画顺。

（22）纽扣位。门襟处为双排扣，每排三粒扣，共计六粒扣：

第一排扣子：为双排扣的眼位，首先由止口线向侧缝方向量取搭门宽 2.5cm，平行于止口线；然后，过翻驳领止点作水平线与搭门宽 2.5cm 线相交为第一粒扣的位置；第二粒扣从第一粒扣向下 14.5cm，第三粒扣从第二粒扣向下 14.5cm。

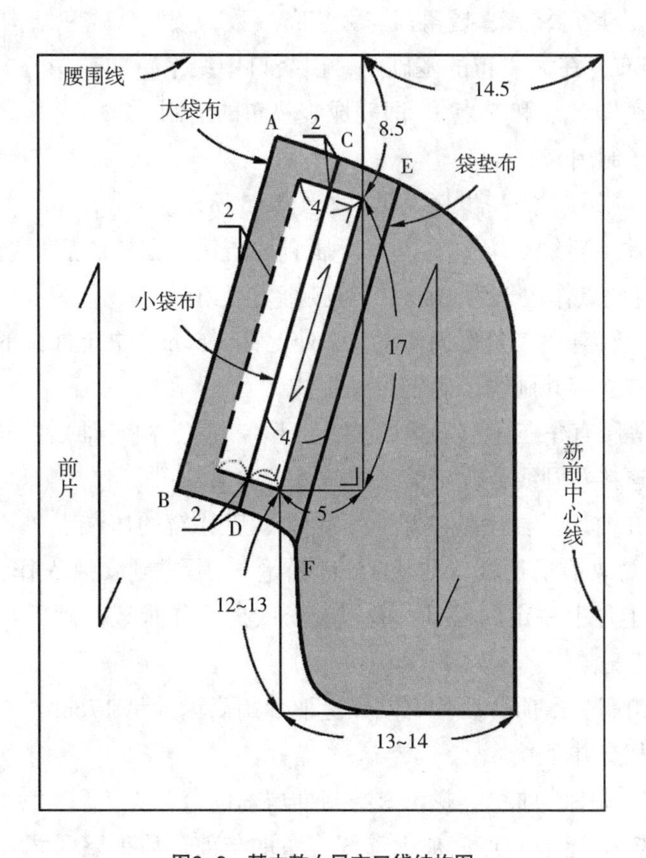

图9–6　基本款女风衣口袋结构图

第二排扣子：为双排扣的扣位，首先过第一排扣子的位置向侧缝方向作水平线段，然后以前中心线为中点，量取与新的前中心线到第一排扣子一样的距离。

（23）口袋。袋位的设计一般应与服装的整体造型相协调，要考虑到使整件服装保持平衡。本款挖袋袋位设定在腰节线下 8.5cm 的位置，板式口袋开线宽为 4cm，袋口的前后位置可为设计值，如图 9-6 所示。

① 作出口袋开线。首先由面料厚度消减量线向侧缝方向量取 14.5cm，再向下摆方向作该点的垂线，量取 8.5cm 和 17cm，然后由 17cm 点向侧缝方向水平量取 5cm 的斜度，再将 8.5cm 点和 5cm 点连线，作为袋开线的绱袋线；然后过绱袋线的两端向侧缝方向作该线的垂线，取板式口袋开线宽 4cm，连接两个袋开线宽点即袋开线边线。

② 作出大、小袋布。大袋布是在袋开线边线的基础上，向侧缝方向平行偏移 2cm、两端各延长 2cm 的余量（即 A 点、B 点）；接着由袋牙的绱袋线下端向下摆方向量取 12 ~ 13cm 且平行于前中心线，然后过该点水平向前中心方向量取袋布宽 13 ~ 14cm，再过袋布宽点向上作垂线；最后过 A 点、B 点用弧线连接袋布的长度和宽度，其造型可按照图 9-6 所示画出；为方便缝合，袋布的大小可为设计值。

小袋布是在大袋布的基础上，由袋口中线的两端向两边各延长 2cm 交于大袋布上（即 C 点和 D 点），其它袋大、袋角都与大袋布一致，按照款式和结构要求正确画出。

③ 作出垫袋布。在大袋布的基础上，由袋口中线平行向前中心方向量取 4cm，该线交于大袋布上（即 E 点和 F 点），即完成袋垫布的绘制。

第三步　袖子制图

袖子结构设计制图方法和步骤说明，如图 9-5 所示。

（1）前、后袖山斜线。本款女风衣为插肩袖结构，在前、后片新的肩端点上沿肩线追加 1.5cm，过此点作边长为 10cm 的等腰直角三角形。

后袖山线过等腰直角三角形斜边的 1/2 处上移 0.5cm，决定袖山的斜度，再与直角三角形的直角交点连接并画线，确定后袖中线。

前袖山线过等腰直角三角形斜边的 1/2 处下移 1cm，决定袖山的斜度，再与直角三角形的直角交点连接并画线，确定前袖中线。

（2）袖长。在前、后袖中线基础上，由前、后片新的肩端点（不包括 1.5cm 的垫肩厚度量在内）量取袖子长度（袖长 +2cm 松量）；考虑到女风衣作为最外层的着装，在正常袖长基础上加上一定的松量；并过袖长线向下作垂线，画平行于落山线的袖口辅助线。

（3）确定袖山高。由前、后片肩端点量取袖山高设计量 17cm 左右，并作袖中线的垂线，与袖窿线相交并延长。

（4）画前、后袖中线曲线。找出衣身与插肩袖的公共点（后片为 19cm 的端点，前片为 16cm 的端点），过公共点向袖山深线上量取与前、后袖窿弧线长的等距离，对应衣身部分画出与其相对的袖山曲线。

（5）确定袖口尺寸。后片袖口的尺寸是袖口 /2+0.5cm，前片袖口的尺寸是袖口 /2−0.5cm，本款风衣袖口尺寸采用 35cm，后片袖口的尺寸为 18cm，前片袖口的尺寸取 17cm，将肩部及袖口处画圆顺。

（6）确定袖底缝线。将前、后袖山曲线与袖山高线的交点与袖口大点连线，即袖底缝辅助线；然后再由前、后袖山曲线与袖高线的交点和袖底缝辅助线用弧线连线，前、后袖缝长修正为相同长度。

（7）确定袖口线。为保证袖口平顺，将袖外缝线向下延长，在交叉处为直角状态，重新画顺袖口线。

（8）确定袖口襻的位置。设定后袖口处 2 个襻，前袖口处 1 个襻；由袖口线向上平行量取宽度 5.5cm 的辅助线。后袖口襻：第一个襻在后袖底缝与 5.5cm 的辅助线交点处向上确定袖口襻，取襻长 4cm，宽度 1cm；第二个襻由后袖中线与 5.5cm 的辅助线交点，在 5.5cm 的辅助线上向袖内量取 4cm，再向肩线的方向量取襻长 4cm，宽度 1cm 且垂直于 5.5cm 宽的辅助线；前袖口襻：在前袖中线与 5.5cm 的辅助线交点处向袖内量取 4cm，再向肩线的方向量取襻长 4cm，宽度 1cm 且垂直于 5.5cm 宽的辅助线。

第四步　袖口带、腰带、肩章制图

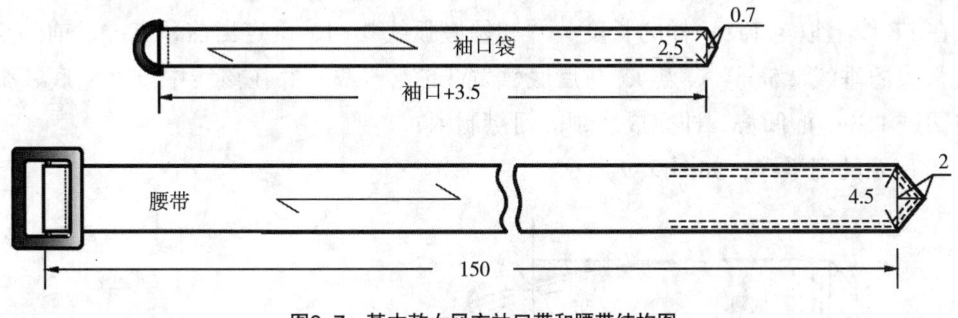

图9-7　基本款女风衣袖口带和腰带结构图

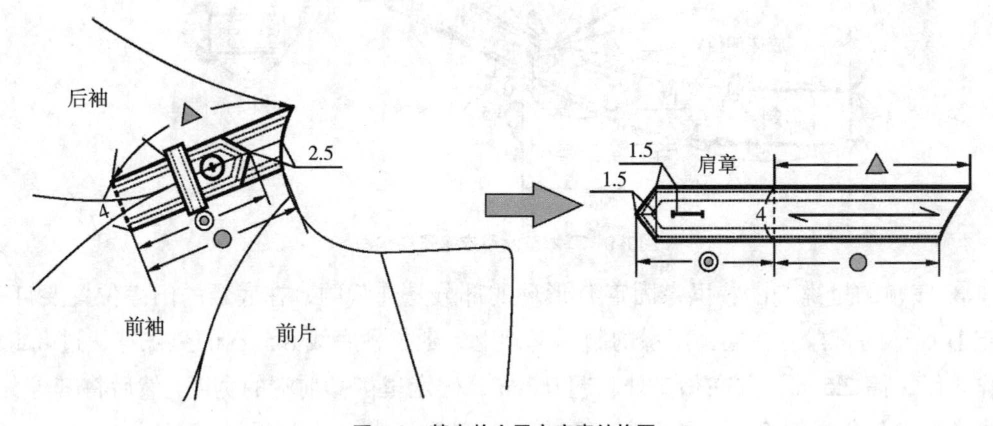

图9-8　基本款女风衣肩章结构图

（1）确定袖口带。取袖口带长为袖口 +3.5cm，宽 2.5cm，如图 9-7 所示，袖口带可以对称单片制作，也可以双片制作，本款采用双片制作。

（2）确定腰带。取腰带长为 150cm，宽为 4.5cm，如图 9-7 所示，腰带可以对称单片制作，也可以双片制作，本款采用双片制作。

（3）确定肩章。合并肩线，取肩章宽 4cm，长度确定如图 9-8 所示。

第五步　领子制图

该风衣领子为拿破仑领，由翻领和底领两部分组成，其制图步骤说明如下：设定底领宽 3.5cm，翻领宽 5.5cm，前领面宽按照款式需求设计，如图 9-9 所示。

（1）确定前、后衣片的领口弧线。确定后衣片的领口弧线长度“a”和前衣片的领口弧线长度“b”，并分别测量出它们的长度。

（2）底领。本款女风衣底领左右门襟处设计不同的门襟襻，故底领的门襟和里襟制图有所不同。

① 底领的门襟制图：以后颈点为坐标点画出横纵两条直角线，纵向线为后领中线，长度取底领宽 3.5cm，凹势 8cm，翻领宽 5.5cm；横向线为后领口弧线长 + 前领口弧线长 + 松量 =a+b+0.3cm（松量），定为 D 点；由 D 点向上抬升 4.5cm，为 E 点；将 E 点与 F 点（后颈点至 D 点二等分后向 D 点方向偏移 2cm，即 F 点）相连，并用弧线画顺至后颈点，即底领的领底弧线；

在 FE 线上取与 FD 一样的长度，并和领底弧线相切，确定出前颈点。过前颈点作领底弧线的垂线 2.5cm（G 点），与后底领宽 3.5 点连线，并在该线中点处向底领弧线方向凹进 1.2cm 的凹势，即完成底领的门襟制图；

② 底领的门襟襻，如图 9-9 所示。

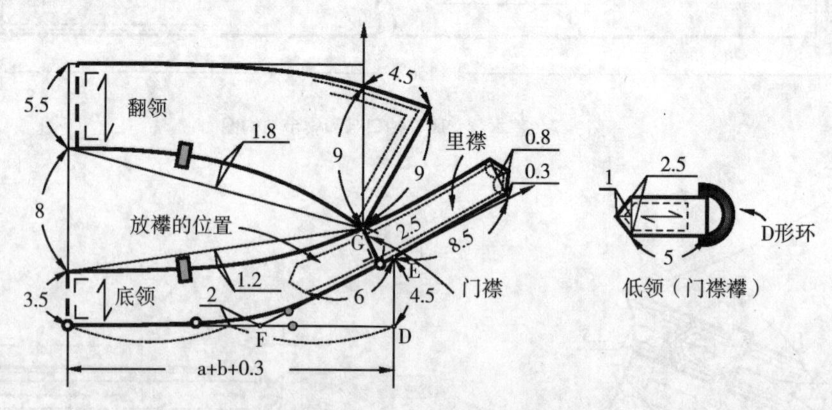

图9-9　基本款女风衣领子结构图

③ 底领的里襟制图：里襟固定 D 形环的部分是连裁的，在底领的门襟位置要订上固定 D 形环的布襻。在底领门襟的制图基础上，延长领底线 8.5cm 的里襟襻，过 8.5cm 点作垂线，高 2.5cm，并在相交处起翘 0.3cm，确定里襟襻前端的宽度；然后将其等分，过中点再向外作垂线 0.8cm 的三角尖度造型；最后，由 G 点与里襟襻前端宽度的一点、

0.8cm 点、里襟襻前端宽度的另一点、E 点相连接，用弧线画顺，即完成底领的里襟制图。

（3）翻领。在底领的基础上，由 G 点作垂直线，长度为 9cm；由后中心线翻领底凹势 8cm 点与 G 点相连，并在该线中点处向领外口方向凹进 1.8cm 的凹势，用弧线画顺；然后，由 G 点开始在该弧线上量取与底领弧线（上端）等长的距离，重新画出后翻领宽的后中心线。最后，由翻领宽 5.5cm 点与 9cm 点用弧线连线并延长 4.5cm，再与 G 点相连，确定该翻领前领口造型，领外口的状态可根据款式设计需要而定。

（四）女风衣工业样板

本款女风衣工业样板的制作，如图 9-10 ~ 图 9-16 所示。

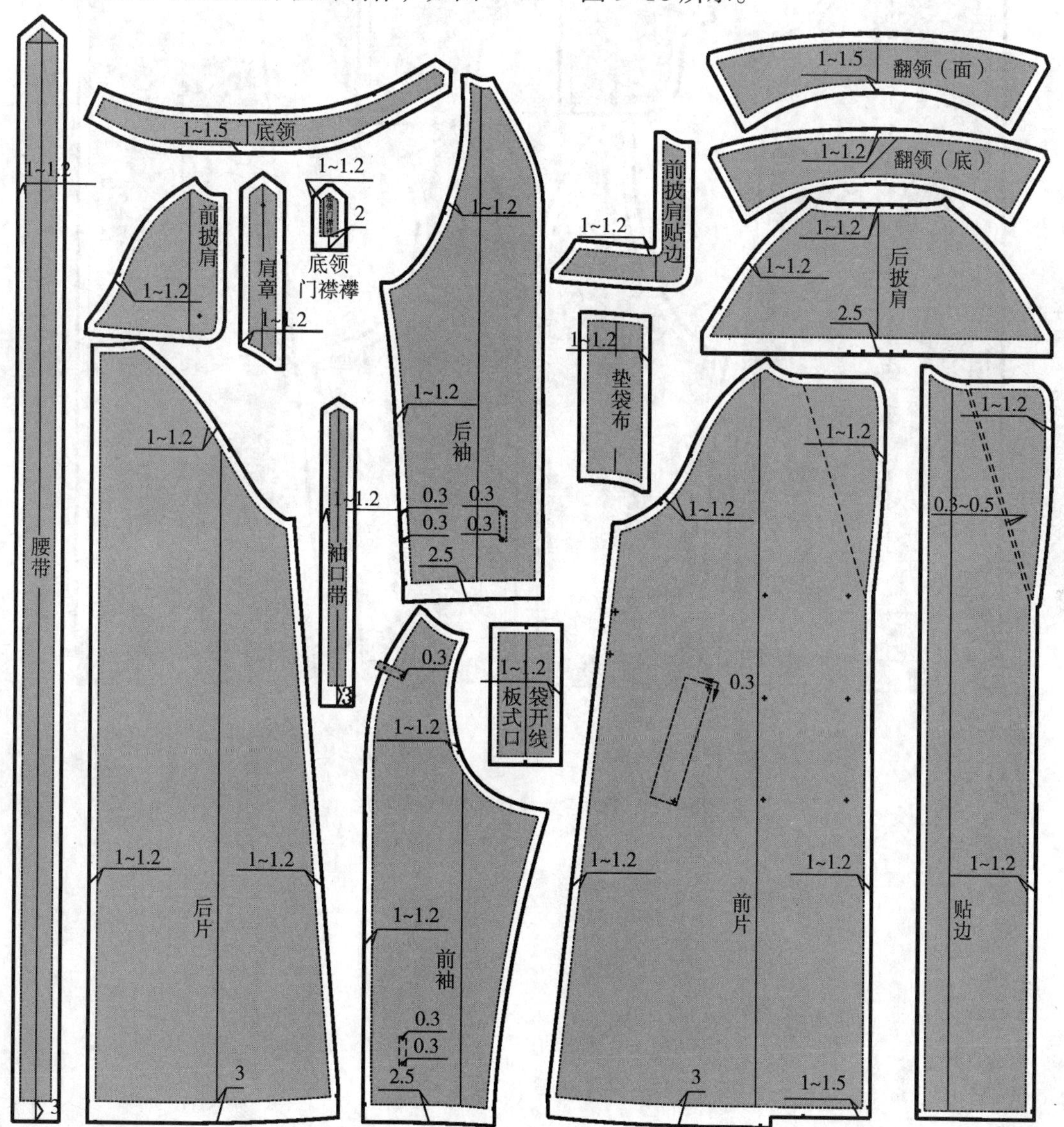

图9-10　基本款女风衣面板的缝份加放

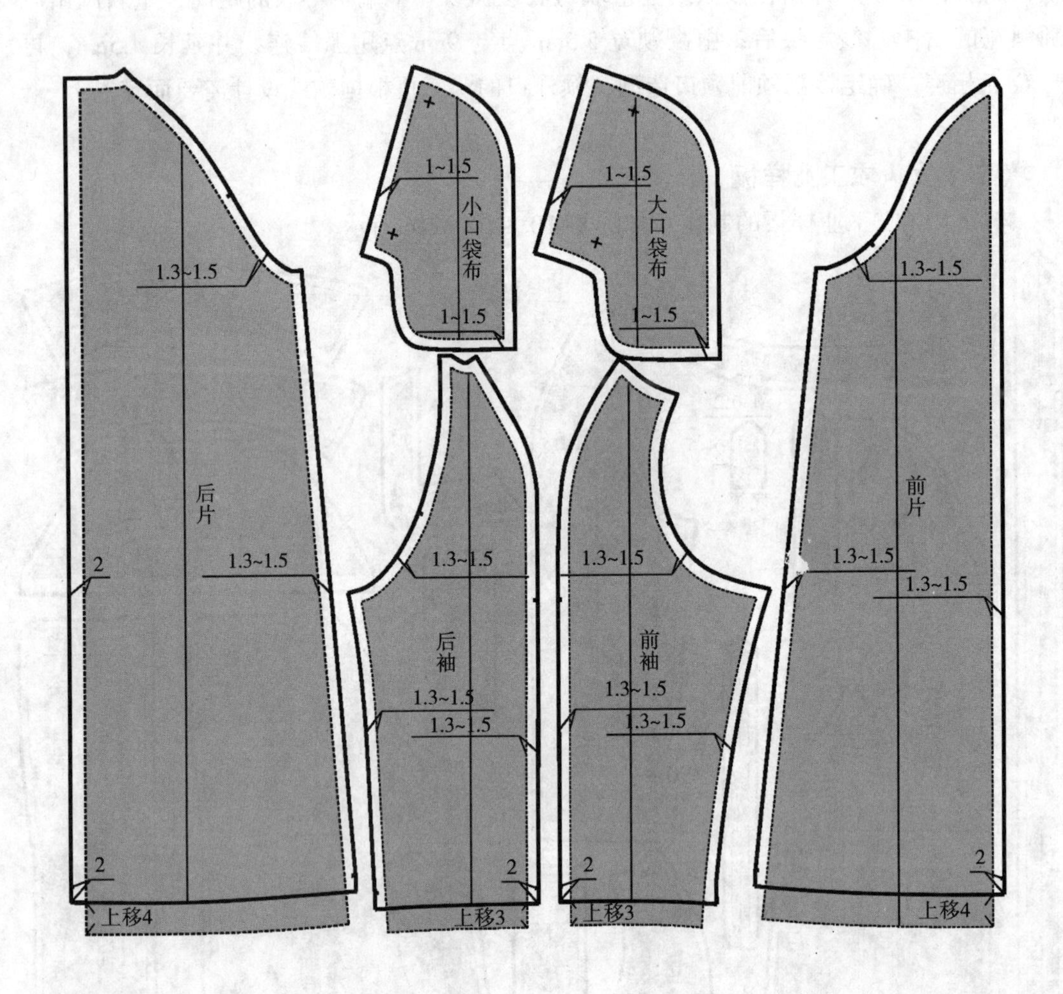

图9-11 基本款女风衣里板的缝份加放

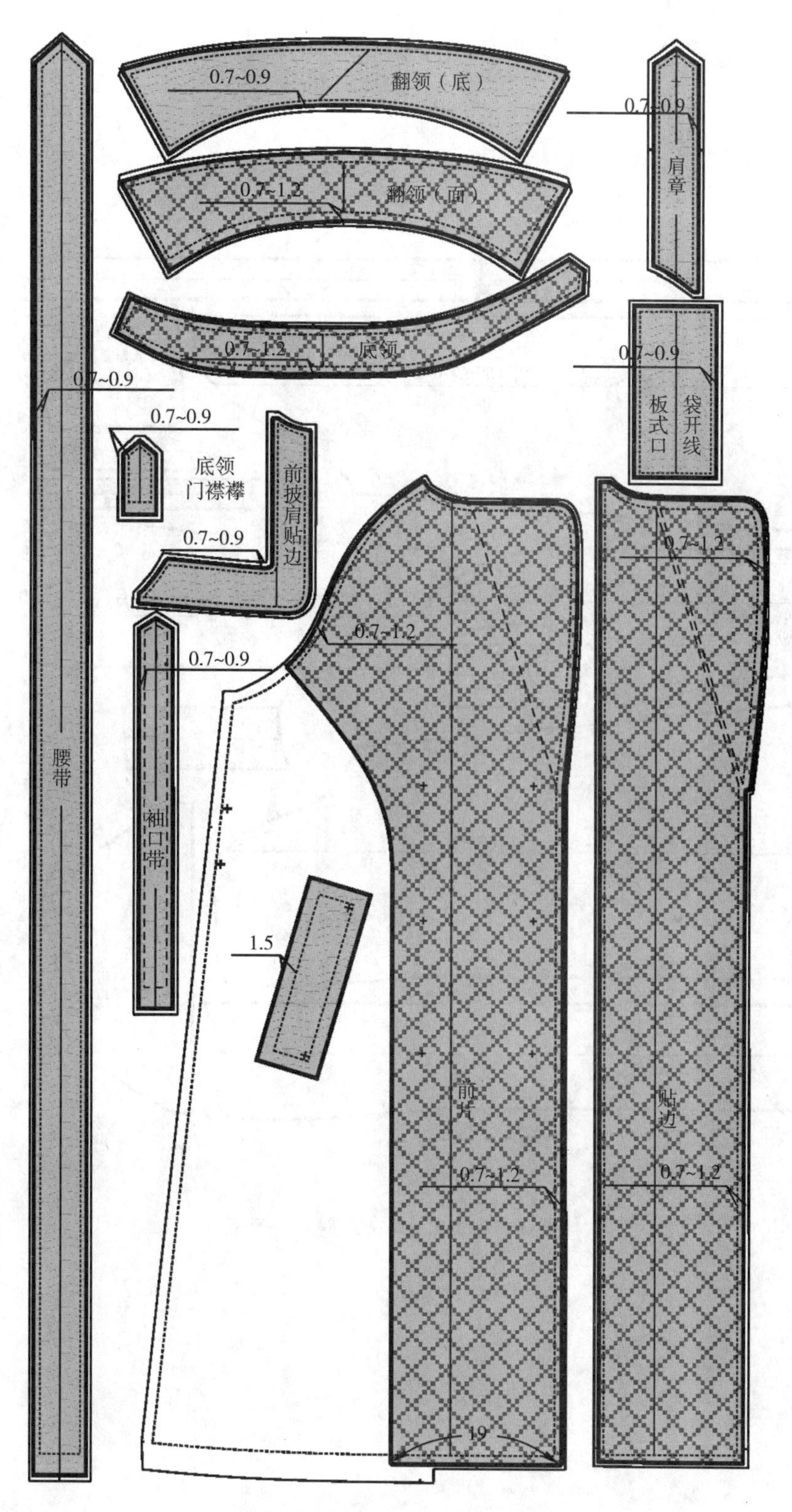

图9-12　基本款女风衣衬板的缝份加放

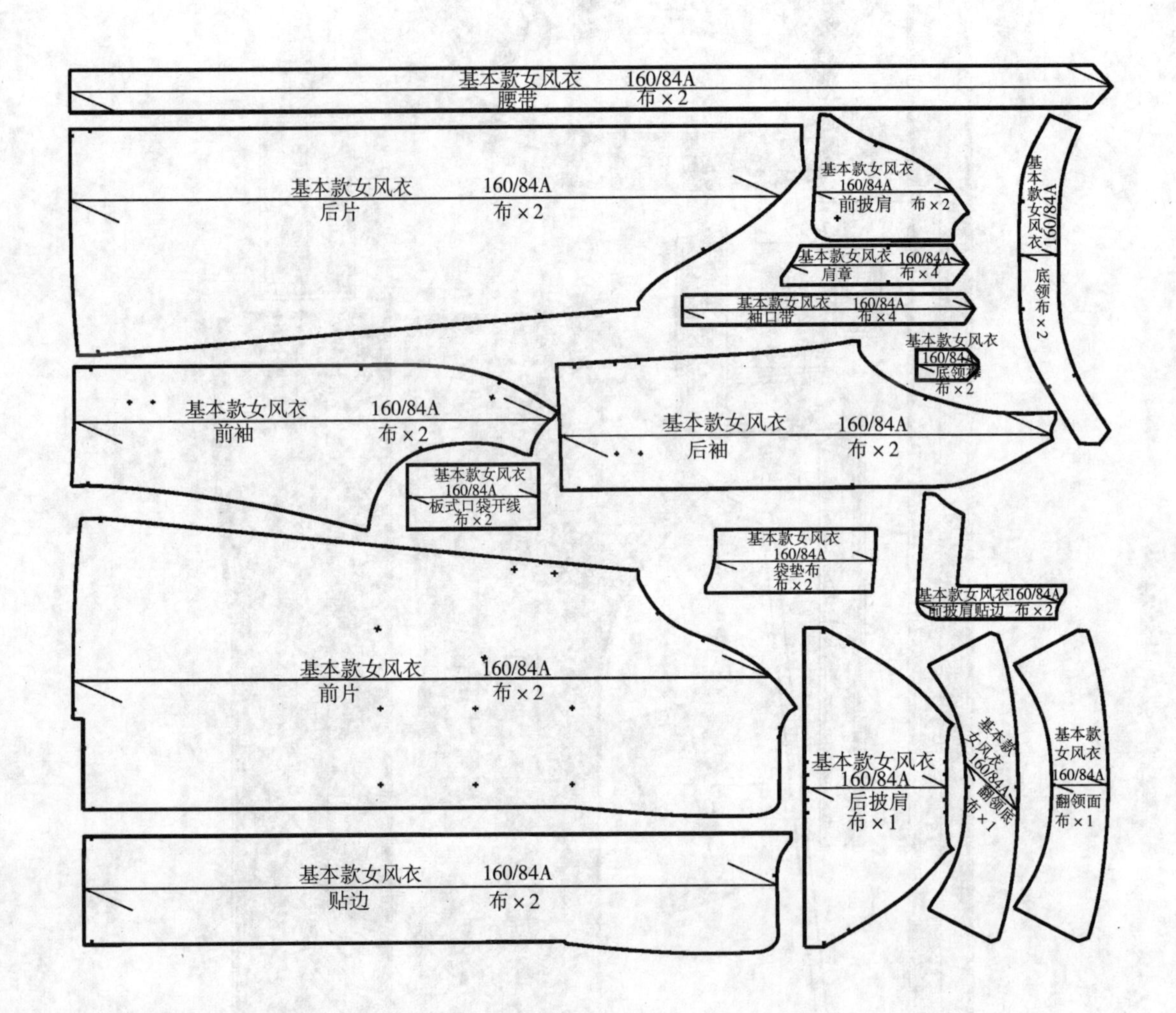

图9-13 基本款女风衣工业板——面板

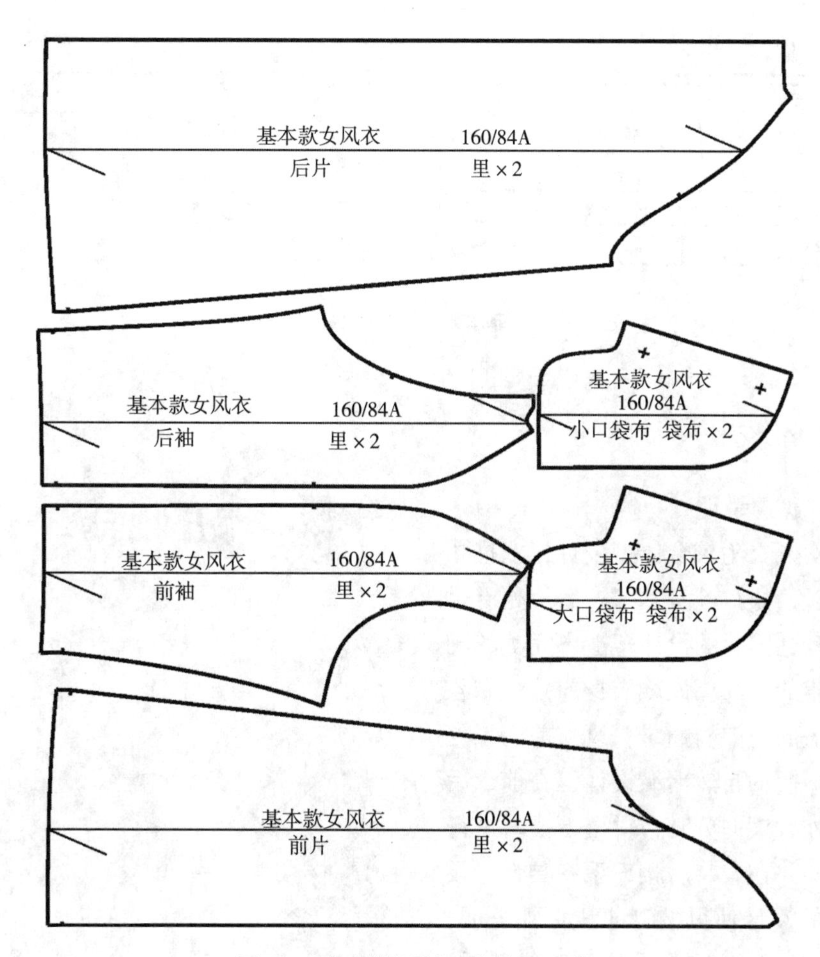

图9-14　基本款女风衣工业板——里板

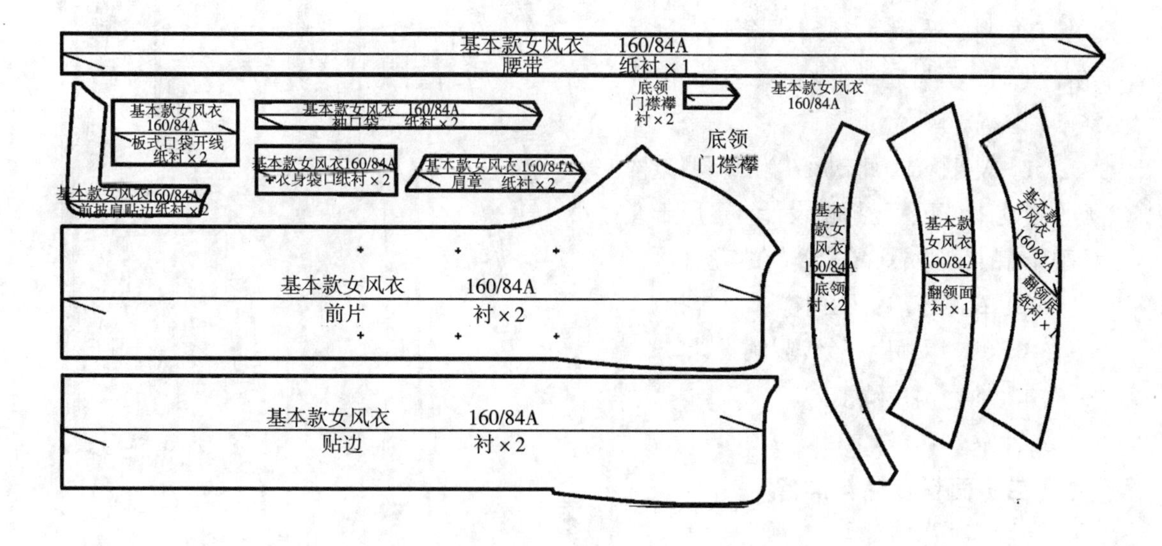

图9-15　基本款女风衣工业板——衬板

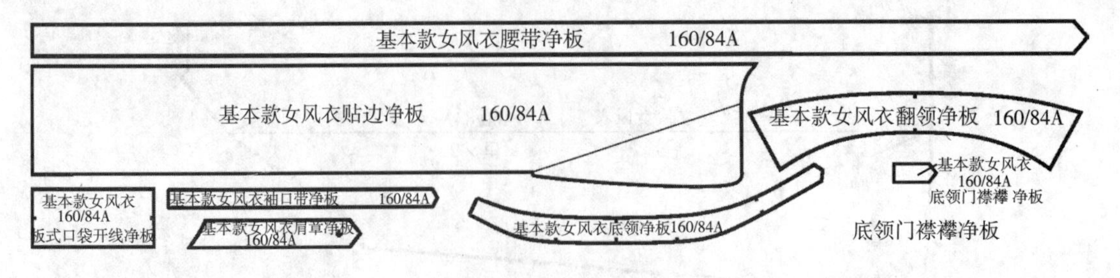

图9-16 基本款女风衣工业板——净板

二、变化款女风衣结构设计

（一）款式说明

本款女风衣为较合体型设计，双排扣西服戗驳领，袖口处有袖襻；后肩处有过肩设计，其立体感的设计塑造出完美的潮流线和高雅的气质。该款衣身前片左右各一个有袋盖的防盗斜插袋；风衣前门襟处缉明线；下摆的自然褶皱设计，在前、后片的下摆处有横向分割，拼接下摆时进行捏褶处理；并在着装后腰部系有腰带，腰间束身带的设计使得腰身曲线更加分明，充分体现出女性的时尚品位和高雅气质，如图 9-17 所示。

图9-17 变化款女风衣效果图、款式图

在面料的选择上，应选用舒适、挺括、光泽度好、不易起皱的尼龙、中长化纤、涤卡、涤棉等。

（1）衣身构成：此款风衣为四开身结构，无收腰设计，下摆为捏褶设计。可用于春、秋季穿着的女风衣，衣长设计在膝盖上。

（2）衣襟搭门：明门襟，双排扣。

（3）领：采用 V 形戗驳领设计。

（4）袖：两片绱袖。

（二）面料、辅料准备

1. 面料

幅宽：144cm 或 150cm；

估算方法：衣长 ×2+ 领宽，约 2.5 ~ 3m，需要对花对格时适量追加。

2. 里料

幅宽：90cm、144cm、150cm。

幅宽 90cm 估算方法为：衣长 ×3。

幅宽 144cm 或 150cm 估算方法为：衣长 + 袖长。

3. 辅料

（1）厚黏合衬。幅宽为 90cm 或 112cm，用于前衣片、贴边、领面、袖襻、袋盖、驳头的加强（衬）部位。

（2）薄黏合衬。薄黏合衬。幅宽：90cm 或 120cm（零部件用）。用于领底、衣身口袋开袋位、袖口等。

（3）黏合牵条。

直丝牵条：1.2cm 宽。

斜丝牵条：1.2cm 宽，斜 6°。

（4）纽扣。

直径为 2.5cm 的前门襟扣 7 个；直径为 2cm 的袋盖、袖襻扣 4 个；直径为 1cm 的前门襟垫扣 5 个。

（三）变化款女风衣结构制图

准备好制图工具和绘图纸，制图线和符号按照制图说明正确画出。

1. 确定成衣尺寸

成衣规格为 160/84A，依据是我国使用的女装号型 GB/T1335.2—2008《服装号型　女子》。基准测量部位以及参考尺寸，如表 9-2 所示。

2. 结构制图

本款女风衣为四开身结构的基本纸样。在进行结构图绘制之前，要确定胸围的放量，该款胸围加放量为 22cm，考虑到原型放量已有 12cm，还需追加 10cm，在 1/2 结构制图中后片追加 3cm，前片追加 2cm。该款式往往不考虑臀围值，而是根据款式需求决定下摆大小的变化。这里将根据图例进行制图说明。

表9-2　成衣系列规格表　　单位：cm

规格＼名称	衣长	胸围	袖长	袖口	肩宽	下摆大
155/80A（S）	88	102	59	31	39	182
160/84A（M）	90	106	60	32	40	186
165/88A（L）	92	110	61	33	41	190
170/92A（XL）	94	114	62	34	42	194
175/96A（XXL）	96	118	63	35	43	198

第一步 建立前、后片框架结构图

前、后身片框架结构

（1）作出后衣长。水平放置后身原型，并水平延长腰围线；由原型的后颈点在后中心线上向下量取衣长（90cm），或由原型自腰节线向下52cm，作出水平线，即下摆辅助线，如图9-18所示。

（2）放置前身原型。将前片原型腰线放在与后腰线同一条水平线上。

（3）确定前、后侧缝辅助线。由原型后胸围线画水平线，过后腋下点向外加放松量3cm，作垂线交于下摆辅助线，确定后侧缝辅助线；在前胸围线上，过前腋下点向外加放松量2cm，作垂线交于下摆辅助线，确定前侧缝辅助线。

（4）确定新前中心线和止口线。由原型前中心线向外加放0.7cm作为面料厚度消减量，作原型前中心线的平行线。由于该款门襟处为双排扣，故在前衣片下摆处由面料厚度消减量线向外量取搭门量8cm，作出前止口线。

（5）确定下摆处分割线。由下摆辅助线与后中心线的交点沿后中心线向上量取17cm，作侧缝辅助线、前中心线、止口线的垂线，即下摆处结构分割线。

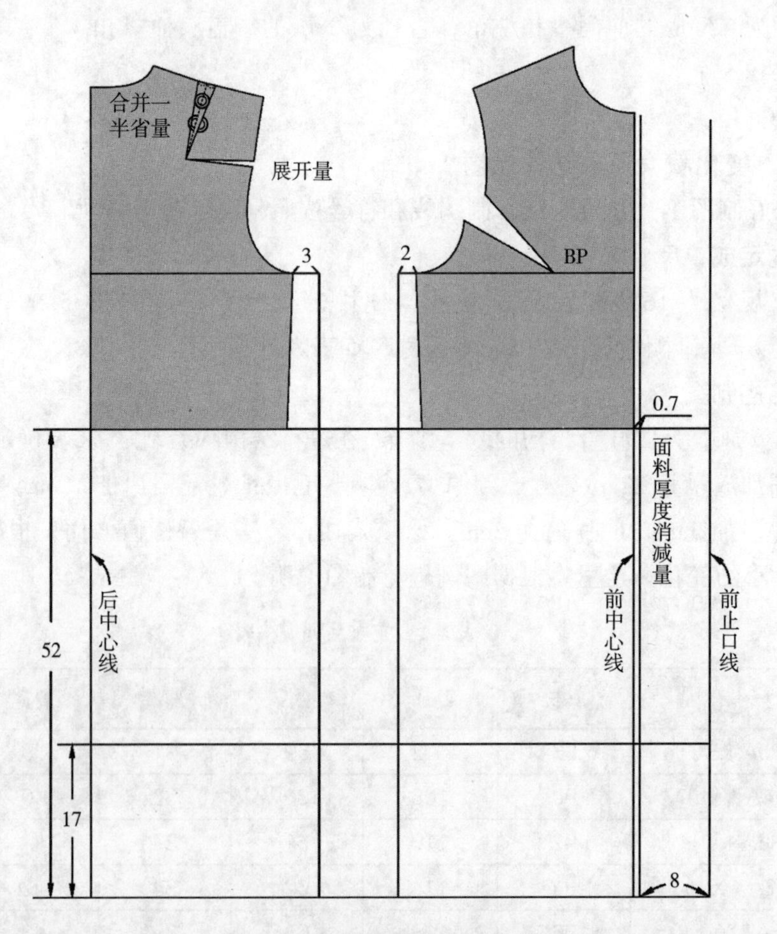

图9-18 变化款女风衣结构框架图

（6）解决肩胛省量。将后肩胛省量二等分，其中一半作为肩部吃量；另一半转移至后袖窿处，作为袖窿处的余量。

（7）解决撇胸量。由于此款女风衣较为合体，胸凸量解决方法将通过三步来解决。第一步，按住 BP 点旋转前片上半身完成撇胸，通过撇胸 0.7cm 来处理一部分胸省量；第二步，通过挖深袖窿，增加袖窿处的舒适度；第三步，首先在侧缝处设计一省缝（由开深后的腋下点向下量取 3cm 作为 M 点，将 M 点至 BP 点连线），将其剪开；然后把袖窿处剩余的胸省量等分为三等份，把其中的 2/3 进行合并，同时 MBP 线段展开，M 点转移至 N 点；最后，重新修顺袖窿曲线，如图 9-19 所示。

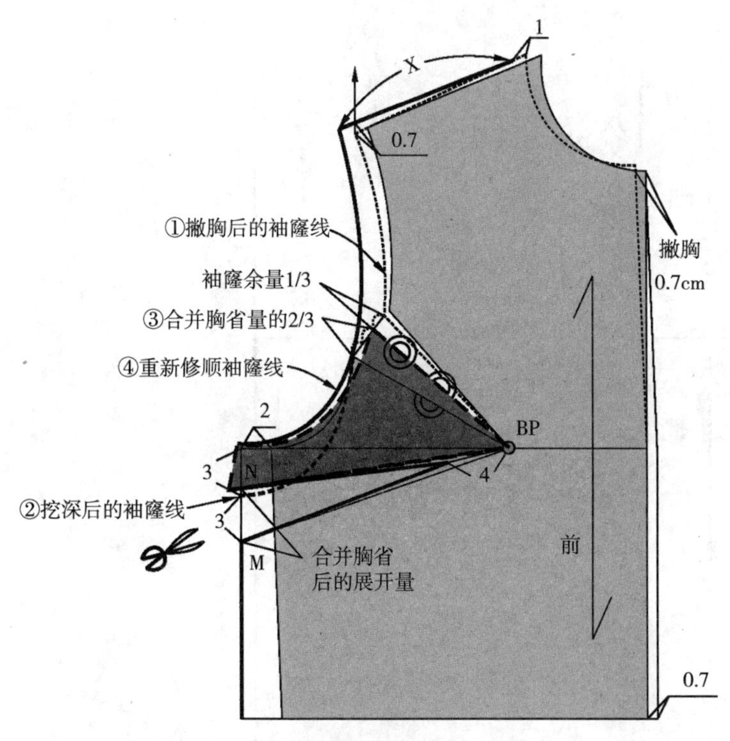

图9-19　变化款女风衣的胸凸量解决方法

第二步　衣身制图

（1）前、后领口弧线。本款风衣作为最外层穿着的外套，内着装层次较多，需要考虑领宽的开宽和开深，如图 9-20 所示。

①领口：在后片原型的基础上将后侧颈点开宽 1cm，无开深，重新用弧线连接两点完成后领口弧线，用“a”表示。

②前领口：将撇胸后的前侧颈点开宽 1cm，无开深，重新用弧线连接两点完成前领口弧线。

（2）肩宽。由后颈点向肩端方向取水平肩宽的一半（40 ÷ 2=20cm）。

（3）后肩斜线。在原型的后肩斜线与水平肩宽一半的交点处向上垂直抬升 1cm 并得到一点，作为垫肩的厚度量，然后由新的后侧颈点与此点相连，从而确定后肩斜线（X）；

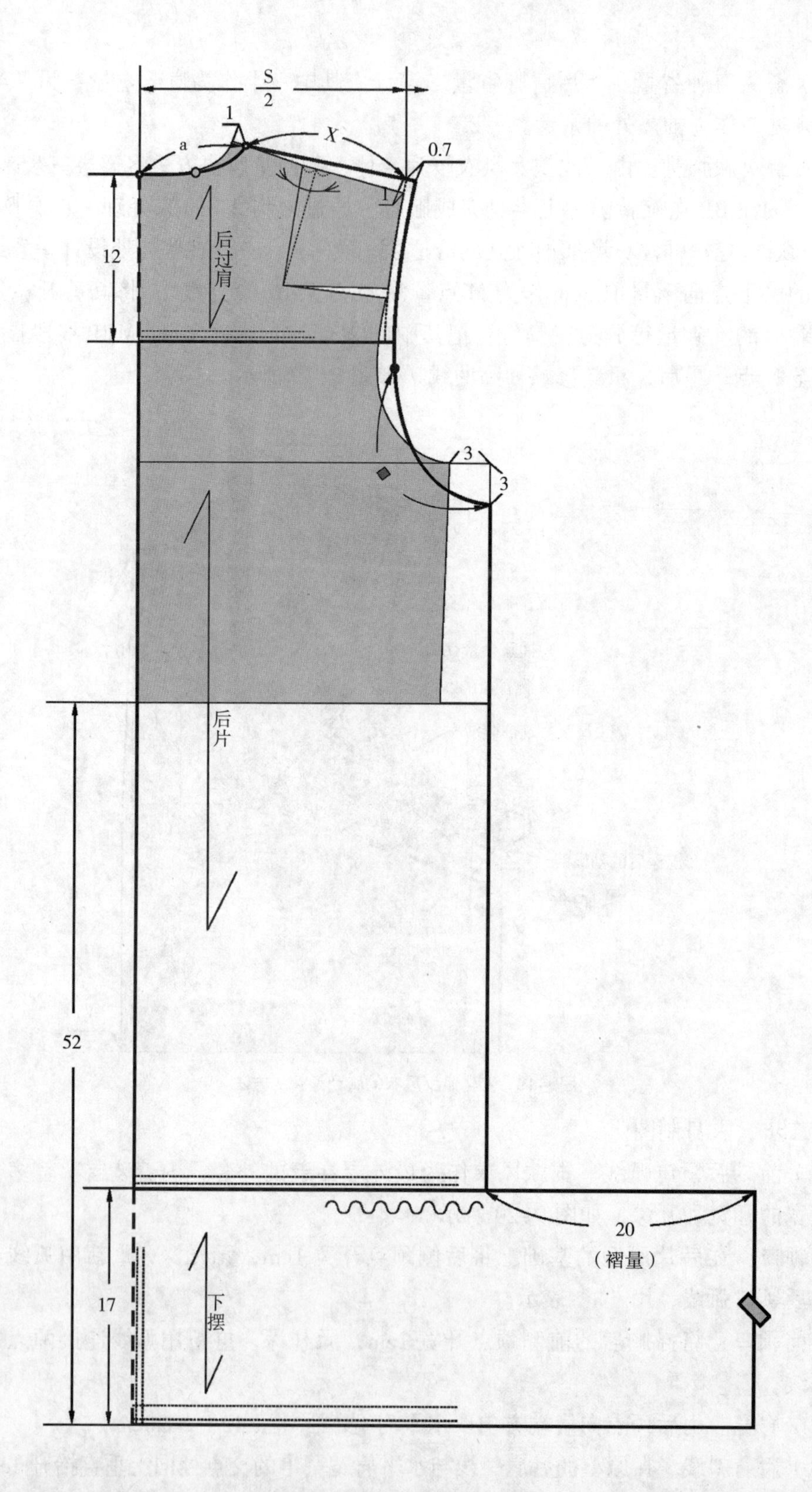

图9-20　变化款女风衣后片结构图

并沿后肩斜线延长 0.7cm 作为垫肩厚度，即为新的后肩端点。

（4）前肩斜线。在原型撇胸后的前肩端点上向上垂直抬升 0.7cm 并得到一点，作为垫肩的厚度量，然后由新的前侧颈点与此点相连并延长，取后肩斜线一致的长度（X），确定前肩斜线。

（5）前、后袖窿深。在前、后原型胸围线向下开深 3cm 为本款女风衣袖窿线位置。

（6）后袖窿曲线。由后片新的肩端点与后腋下点开深的 3cm 点用弧线连接画顺，即后袖窿曲线。

（7）后片侧缝线。由后片侧缝辅助线与下摆结构分割线的交点至后腋下点开深的 3cm 点重新连接，即为后片侧缝线。

（8）后下摆侧缝线。由下摆结构分割线与后片侧缝线的交点沿下摆结构分割线向外加出设计褶量 20cm，然后过 20cm 点作后片下摆辅助线的垂线，即后下摆侧缝线。

（9）后下摆线。由后衣长的端点至后下摆侧缝线与下摆辅助线的交点，即后下摆线。因为侧缝处为直角，所以不用考虑成衣的起翘量。

（10）后过肩。首先由后颈点向下量取 12cm，作胸围线的平行线交于后袖窿线，确定出后披肩线。

（11）前袖窿曲线。由前片新的肩端点与前腋下点开深的 3cm 点用弧线连接画顺，即前袖窿曲线。

（12）前片侧缝线。由前片侧缝辅助线与下摆结构分割线的交点至前腋下点开深的 3cm 点重新连接（此时应考虑腋下省的倒向，不同的倒向绘制方法不同），即为前片侧缝线。

（13）前下摆侧缝线。由下摆结构分割线与前片侧缝线的交点沿下摆结构分割线向外加出设计褶量 20cm，然后过 20cm 点作前片下摆辅助线的垂线，即前下摆侧缝线。

（14）前下摆线。由前衣长的端点至前下摆侧缝线与下摆辅助线的交点，即前下摆线。因为侧缝处为直角，所以不用考虑成衣的起翘量。

（15）作出贴边线。在肩线上由新的前侧颈点沿前肩斜线向肩端点方向量取 4 ~ 5cm，在下摆线上由前门止口向侧缝方向取设计量 15cm，将两点连线，用弧线画顺。

（16）纽扣位。门襟处为双排扣，每排三粒扣，共计六粒扣：

第一排扣子：为双排扣的眼位，首先由止口线向侧缝方向量取搭门宽 2.5cm，平行于止口线；然后，在止口线上由原型胸围线与止口线的交点向上量取 4.5cm，确定翻领止点；过翻领止点作水平线与搭门宽 2.5cm 线相交为第一粒扣的位置；第二粒扣从第一粒扣向下 14.5cm，第三粒扣从第二粒扣向下 14.5cm。

第二排扣子：为双排扣的扣位，首先过第一排扣子的位置向侧缝方向作水平线段，然后以前中心线为中点，量取与前中心线到第一排扣子一样的距离。

（17）口袋。袋位的设计一般应与服装的整体造型相协调，要考虑到使整件服装保持平衡。本款口袋为带袋盖式单开线口袋，挖袋袋位设定在腰节线下 7cm 的位置，袋

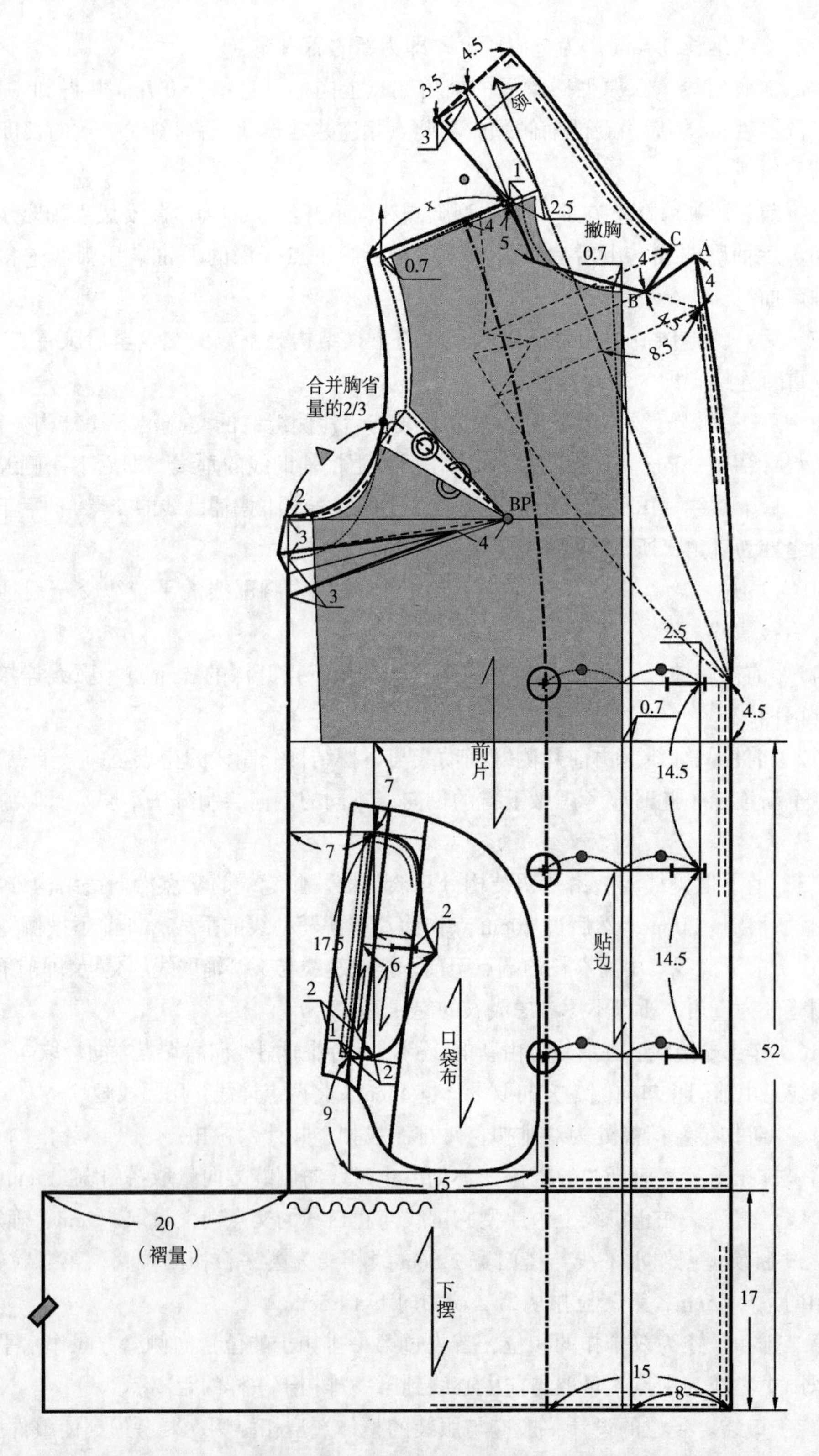

图9-21 变化款女风衣前片结构图（1）

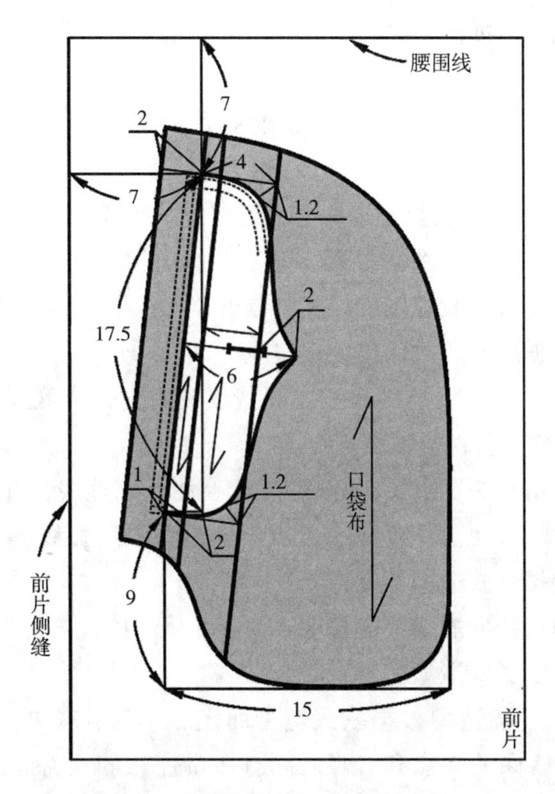

图9-21　变化款女风衣口袋结构图（2）

口大 17.5cm，袋盖总宽为 6cm，袋口的前后位置为设计因素，如图 9-21 所示。

① 作出口袋盖。首先由侧缝线向前中心方向量取 7cm 点作侧缝线平行线，然后由原型腰围线沿平行线向下量取 7cm 点，确定袋盖的点一，再向下量取 17.5cm，端点处向侧缝方向偏移 2cm，保持袋口大一致后，与点一连线，确定袋口大；接着过袋口大向前中心方向作一小矩形，宽为 4cm，长为袋口大；在靠近前中心一边的中点位置作垂线 2cm 为袋盖宝剑尖，连接两边的袋口大，在直角处取角平分线收进设计 1.2cm 作圆角处理，连接成袋盖，并按照款式图的要求画出袋盖造型。

② 作开线。向袋盖宝剑尖方向作口袋盖袋口大平行线 1 ~ 1.5cm，作开线宽，确定出单开线位。

③ 作袋布。袋布分为大袋布和小袋布。大袋布是在袋盖的基础上，向侧缝方向、腰围线方向、下摆线方向各量取 2cm 的多余量，为方便缝合，袋布的大小可为设计值，但要考虑手掌宽度。小袋布是在开线的基础上，向侧缝方向、腰围线方向、下摆线方向延长至大袋布上，其它袋大、袋角都一致，按照款式和结构要求正确画出。

④ 作垫袋。垫袋是在袋盖的基础上，向前中心线方向取 4cm 宽平行线，确定出垫袋宽，两端延长至大袋布。

第三步　领子制图

女风衣戗驳领制图，如图9-20所示，具体步骤说明如下：

（1）领翻折线。

① 由新的前侧颈点沿肩斜线向外延长2.5cm并得到一点（按后领座高-1cm），确定领翻折线的起点。

② 将第一粒扣位水平延长至止口线上，确定领翻折线的止点。

③ 连接领翻折线的起点、领翻折线的止点，画出领翻折线。

（2）前领子造型。根据款式图的样式绘制着装后的驳头结构造型。

（3）串口线。根据服装款式作出领串口线。

（4）驳头宽。在领翻折线与串口线之间截取驳头宽，本款式领子驳头较窄，设计宽度为8.5cm，驳头宽要垂直于领翻折线。

（5）驳头造型。由驳头宽点（8.5cm点）与翻折止点连线，并沿该线向肩线方向量取4cm的戗驳头造型（A点）；然后过A点至翻折止点用弧线连接圆顺，并且驳头外口线的弧线造型要根据款式造型而定；

由驳头宽点沿串口线向肩线方向量取4.5cm（得到B点），将A点与B点相连，再和串口线相连，完成戗驳头造型。

（6）领嘴造型。领嘴造型根据款式造型而定。本款领嘴处，设计前领宽为4cm，过B点作出BC线段，保证A点和C点之间有2cm左右的领嘴造型。

（7）作出前领型。利用镜像法，沿领翻折线向侧缝相反的方向对称翻转拓出前领型。

（8）翻领宽。设定翻领宽为4.5cm，底领宽为3.5cm。

（9）领倒伏量。延长领翻折线，过侧颈点向上作翻折线的平行线，由侧颈点向上取后领口弧线长“a”，确定后颈点。然后以侧颈点为圆心，以后领口弧线长“a”为半径，旋转后绱领口线，风衣的基本驳领的倒伏量是3cm左右，确定新的后颈点。

（10）确定后领底弧线。由新的后颈点与侧颈点用弧线相连，再连接前领线5cm点，然后通过前领线5cm点与新的后颈点重新用弧线画顺，即后领底弧线。

（11）确定后领宽。由新的后颈点作后领底弧线的垂线，取后底领宽3.5cm，翻领宽4.5cm，并作直角线画出外领口辅助线。

（12）领外口弧线。由后翻领宽4.5cm点与前领嘴宽点（C点）连线，用弧线画出，即领外口弧线。领子后中线与领外口线部分垂直，以保证领子外口弧线圆顺。

（13）修正领翻折线。由后底领宽3.5cm点用弧线连接至领翻折线的起点、领翻折线的止点，画出领翻折线。

第四步　袖子制图

袖子结构设计制图方法和步骤说明，如图9-22所示。

（1）放置前、后袖窿弧线和肩线。首先将前、后袖窿弧线上的腋下点相吻合，过腋下点作一水平线（即落山线），再过腋下点作落山线的垂直线（即袖中线）；然后过前、后肩端点作出水平线并交于袖中线（A、B两点）。

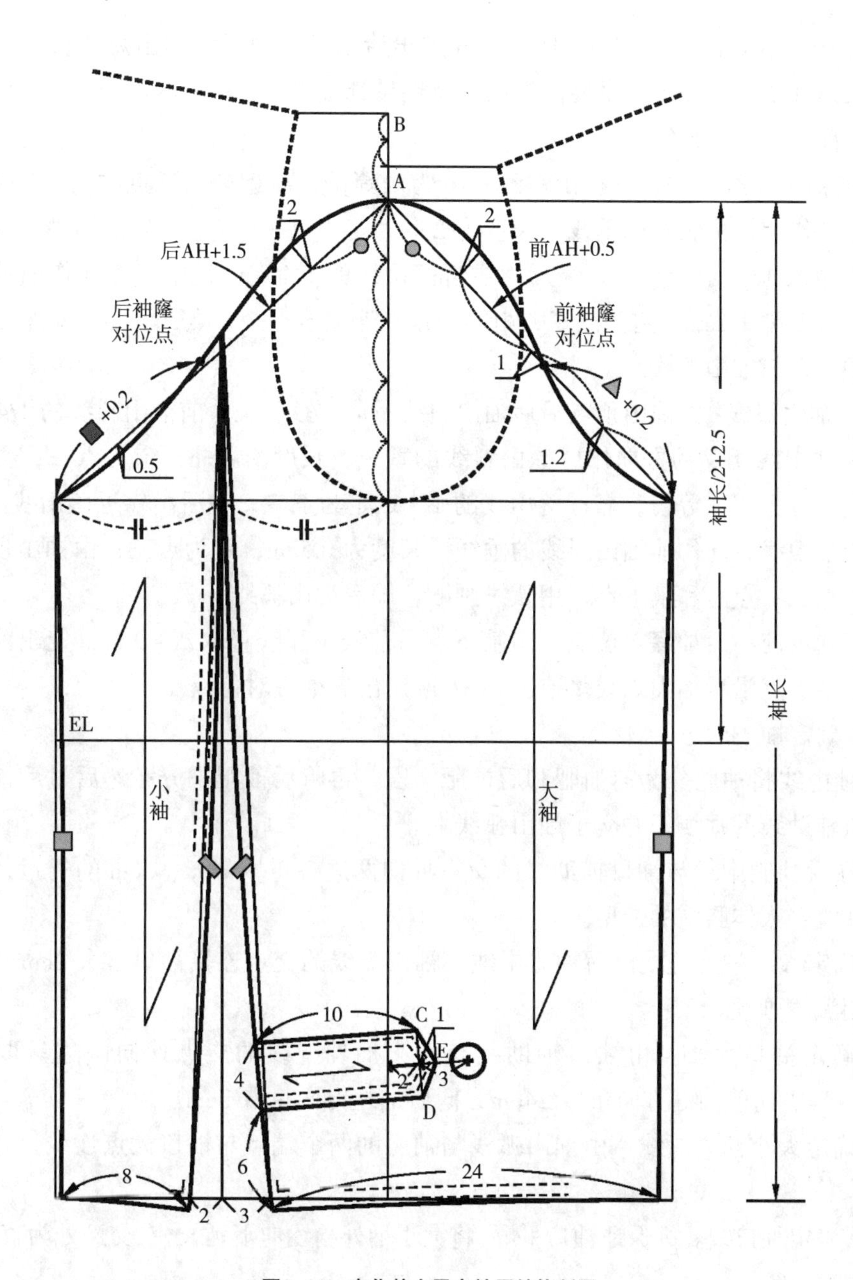

图9-22　变化款女风衣袖子结构制图

（2）作出袖山高。将 A、B 两点进行等分，等分点至腋下点之间（即袖窿深）再六等分，取靠近落山线的 5/6 份为袖山高，其 5/6 份的端点为袖山顶点。

（3）袖长。由袖山顶点沿袖中线向下量取袖长 60cm，作出袖口辅助线。

（4）肘长。从袖山顶点向袖口方向量取肘长（袖长 /2+2.5cm=32.5cm），作袖中线的垂线，即肘围线。

（5）前、后袖山斜线。测量衣身袖窿弧线长并作记录，前袖山斜线按前 AH+0.5cm

定出前袖肥。后袖山斜线按后 AH+1.5cm 定出后袖肥。袖子的袖山总弧长大于前后袖窿总弧长总和 2 ~ 3cm（此量要依据面料特性设计）。

（6）前、后袖山弧线。

① 前袖山弧线：先将前袖山斜线等分为四等份，靠近袖山顶点的 1/4 点向袖中线相反的方向作前袖山斜线的垂线，长度为 2cm，定为点一；再由 2/4 点沿袖山斜线向落山线方向量取 1cm 定为点二；最后由靠近落山线的 1/4 点向袖中线方向作前袖山斜线的垂线，长度为 1.2cm，定为点三；由袖山顶点连接至点一、点二、点三和腋下点，用弧线画顺，即前袖山弧线。

② 后袖山弧线：由袖山顶点沿后袖山斜线量取“O”长（前袖山斜线的 1/4 长度），过此点向袖中线相反的方向作后袖山斜线的垂线，长度为 2cm，定为点一；再将后袖山斜线大致等分为三等份，靠近落山线的 1/3 点定为点二；最后由靠近落山线的 1/3 点的中点向袖中线方向作前袖山斜线的垂线，长度为 0.5cm，定为点三；由袖山顶点连接至点一、点二、点三和腋下点，用弧线画顺，即后袖山弧线。

（7）确定前、后袖窿对位点。由腋下点沿前袖山弧线量取△ +0.2cm 定出前袖窿对位点；由腋下点沿后袖山弧线量取□ +0.2cm 定出后袖窿对位点。

（8）确定袖子形态。

① 袖中线将袖肥分为前袖肥和后袖肥两段，再将后袖肥平分；然后过后袖肥的中点作袖口辅助线的垂线，并交于袖山弧线上。

② 在后袖肥中线与袖口辅助线的交点处向两边各量取 2cm、3cm 的省量，使袖子形态更加符合人体胳膊的造型。

③ 确定大小袖外缝线。后袖肥中线与袖山弧线的交点连接袖口省大 2cm 点和 3cm 点，并用弧线画顺。

④ 确定袖口大小。由袖口辅助线与大小袖外缝线的交点处向两边量取袖口大（32cm），其中向前袖缝方向量取 24cm，向后袖缝方向量取 8cm。

⑤ 确定大小袖内缝线。由袖山弧线与袖肥的两个端点与袖口大点连线，并用弧线画顺。

（9）确定袖口线。为保证袖口平顺，将大小袖外缝线向下延长，在交叉处为直角状态，重新画顺袖口线。

（10）袖口襻。根据女风衣款式要求，在大袖外缝线与袖口线的交点处向上量取 6cm 点，再量取 4cm 宽的袖襻，过两点做袖口线的平行线，各取长度为 10cm（即 C 点、D 点），然后连接 10cm 线段的两个端点，并在该线段的向大袖内缝线的方向量取 1cm 的剑头（即 E 点），最后将 E 点连接至 C 点、D 点和袖襻宽点，完成袖口襻的绘制，如图 9-22 所示。

（11）袖口扣。袖口扣位为袖口襻中点在剑头处向袖缝方向取 0.8cm，确定扣眼大 2.2 ~ 2.3cm，袖口调节扣距袖口扣位距离为 3 ~ 4cm。

（四）女风衣纸样的制作

1. 完成结构处理图

基本造型纸样绘制之后，就要依据生产要求对纸样进行结构处理图的绘制。完成对领面、贴边的修正，以及对成衣裁片的整合。

2. 裁片的复核修正

基本造型纸样绘制之后，就要依据生产要求对纸样进行结构处理图的绘制，凡是有缝合的部位均需复核修正，如领口、下摆、侧缝、袖缝等等。

思考题：

1. 结合所学的女风衣结构原理和技巧设计一款风衣，要求以 1 ∶ 1 的比例制图，并完成全套工业样板。

2. 课后进行市场调研，认识风衣流行的款式和面料，认真研究近年来风衣样板的变化与发展，自行设计 2 款流行的风衣款式，要求以 1 ∶ 5 的比例制图，并完成全套工业样板。

作业要求：

服装尺寸设定合理；制图结构合理；款式设计创意感强；构图严谨、规范，线条圆顺；标识使用准确；尺寸绘制准确；特殊符号使用正确；结构图与款式图相吻合；毛净板齐全，作业整洁。

参考文献

[1] [日] 中泽愈著，袁观洛译 . 人体与服装 . 北京：中国纺织出版社，2003
[2] [日] 中屋典子，三吉满智子著 . 孙兆全，刘美华，金鲜英译 . 服装造型学技术篇Ⅰ . 北京：中国纺织出版社，2004
[3] [日] 中屋典子，三吉满智子著 . 孙兆全，刘美华，金鲜英译 . 服装造型学技术篇Ⅱ . 北京：中国纺织出版社，2004
[4] [日] 三吉满智子著 . 郑嵘，张浩，韩洁羽译 . 服装造型学技术篇理论篇 . 北京：中国纺织出版社，2006
[5] 刘瑞璞，刘维和编著 . 女装纸样设计原理与技巧 . 北京：中国纺织出版社，2000
[6] 张文斌主编 . 服装结构设计 . 北京：中国纺织出版社，2007
[7] 熊能著 . 世界经典服装设计与纸样（女装篇）. 南昌：江西美术出版社，2007
[8] 冯泽民，刘海清编著 . 中西服装发展史 . 第二版，北京：中国纺织出版社，2010
[9] 侯东昱，马芳主编 . 服装结构设计 · 女装篇 . 北京：北京理工大学出版社，2010
[10] 刘霄著 . 女装工业纸样设计 . 上海：东华大学出版社，2005
[11] 华梅，周梦著 . 服装概论 . 北京：中国纺织出版社，2009
[12] 朱远胜主编 . 面料与服装设计 . 北京：中国纺织出版社，2008